本书出版由国家社会科学基金一般项目"科学政治学范式与纲领 困境与出路——以贝尔纳为突破口"（编号：09BZX027)、河北师范大学马克思主义学院学术著作出版基金资助

科学政治学

范式、纲领及其困境与出路

韩来平 ■ 著

THE
POLITICS
OF SCIENCE

中国社会科学出版社

图书在版编目(CIP)数据

科学政治学：范式、纲领及其困境与出路／韩来平著．—北京：中国社会科学出版社，2022.9
ISBN 978-7-5227-0714-3

Ⅰ.①科… Ⅱ.①韩… Ⅲ.①科学社会学—研究
Ⅳ.①G301

中国版本图书馆 CIP 数据核字（2022）第 141637 号

出 版 人	赵剑英
责任编辑	郝玉明
责任校对	谢　静
责任印制	王　超

出　　版	中国社会科学出版社
社　　址	北京鼓楼西大街甲 158 号
邮　　编	100720
网　　址	http://www.csspw.cn
发 行 部	010-84083685
门 市 部	010-84029450
经　　销	新华书店及其他书店
印　　刷	北京明恒达印务有限公司
装　　订	廊坊市广阳区广增装订厂
版　　次	2022 年 9 月第 1 版
印　　次	2022 年 9 月第 1 次印刷
开　　本	710×1000　1/16
印　　张	19.5
字　　数	301 千字
定　　价	108.00 元

凡购买中国社会科学出版社图书，如有质量问题请与本社营销中心联系调换
电话：010-84083683
版权所有　侵权必究

序　言

今年初夏时节，河北师范大学马克思主义科技哲学、贝尔纳科学学思想研究专家韩来平教授，把他的大著《科学政治学——范式、纲领及其困境与出路》出版校样，用邮件发到了我的邮箱里，希望为其新作写上几句，我是欣然同意的，因为有钱老学森的指引，赵红州教授和我早在20世纪80年代初就思考并着手组织过"政治科学学研讨会"。

2009年，钱老学森遽逝，寰宇震惊，举国含悲。应中国科学院《科学时报》（《中国科学报》曾用名）刘洪海总编辑邀召，写一篇追忆钱老的文章。其中谈到政治科学学的文字是这样的：

> 钱老多次在不同场合讲过："科学学包括这三个方面：第一，是研究科学技术的体系结构，叫科学体系学；第二，是研究如何将科学技术力量组织起来，叫科学能力学；最后（第三），就是研究科学技术与整个社会以及国家活动的关系，叫政治科学学。"所谓政治科学学，就是科研领域里的"政治经济学"，就是把科学当成一种特殊的社会现象——政治科学现象——来研究的，正像政治经济学，历来是把经济现象当成政治经济现象来研究的一样。

钱老还亲自写信给赵红州教授，要我们研究政治科学学。正是在钱老的指引下，我们不仅发表了多篇颇有影响的研究论文，诸如《政治科学学》《论政治科学现象》《政治科学学论纲》《格森事件与科学学起源》《大科学时代更需要科学帅才》等，而且还专门组织过多次"政治科学现象学术研讨会"，并出版了会议专题论文集《政治科学现象》。

特别值得指出的是，我们的《大科学时代更需要科学帅才》在《科技导报》1990年第1期发表不久，钱老就给予这篇文章很高的评价,并向同年3月全国政协科技委员会全体会议推荐,说:"赵红州、蒋国华写的论科学帅才的文章,值得我们看看。"由于钱老荐引,随后时任航空部部长何文治等科技部门领导纷纷来电来信,邀请我们去航空研究院等作专题讲演。现今钱老逝世后,从钱老秘书、涂元季将军的回忆讲话中得知,在钱老这位科学巨擘眼中,什么样的人才算得上"杰出人才"呢?"他心目中的杰出人才要比一般的专家、院士高出一大截,用他的话说叫'科技帅才'。"涂元季说:"按钱老的标准,这样的杰出人才不仅要在国内某一领域位居前沿,而且要在全球科技领域让人一提到就竖起大拇指;不仅个人要具备拔尖的学术水平,还要有本事团结一大批人,统领一大批专家攻克重大的科技难关。""钱老之所以提出这个问题,与他当时连续几年关注国家各种科技奖励获奖名单有关。"涂元季说,"他看到那些获奖项目涉及的专业很琐细,非常为之担忧"。

我们深感荣幸的是,我们在钱老指引下稍微做了一点工作,就受到钱老的鼓励和表扬。[①]

这就是为什么,当接到韩来平教授的《科学政治学——范式、纲领及其困境与出路》校样时,由衷感到兴奋!韩教授是沿着钱老指引的方向,做了一件非常有意义的工作,超过了红州和我当年的几个小作。

英国皇家学会会员、世界著名结晶学物理学家、英国伦敦大学伯克贝克学院马凯教授(Alan L. Mackay,FRS)在1985年访华讲学时曾对红州和我说过,"人类自从有了语言之后,渐次产生了三个伟大发明:一个是宗教,二个是货币,第三个就是科学"。因此,科学既是一种历史现象,亦是一种社会现象。作为历史现象,科学是古代氏族社会晚期的产物;作为社会现象,科学又是近代社会生产的产物。在社会生产只有"少量剩余"的历史条件下,只能有极少数人从事科学和艺术的活动。而当社会生产发展到一定程度时,科学便开始"成为生产财富的手段,成

[①] 蒋国华:《钱老的创新思想引领科学学研究——追忆钱老指导科学学与科学计量学研究二三事》,《科学时报》2009年12月17日。

为致富的手段"①。这时,科学被广泛地重视起来,社会上开始形成一种专门从事科学研究的职业,这便是近代意义上的叫作"科学家"职业的雏形。恰如恩格斯指出:"随着中产阶级的兴起,科学也大大振兴了;天文学、力学、物理学、解剖学和生理学的研究又活跃起来。资产阶级为了发展工业生产,需要科学来查明自然物体的物理特性,弄清自然力的作用方式。在此以前,科学只是教会的恭顺的婢女,不得超越宗教信仰所规定的界限,因此根本就不是科学。"②

显而易见,从科学政治学角度看,"自有科学开始就有科学政治的存在"③。从教会"婢女"到社会"生产财富的手段",这是科学社会地位的第一次解放,也是贝尔纳称之为的"科学的社会功能"的一次飞跃。

从马克思说的"科学因素第一次被有意识地和广泛地加以发展、应用并体现在生活中,其规模是以往的时代根本想象不到的"④,到美国霍普金斯大学科学史教授丹尼尔·S·格林伯格说的"自二战以来,科学已经变成了政府的'爪牙'"⑤;从列宁的共产主义就是苏维埃政权加全国电气化的著名公式,到邓小平的"科学技术是第一生产力"⑥;从20世纪三四十年代苏联的李森科事件,到21世纪初韩国的黄禹锡事件;等等,所有这些典型案例和科学事件,同样显而易见地告诉人们,科学从教会"婢女"的地位获得"解放"以来的数百年间,科学亦从"小科学",成长为了"大科学"。科学与政治/政府之间的关系,也从16、17世纪"有一些政治因素也在起促进作用"状态⑦,进而成为"国家研究整体的……一个坚固而持久的模式:资助的大部分由政府提供",亦即"大科学项目需要昂贵

---

① 《马克思恩格斯全集》第37卷,人民出版社2019年版,第202页。
② 《马克思恩格斯全集》第29卷,人民出版社2020年版,第371—372页。
③ [美]丹尼尔·S·格林伯格:《纯科学的政治》,李兆栋、刘健译,方益昉审校,上海科学技术出版社2020年版,第77页。
④ 《马克思恩格斯全集》第47卷,人民出版社1979年版,第572页。
⑤ [美]丹尼尔·S·格林伯格:《纯科学的政治》,李兆栋、刘健译,方益昉审校,上海科学技术出版社2020年版,第50页。
⑥ 中共中央文献研究室编:《邓小平关于建设有中国特色社会主义的论述专题摘编》,中央文献出版社1992年版,第9页。
⑦ [英]亚·沃尔夫:《十六、十七世纪科学技术和哲学史》,周昌忠等译,商务印书馆1985年版,第13页。

的资金投入……这些费用全部由联邦政府财政承担"。① 科学本身也从仅仅是"生产财富的手段",一跃转变成了"服务于国家目标的科学与技术"。

毋庸讳言,直至21世纪初,正如弗里德曼2007年出版的《世界是平的》指出的那样,世界有十股造成世界平坦化的重要力量。特别是21世纪开始的"全球化3.0"时代中,个人成了主角,肤色或东西方的文化差异不再是合作或竞争的障碍。软件的不断创新,网络的普及,让世界各地包括中国和印度的人们可以通过因特网轻松实现自己的社会分工。应该毫无疑义的是,在弗里德曼的全球化图景中,科学和政治/政府之间也一定是"平的"。

从收到韩来平教授新著《科学政治学——范式、纲领及其困境与出路》校样那一刻开始,在我的脑子里,与其说是构思怎么奉命写这个序言,还不如说是思考"科学"和"政治"调换了位置之后,这两个学科之间应该是什么关系。如果说贝尔纳是科学政治学思想的创立者,那么,钱学森则是政治科学学这门学科的提出者。从语义学上讲,科学政治学是以政治学的范畴和方法研究科学领域里具有政治意义的问题。同理,政治科学学则是以科学学的范畴和方法研究政治领域里具有科学意义的问题。

习近平总书记指出:"中国要强盛、要复兴,就一定要大力发展科学技术,努力成为世界主要科学中心和创新高地。"② 科学政治学和政治科学学是一对姐妹学科,都是研究科学与政治、政治与科学之间相互关系的学问,为了中华民族早日"成为世界主要科学中心和创新高地",科学政治学和政治科学学都需要。

蒋国华
2022年8月19日

---

① [美]丹尼尔·S·格林伯格:《纯科学的政治》,李兆栋、刘健译,方益昉审校,上海科学技术出版社2020年版,第12—13页。

② 习近平:《在中国科学院第十九次院士大会、中国工程院第十四次院士大会上的讲话》,人民出版社2018年版,第8页。

目 录

绪 论 ……………………………………………………………… 1

第一章　科学政治学语境的建构 ……………………………… 4
　　第一节　学科建构的目的和意义 ………………………………… 4
　　第二节　前范式科学政治学 ……………………………………… 6
　　第三节　科学政治学语境的建构与确立 ………………………… 8
　　第四节　本书的内容及观点 ……………………………………… 16

第二章　科学政治学范式和纲领 ……………………………… 19
　　第一节　以人的自由解放为科学价值导向 ……………………… 19
　　第二节　核心理论与研究纲领 …………………………………… 38
　　第三节　基本研究方法 …………………………………………… 64

第三章　科学政治学的基本内容 ……………………………… 77
　　第一节　科学与政治的联系与互动 ……………………………… 77
　　第二节　作为权力的科学与责任 ………………………………… 93
　　第三节　科学自由与民主策略 …………………………………… 110
　　第四节　价值调控与合作确保 …………………………………… 128
　　第五节　知识消费与合作生产 …………………………………… 142

第四章　理论困境和实践疑难 ………………………………… 163
　　第一节　整体论工程与个性化实践 ……………………………… 163
　　第二节　宏观整体论与微观阶段论 ……………………………… 185

第三节　现实实践的疑难 ………………………………… 190

第五章　走出困境 ………………………………………… 202
　　第一节　困境本质：政治化 ……………………………… 202
　　第二节　科学去政治化 …………………………………… 213
　　第三节　走出困境的科研监管
　　　　　　——有机边界活动的科研审计与监管 ………… 225
　　第四节　走出困境的 R&D 社会治理
　　　　　　——嵌入式有机边界的技术治理 ……………… 236

第六章　科学政治学的中国实践经验与启示 …………… 247
　　第一节　坚持科技为民的国家目标导向 ………………… 247
　　第二节　中国化科学政治学语境的确立与调控经验 …… 258
　　第三节　新型举国科技体制的科学政治学诠释 ………… 268

参考文献 …………………………………………………… 280

后　记 ……………………………………………………… 301

绪 论

本书的主要目的是在传统科学观的基础上构建科学政治学，并尝试走出政治调控科学的理论与实践困境。

科学政治学把科学当作一种社会现象，采用历史主义的社会系统分析方法探究其根源，揭示科学研究生产与社会上层建筑之间的联系。马凯（Alan Lindsay Mackay）概括性地指出，科学政治学是一门把科学与科学家作为权力的工具跟善与恶进行斗争的学问①，即科学与政治关系的一门学问。

随着科学功能的外化，科学已经成为国家的重要战略资源，引起各国政治主体越来越密切的关注，政治对科学的控制和干预力度也在不断加大。科学的政治灾难频发，表现出科学与政治关系理论研究的滞后和指导实践的不足。20 世纪 70 年代以后，科学与政治的交互作用及其相互影响成为无法回避的问题，科学与政治的关系研究受到东西方学者和社会活动家的高度重视，再次成为理论研究的一个热点，但缺乏共同的范式与研究纲领。在这种情况下，科学政治学研究迫切需要自身语境的确立、巩固和扩张，并进一步解决理论困境和实践疑难。

科学政治学的内涵决定了它的学科视域，为此，我们站在一个新的层面去整合科学学、科学社会学、公共政策科学、科学技术与社会等学科，形成科学政治学新的视野。以此来对繁杂的科学与政治关系研究的资料进行考察，从中选择典型。为了使研究更具代表性和说服力，我们选取了英国的贝尔纳（J. D. Bernal，1901—1971）、英国当代学者戴维·狄克逊（David Dickson）、法国的萨洛蒙（Jean Jacques. Salomon，1929—

---

① 参见蒋国华《科学学的起源》，河北教育出版社 2001 年版，第 328 页。

2008)、美国当代学者古斯顿（David H. Guston）等关于科学与政治关系的研究作为典型，考察科学政治学范式与研究纲领，从而确立科学政治学研究的语境。

自贝尔纳科学与政治关系的研究开始，科学政治学的范式与研究纲领初步形成，并对学术界产生了广泛的影响。之后以戴维·狄克逊、萨洛蒙、古斯顿等为代表的学者积极响应，完成了范式的巩固和语境的扩张。最终形成了以科学为民造福的观念为指导、建制化科学的"三角结构"理论为核心、历史主义的社会系统分析方法和"边界组织"为工具科学政治学研究范式，并由核心理论进一步延展为科学的社会历史性、宏观可调控性、公众参与民主调控的研究纲领。

上述研究纲领之所以称为纲领，是因为由此可以推演出科学政治学的基本内容，表现为基本内容的高度浓缩。所谓基本内容是指在科学政治学由前范式走向范式化的过程中，覆盖了通常所必须涉及的一些基本理论内容。对于基本研究内容的梳理和提炼，我们坚持尊重历史、注重当下的原则，力求历史与逻辑的统一。将其概括为科学自由与民主策略、作为权力的科学与责任、科学与政治互动与调控、价值调控与合作确保、知识消费与合作生产等基本研究内容。

科学政治学的目的是有效指导科学实践活动，构筑科学、政治和民众的和谐关系，在推进科学技术进步的同时，实现社会进步。为此，在完成科学政治学基本范式和研究纲领的提炼和建构之后，又从科学知识生产以及生产关系的特点出发，对政治调控具体科学活动的理论和实践困境进行了深入分析。

科学政治学研究纲领明确指示，科学具有宏观可调控性。这是由作为调控基础的科学学所具有的历史主义宏观整体论特征所决定的。也就是说，只有把科学作为一个整体或把一个学科作为整体来进行研究时，才能揭示其宏观运行规律，并以此指导对科学的调控。然而，鲜活的科学活动又是由个体或个别群体，在一定局域内的阶段性工作，表现出个体、微观和阶段性特征。很显然，在宏观整体论的研究纲领的指导下，政治调控具体的科学活动，必然存在着一定的理论困境，并进而导致实践上的疑难。形成科学的政治化或行政化，甚至导致科学的灾难。

绪 论

理论困境与实践疑难的核心问题是忽视了科学政治学的范式与研究纲领，特别是忽视了科学的宏观可调控性，进而形成了科学政治化或行政化倾向。要去政治化或行政化，就必须把握科学的宏观可调控性，以实现科学系统的最优演化——自组织演化。要实现科学系统的自组织演化就需要在开放的前提下，调节好科学与政治之间的张力。所以，只有以科技政策作为外部控制参量，通过边界组织构筑科学与政治的有机边界，调节政治与科学之间的张力才能实现科学系统的自组织演化，最终走出困境。

有机边界组织骑跨了政治与科学的边界，起着缓冲和调节张力，稳定边界的作用。有机边界组织实质上开辟了利益相关者多元参与的空间平台。通过这个平台，利益相关者相互交流、协商谈判、自省学习，消除信息不对称，达成共识。总之，它是公众参与民主调控、进行科学知识合作生产的平台。

为探索化解困境与疑难的有效路径。本书在理论上，维护科学政治学范式与研究纲领，坚守科学的宏观可调控性；在效果上，在追求确保民众安全与福祉的国家目标的导引下，寻求科学研究系统的最优演化方式；在方法上，类比复杂开放系统的最优演化方式——自组织演化；在关键控制技术上，以科技政策作为外部控制参量，并以"边界组织"为工具，构造科学与政治的有机边界。按照上述四项原则，成功地进行了走出困境的理论探索，并且在以面向实际问题的"有机边界活动的科研审计与监管"和"嵌入式有机边界的技术治理"的案例研究中得到深度发挥，从而完成了科学政治学范式与纲领为自我确证。与此同时，以新中国现代化建设进程为历史蓝本，总结分析并呈现了中国化科学政治学的实践经验与智慧。在此基础上，依据历史与逻辑相统一的原则，对我国新型举国科技体制建设进行了科学政治学诠释。进而又进一步形成了对科学政治学语境的巩固和扩张。

第一章 科学政治学语境的建构

第一节 学科建构的目的和意义

本书通过梳理科学与政治关系研究的历史与现状，试图构建传统科学观基础上的科学政治学。此处只用了"科学"一词既不是忽视了"技术"，也不是否认科学与技术的不同，而是当今科学技术一体化的趋势下，词语搭配上的去繁就简。具体含义还要根据文本的语境去理解。

钱学森先生当年构思科学学体系时，使用了"政治科学学"来指称这门学科。1988年，王续琨先生撰文，建议使用"科学政治学"对这门学科予以命名。[①] 而"科学学"（Science of Science）是指以科学本身为对象进行研究的一门学问。对"科学学"进行研究，其目的是把握科学自身的发展规律。那么为什么要把握科学发生发展的规律呢？回答应该是肯定而又明确的，即调控科学。然而在建制化科学时代，科学作为民众利益的重要资源，对它的调控从根本上说是属于政治的。因此，构建科学政治学应整合科学学等内容，站在更高的层面上来进行。

长期以来，人们对科学学创始人贝尔纳的认识，聚焦在政治调控科学的观点上。在科学作为一种利益资源的诱惑下，这一观点得到了政治主体的强烈响应，导致在实践层面上政治对科学的干预不断强化，而科

[①] 王续琨：《关于"政治科学学"的命名及其内容》，《科学学与科学技术管理》1988年第2期。

学的自主性却时常遭到忽视和冲击，科学行政化倾向日趋严重，表现出政治调控科学的实践困境。的确，从科学与政治关系的社会实践来看，科学与政治并未完全和谐发展。像苏联的改造"资产阶级科学"以及李森科事件、美国的"舍恩学术造假案"和韩国的"黄禹锡科研欺诈案"、我国的"文化大革命"对科学事业的破坏和"汉芯Ⅱ号"科研造假案，以及科学技术无度的社会应用所导致的社会危机，等等，都包含政治对科学的调控失当等因素，也表现出政治调控科学理论的具体实践困境。从本质上看，科学学即把科学自身作为对象进行研究，试图揭示科学演进规律的这门学问，具有历史主义宏观整体论的特征。也就是说，它是把科学作为一个整体或把一个学科作为整体来揭示其规律的。然而，鲜活的科学活动又是个体或个别群体，在一定局域内的阶段性工作，表现出个体、微观和阶段性特征。很显然，在宏观整体论的科学学指导下的政治调控科学，必然存在着一定的理论困境，并进而导致实践上的疑难。

随着科学功能的外化，科学在成为国家的重要战略资源的同时，科技社会的风险也带来了更加严峻的挑战。科学与政治的交互作用及其影响成为无法回避的问题。20世纪70年代以后，科学与政治的关系研究受到东西方学者和社会活动家的高度重视，再次成为理论研究的一个热点，但缺乏共同的范式与研究纲领。很明显，建立在传统科学观基础上的科学政治学研究不仅处于前范式阶段，而且大大滞后于社会实践的需要。

科学与政治关系研究在当今热烈的氛围中，面临着完善自身、指导实践、化解危机的重任，这正为我们确定了努力的方向。美国哲学家、社会学家约瑟夫·阿伽西（Joseph Agassi）就曾告诫："没有科学政治学，是危险和荒诞的。"[①] 基于上述情况，我们非常有必要探索科学政治学的基本范式和研究纲领，从而真正开启和推进科学政治学研究，并尝试走出政治调控科学的实践困境，在推进科学技术进步的同时，构筑科学、

---

① ［美］约瑟夫·阿伽西：《科学与文化》，邬晓燕译，中国人民大学出版社2006年版，第402页。

政治和民众的和谐关系，实现社会进步。

然而，若要探讨科学政治学范式与研究纲领，则要对科学与政治关系研究进行俯瞰，从中寻找范式形成的关键节点（包括人物、思想和理论），并对其语境进行巩固和扩张。俯瞰涉及了一个由科学政治学的内涵所决定的学科视域。

科学政治学本质上就是把科学当作一种特殊的社会现象来研究。要研究这种现象，就必然要关注历史与现实，探究其社会根源。科学知识生产的主体是人，人在社会化的劳动中必然结成一定的社会关系、分配关系和劳动资料的占有关系，而这些关系作为一种特殊的生产关系，必然与社会的上层建筑，与国家的活动特别是国家的政治活动联系在一起。

第二节　前范式科学政治学

虽然构建科学政治学站在了更高的层面，但科学政治学研究却还一直处于前范式阶段。在拓荒者中，马克思·韦伯（Max Weber）在20世纪20年代就开始了科学与政治关系的研究，明确地阐述了学术与政治的区别。其后，以J. D. 贝尔纳为代表的马克思主义者采用历史唯物主义的观点和方法对科学与社会的关系进行系统分析，强调科学与政治的联系，主张政治对科学的干预和调控。对此，发表了《科学的社会功能》（1939年）[1]、《历史上的科学》（1954年）[2]、The Freedom of Necessity（1949年）[3] 等一系列的著述和演讲。此后，国内外学者亦对此进行了不同程度的研究，如D. S. 格林伯格（Daniel S. Greenberg）的 The Politics of Pure Science（1967年）[4]、戴维·狄克逊的 The New Politics of Science（1984年）[5]、

---

[1] 参见 [英] J. D. 贝尔纳《科学的社会功能》，陈体芳译，商务印书馆1995年版。
[2] 参见 [英] J. D. 贝尔纳《历史上的科学》，伍况甫译，科学出版社1959年版。
[3] 参见 J. D. Bernal, *The Freedom of Necessity*, London: Routledge and Kegan Paul Ltd, 1949。
[4] 参见 Daniel S. Greenberg, *The Politics of Pure Science*, The American Library, Inc., 1967。
[5] 参见 David Dickson, *The New Politics of Science*, New York: Pantheon Books, 1984。

"Science and Its Public: The Need for a 'Third Way'"（2000年）[1]等，J. J. 萨洛蒙的 Science and Politics（1973年）[2]、"Science, Technology and Democracy"（2000年）[3]、"Recent Trends in Science and Technology Policy"（2000年）[4]等，D. H. 古斯顿的 Between Politics and Science: Assuring the Integrity and Productivity of Research（1999年）[5]、"Science, Democracy and The Right to Research"（2009年）[6]、"Understanding 'Anticipatory Governance'"（2013年）[7]等，冯军的《科学与政治研究》（1997年）[8]、吴必康先生的《权利与知识：英美科技政策史》（1998年）[9]、徐治立先生的《科学政治空间的张力》[10]，等等。1987年11月在北京，我国学者召开了全国首次相关内容的研讨会，有关文献由赵红州先生主编成《政治科学现象》一书出版。[11] 2003年，美国学者约瑟夫·阿伽西在所著 Science and Culture[12]中对目前科学与政治关系研究的状态进行了分析，并呼吁建立科学政治学这门学科。

在上述国内外学者的研究中，虽然有的使用了科学政治学的名称，但大多属于专题性质，并没有对其进行界定或提出一个基本的研究范式和纲领。不仅如此，在20世纪60年代，科学与政治关系研究又遭遇了一

---

[1] 参见 David Dickson, "Science and Its Public: The Need for a 'Third Way'", *Social Studies of Science*, Vol. 30, No. 6, December 2000。

[2] 参见 Jean-Jacques Salomon, *Science and Politics*, London: The Macmillan Press Ltd, 1973。

[3] 参见 Jean-Jacques Salomon, "Science, Technology and Democracy", *Minerva*, Vol. 38, No. 1, March 2000。

[4] 参见 Jean-Jacques Salomon, "Recent Trends in Science and Technology Policy", *Science Technology and Society*, Vol. 5, No. 2, March 2000。

[5] 参见 David H. Guston, *Between Politics and Science: Assuring the Integrity and Productivity of Research*, Cambridge University Press, 2000。

[6] 参见 Mark B. Brown, David H. Guston, "Science, Democracy and the Right to Research", *Science and Engineering Ethics*, Vol. 15, No. 3, May 2009。

[7] 参见 David H. Guston, "Understanding 'Anticipatory Governance'", *Social Studies of Science*, published online 15 November 2013。

[8] 参见冯军《科学与政治研究》，辽宁人民出版社1997年版。

[9] 参见吴必康《权利与知识：英美科技政策史》，福建人民出版社1998年版。

[10] 参见徐治立《论科技政治空间的张力》，博士学位论文，中国人民大学，2005年。

[11] 参见赵红州《政治科学现象》，中共中央党校出版社1993年版。

[12] 参见[美]约瑟夫·阿伽西《科学与文化》，邬晓燕译，中国人民大学出版社2006年版。

次转向。① 这一转向实质上是把政治（权力）进一步泛化，甚至认为科学知识的获取是以政治学的方式进行的。这一转向也使建立在传统科学观基础上的科学与政治关系研究未能深入进行。科学政治学研究处于前范式阶段。

第三节　科学政治学语境的建构与确立

科学政治学研究的范式与纲领，寓于科学与政治关系的研究之中，它是在理论竞争中形成的一种显象模式。在浩如烟海的资料当中，我们把目光逐步聚焦到英国的贝尔纳、英国的戴维·狄克逊、法国的萨洛蒙、美国的古斯顿身上。发现他们的工作有着较强的系统性和代表性，呈现了科学政治学研究的范式，并完成了语境的巩固与扩张。

当我们仔细考量贝尔纳在 20 世纪 30—70 年代发表的《科学的社会功能》、《历史上的科学》、The Freedom of Necessity、《马克思与科学》、《科学的退位》等一系列论著和演讲材料时，发现其中蕴含了丰富的科学政治学思想，与广义的科学社会学和科学学有着重大的区别，并达到了

---

① 到了 20 世纪 60 年代，作为宏观科学政治学理论根基的传统标准科学观遭受了巨大的挑战。在科学内部，20 世纪出现的量子力学等科学理论对科学表述是否具有合法性构成威胁；在科学外部，法兰克福学派首先对这种科学观下的科学理性进行了责难。认为科学理性使人对人的统治变得合法化，人要得到解放就要打破科学理性的枷锁。接着库恩（Thomas S. Kuhn）和费耶阿本德（Paul Feyerabend）作为历史主义的代表对科学理性进行了反思和批判，认为科学并不具有实在性，从而为社会因素进入科学打开了突破口。他们在对科学理性进行批判的同时也就对现代性进行了解构，也就有了后现代哲学的诞生。在这种背景下，福柯（Michel Foucault）的权力理论问世了。他把政治（权力）进一步泛化，认为权力是一种策略，它通过一定的支撑系统完成对主体的规训，从而造就知识。权力和知识是相互蕴含的，知识是权力运作的结果，权力又以知识的形式完成了对主体的规训。福柯的包括权力宏观技术支撑系统和权力微观技术支撑系统在内的权力与知识的运行策略，实际上给出了解决社会因素建构科学的方法论。推动了科学政治学的转型。美国著名科学哲学家约瑟夫·劳斯（Joseph Rouse）深受福柯等人的影响，进一步推动和完成了科学政治学的研究转型。他主张同时在认识上和政治上将科学看作实践技能和行动的领域，而不仅仅只是理性的领域，认为现代科学实践成功获得知识的方式都是政治学的。

可以说，以上这种形势展现给我们的是建立在不同传统之上的两条截然不同的科学政治学研究路径。可见我们所研究的科学政治学属于前者，是建立在传统标准科学观之上的宏观科学政治学，从其基础、传统和性质来看完全不同于转向后的科学政治学。

历史与逻辑的统一。不幸的是，1939年前后，以贝尔纳和博兰尼（Michael Polanyi）为代表的关于科学组织计划与科学自由的争论，把二人从人们心中的位置推向了组织计划与自由科研的两极，从而使后人忽视了二者理论中更加丰富的思想内容，未能对其科学政治学思想进行系统的挖掘和研究，更未能对其研究范式和基本纲领进行深入的提炼。

贝尔纳借用马克思政治经济学研究的基本范式，承认科学技术对政治的推动作用，从科研领域的生产关系入手，找出科学总体发展规律，试图通过政治调控挽救科学所面临的危机。他采用历史主义的社会系统分析方法，构建了科学政治学体系。初步显露了以为民造福的科学价值观为导向，以社会建制化科学"三角结构体系"[①]为核心理论，以历史主义的社会系统分析方法和"边界组织"工具为一般手段的科学政治学研究范式。并由研究范式特别是核心理论进一步延展为科学的社会历史性、宏观可调控性、公众参与民主调控的基本研究纲领。从而形成了较为完整的科学政治学思想内容。从核心理论出发，贝尔纳认为，政治应是公众利益的代理者，公众的参与和民主的策略应是政治权力运作的必然要求。贝尔纳在强调政治干预科学的同时，亦对科学的自由作出了充分的阐述，形成了复杂社会系统中科学的自组织思想，在主张科学自由的同时强调了科学的伦理责任，是最早提出全程全员科学伦理思想的科学社会学家。在如何经过干预，形成求实高效的自组织科学状态这一问题上，贝尔纳认为在政治与科学之间，"设置某种中间性联络组织，是有其特别的好处的"[②]。他强调科学与政治之间的张力调控和边界的有机性，倡导实施科学的内外民主策略等。贝尔纳的科学政治学思想内容之丰富，体系之完整让我们惊叹。但由于历史的局限，又大多具有理想化色彩，停留在理论论述之上，并未在机制的确立上进行深入的理性分析。

继贝尔纳之后，比较有代表性的是英国的戴维·狄克逊、法国的萨洛蒙、美国的古斯顿。他们从科学为民造福的价值观出发，以社会建制

---

① 事实上，科学家个人在工作中从来就逃不了密切联系的三种人，即：恩主、同事和群众。参见［英］J. D. 贝尔纳《历史上的科学》，伍况甫译，科学出版社1959年版，第8页。

② ［英］J. D. 贝尔纳：《科学的社会功能》，陈体芳译，商务印书馆1995年版，第390页。

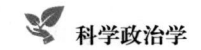

化科学的"三角结构"理论为分析基础,坚持科学的社会历史性、宏观可调控性、公众参与民主调控的基本研究纲领,采用历史主义的社会系统分析方法,进一步对科学与政治的关系进行了研究,巩固和扩张了科学政治学的语境,丰富了科学政治学的研究内容,形成了各自的特色。

戴维·狄克逊曾研究报道了英国科技政策的发展变化。他本人深受贝尔纳科学政治学思想的影响,并以贝尔纳的研究为模板,对美国科学与政治的关系进行了研究。他采用历史主义的社会系统分析方法,从政治、经济和社会等科学的外部语境进行了分析和描述,把美国战后科技政策划分为三个阶段。刻画了战后科技政策的演变,聚焦了卡特和李根执政时期科技政策的论辩。戴维·狄克逊进一步拓展了 D.S. 格林伯格的《纯科学的政治学》研究内容,他认为当今先进技术已经成为经济和政治发展的关键,而科学又已经成了先进技术发展的关键,政治对科学的控制不断强化,广泛的社会公众利益,像健康、营养、安全和清洁环境等方面的问题被忽视。他强烈地意识到政治调控科学的目的应是"重新整合被当前趋势所排斥的种种需要和愿望,把科学研究的目标从破坏性方面调整转移到建设性方面(如健康和营养)。同样重要的是,我们要改变对科学研究成果的获取条件,以便让目前条件下不能受益的群体能够从中受益"[①]。接下来,他的分析论述围绕着建制化科学的"三角结构"而展开,从公众安全、健康与福利的价值倾向出发,分析了组织化科学的内部权力结构,并对利益相关者的得与失进行了讨论,进一步探讨了用来建立国家科学研究议程的机制等。与贝尔纳有所不同的是他在政治调控科学这一问题上,特别强调了国家政策的作用,而不是对科学的全面规划和组织。他认为科技政策就是科学技术研究复杂系统的外部控制参量,能够过滤信息并对研究方向产生导向作用。为此,"面对科学研究应与社会需求相关联的强烈呼声,引入社会参量(要素)到决定研究项目优先支持的决定中去"[②],才能达到目的。在他眼里科学技术政策的制定已经发展成为一个比任何个人的决策的总和都大得多的复杂系统工程。

[①] David Dickson, *The New Politics of Science*, New York: Pantheon Books, 1984, p. 326.
[②] David Dickson, *The New Politics of Science*, New York: Pantheon Books, 1984, p. 233.

这种系统的决策过程以及它的结果是值得我们进一步用心研究的。基于科技政策和决策被精英集团、金融和企业财团把持的现实,他提出了关于科学技术的合法性问题,强调了公众参与和民主调控科学的重要意义。他把公众理解科学的模式视为一种对话方式,认为"在这一模式中科学家有责任听取公众意见回应公众关切,不只是具有把按照自己的观点通过媒体强加给公众的权力"①。他再次发出了科技政策民主化的呼喊,并且提供了公众参与科学决策的研究框架。

如出一辙,出生在20世纪20年代法国的萨洛蒙,经历了科学最美好的时代,也体会过科学最糟糕的时代。在赞美和怀疑萦绕之下,他内心深处更是充满了对科学美好的期待,更是明确了科学的价值追求。他认为,"科学在本质上贡献于人类解放的目标。……科学目标在道德层面有典范价值,在令人钦佩而高尚的无私利性这一特征下,科学是有用的,但不是作为一种产品,而是与人类目标相结合的创作物"②。在这一价值目标的导引下,他采用历史主义的社会系统分析方法对科学与政治关系的历史进行了梳理。他不局限于宏观的历史和单一的系统性分析,而是进一步抓住科学与政治关系的历史进程中表现出的矛盾,紧紧围绕科学家、政治权力与民众这一建制化科学的"三角结构"体系,进行了辩证而深刻的分析。他指出:"科学研究渴求获得政府的支持的同时应尽力保持其原有的结构。……为了人类的进步、富裕和幸福,和政治权力的结合是最好的方式之一。"③ 同时,"我们必须明白对于科学与政治权力不可逆转地结合这一问题上,我们既不能持完全批评的态度,也不能完全随意默认其发展"④,以防科学技术的精英和财团的垄断。为此,他和戴维·狄克逊一样都把重点放到了科学技术政策的研究上,坚持科学的宏观可调控性。因为在他看来,"研究系统本身是可以看作经济关系网络下

---

① David Dickson, "Science and its Public: The Need for a 'Third Way'", *Social Studies of Science*, Vol. 30, No. 6, December 2000, p. 921.
② Jean-Jacques Salomon, *Science and Politics*, London: The Macmillan Press Ltd, 1973, p. 154.
③ Jean-Jacques Salomon, *Science and Politics*, London: The Macmillan Press Ltd, 1973, Introduction xii.
④ Jean-Jacques Salomon, *Science and Politics*, London: The Macmillan Press Ltd, 1973, Introduction xv.

的一个子系统，国家可对其行使权力"①。这一权力代表民众，所以这种调控在社会常态下不应是政治或精英直接控制，否则会发生畸变。这种调控必须靠科学技术系统的外部控制参量，才能达到"在科学本身的自主性需要与社会对科学成果的渴望之间进行有效调整"②的目的。为此他对"二战"以来的科学技术政策变化以及趋向进行了历史与社会学的分析，列举了四大社会变量的变化。③ 这些变量的变化影响了自"二战"以来的科学、技术和社会的关系，使科技政策由狭隘的任务导向型向扩散导向型转化。这意味着科学研究的消费者不再仅仅是政府，更有社会公众。而随着科技社会风险的进一步加大，这种科技政策的扩散导向型向着公众参与调控的扩散模型演化。

萨洛蒙以科学为民造福为价值导向，从建制化科学系统的"三角结构"理论出发对科学、政治和公众之间的关系进行了深入辩证的分析，体现了科学的社会历史性、宏观可调控性以及公众参与民主调控的研究纲领。进一步巩固了科学政治学语境，强化了科技治理的公众参与和民主决策。尤为突出的是他对公众的民主参与作了详尽的剖析，认为当下越来越多的社会危机直接来自科技进步，并且呼吁在这种不可预料和不可逆的环境下，实施公众参与的民主决策。④

但这种公众参与必须是真实的，而不是被人操纵的。参与的概念意味着任何技术专家层面的行动都可以被公民接触和检验。他对当下公众参与科技政策的状况进行了分析，从虚假的欺骗、心理抚慰到最顶端的真正"公民控制"归纳出了八个等级。⑤ 他认为真正的公众参与，是一个通过实质上的民主对话，对科学技术演进进行建构的过程。这一过程至

---

① Jean-Jacques Salomon, *Science and Politics*, London: The Macmillan Press Ltd, 1973, p. 94.
② Jean-Jacques Salomon, *Science and Politics*, London: The Macmillan Press Ltd, 1973, p. 96.
③ 变化的第一个要素是冷战的结束；第二个要素是20世纪末新的科技革命；第三个要素是经济和市场的全球化伴随着贸易自由化；第四个要素是工业化进程所引起的成倍增加的环境问题，以及其他社会危机。参见 Jean-Jacques Salomon, "Recent Trends in Science and Technology Policy", *Science Technology and Society*, Vol. 5, No. 2, March 2000, pp. 228 – 229。
④ 参见 Jean-Jacques Salomon, "Science Technology and Democracy", *Minerva*, Vol. 38, No. 1, March 2000, p. 36。
⑤ 参见 Jean-Jacques Salomon, "Science Technology and Democracy", *Minerva*, Vol. 38, No. 1, March 2000, pp. 46 – 47。

少要求是开放并伴有交流的,有关研发"相关信息必须从项目一开始就提供",同时还要"必须做点什么去纠正不可避免的在决策者、公众、个人团体对于决策问题上的力量失衡"①。他进一步强调作为公众参与民主决策之基础的科学技术透明度问题,并呼吁在机制上确保真正的公众参与,为解决科学技术社会治理难题奠定了一定的基础,为科学政治学的语境扩张作出了贡献。

冷战后成长起来的科学社会学家大卫·古斯顿亲身感受到了冷战后人们对科学与社会关系认识的新变化,感受到了后现代社会人们对现代性的怀疑和不满情绪。这一整体语境塑造了他回归人本的科学价值取向,他认为,"确保测度科学研究是否成功的依据是其改善人类生活水平的程度,而不是出版物或引文或研究项目的数量"②。他从科学政治学"三角结构"理论出发,将科学、民主和从事研究的权力置于社会背景之中,对其进行了有益的分析。把研究的权力作为开启公众审议和讨论关于哪种探究类型值得支持的一种方式。他认为,如果"研究权作为一种更具一般性的探究和质询权的特定实例,应该被所有的公民所享有"③。因为宪法规定公民具有自由探究的权力,只有自由的探究才有自由的言论。而由于科学研究的专业性质,其研究权力实质上是由公民授予的代理权力。那么"保留这种权力依赖于科学家履行他的相应的义务"④,除非科学家更加明确地把自己置身于社会当中,以公民的委托和自身的代理的关系去主张研究权力,否则公众没有理由资助他。由此来看研究权似乎有一定的宪法基础,但"研究权不是绝对的,而是受到不同程度的审查和利益权衡的——简而言之,它从属于政治"⑤。至此,他通过研究权的

---

① Jean-Jacques Salomon, "Science Technology and Democracy", *Minerva*, Vol. 38, No. 1, March 2000, p. 50.

② [美]大卫·古斯顿:《在政治与科学之间——确保科学研究的诚信与产出率》,龚旭译,科学出版社2011年版,第43页。

③ Mark B. Brown and David H. Guston, "Science Democracy and the Right to Research", *Science and Engineering Ethics*, Vol. 15, No. 3, May 2009, p. 359.

④ Mark B. Brown and David H. Guston, "Science Democracy and the Right to Research", *Science and Engineering Ethics*, Vol. 15, No. 3, May 2009, p. 359.

⑤ Mark B. Brown and David H. Guston, "Science Democracy and the Right to Research", *Science and Engineering Ethics*, Vol. 15, No. 3, May 2009, p. 356.

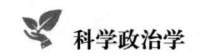

社会分析,将科学更加坚定和明确地嵌入社会之中,解决了科学与政治、科学家与其他公民之间的联系问题。

和萨洛蒙一样,古斯顿承认科学的宏观可调控性,并把科技政策作为科学技术研发系统的外部控制参量,重点加以研究,最终将科学政策研究进一步体系化和理论化。他采用历史主义的社会系统分析方法对20世纪70年代到90年代美国科学政策的变迁进行了梳理,揭示了政治与科学关系认识的重大变化,在政治与科学之间为科学政策拓展出新的研究空间。他曾宣称:"我设置了历史场景……深入到对社会学细节的考察……运用组织研究的政治经济模型……揭示科学政策制定的过程,通过注入新观点来帮助改进这一过程。"①

他以科学社会契约的委托与代理理论作为分析工具,对科学与政治关系进行了细致入微的历史考察。揭示了科学和政治之间委托与代理的契约关系,由"双向街"线性模型到有机边界模型的转变过程。作为一个隐喻的委托与代理关系模型的转变,实质上反映的是科技政策模式的变化。他引入制度经济学的有关理论,深入刻画了政治和科学之间传统契约关系的障碍,例如双方高度的信息不对称、各自利益最大化的偏好等,导致逆向选择的风险以及欺骗、造假等道德风险。他进一步利用近来科技建构论的研究成果,结合美国诚信等风险治理的实践,给出了构筑科学与政治的"有机边界"和破解传统契约关系障碍之策。

"有机边界"的理论非同寻常,它为我们实现社会复杂系统的自组织演化提供了一个值得尝试的解决方案。有机边界的构筑靠有机边界组织来实现,这一骑跨在科学与政治之间的边界组织,实质上就是一个双方对话、协商和多元参与的平台,在参与的机制上具体化为标准化包。古斯顿之后,诸多研究者沿着这一思路,进一步拓展了科学社会契约的委托与代理关系的研究,由双边关系向多边关系转变,那么古斯顿的"有机边界"或"有机边界组织"也就成了利益相关者,多元互动的开放平台,进一步讲就是公众参与科学知识合作生产的平台。

---

① [美]大卫·古斯顿:《在政治与科学之间——确保科学研究的诚信与产出率》,龚旭译,科学出版社2011年版,第5页。

据此，古斯顿在完成科学诚信与效率治理研究的同时，进一步挑战"科林格里奇困境"，对科技社会风险的治理进行了有益的探索。提出了"预期治理"的思想。这一思想实质上可概括为"一个实践"和"三个能力"，一个实践即在治理的实践中不断自反学习，提高治理能力；三个能力指整合能力、预见能力和参与能力。三种能力相互交织，在实践中不断共同提高。预见能力是必不可少的，因为所有的治理都需要某种面向未来的安排；参与能力是至关重要的，因为公众参与无论在规范上还是战略上都是不可缺少的；整合能力更是关键，在治理的实践中，"整合是创造机会在这两种文化鸿沟中进行实质性交换，目的是为了建设长期的自反性能力"[①]。这种整合实际上是更高意义上的参与，类似于要形成拉图尔（Bruno Latour）式的，包括人和物的各种相关异质要素的行动者网络，以便进行相关科学知识的合作生产。而这一合作生产所在的平台就是有机边界的"中间组织"。

有机边界理论和"有机边界组织"深化了贝尔纳的"中间组织""行政科学家"和"科学行政人员"的概念。这是继贝尔纳、戴维·狄克逊、萨洛蒙之后，关于"公众参与民主调控"理论和方法研究的进一步深化。他的工作巩固了科学政治学的范式与研究纲领，扩张了科学政治学的语境，为这一学科的形成作出了卓越的贡献。据此他的相关论著获得了普赖斯大奖，在相关国际学术界产生了重要影响。

纵观科学与政治关系的研究与实践，我们发现，科学政治学范式与研究纲领已经形成，其语境得到不断的巩固与扩张。与此同时，对国际社会产生了广泛而积极的影响，不断唤起人的"自我意识"的觉醒，促使科技政策制定和选择模式发生了转变，推动了科技决策模型的不断完善。在关于公众理解科学的看法上，已经实现了由公众缺失模型向对话模式的转变，在科技政策和决策制定的模式上，正在由"精英模式"向利益相关者多元参与模式转变。在科技风险的防范和监管上，由政府的直接行政管理模型向社会治理模式转变。政治主体对公众参与民主调控

---

① David H. Guston, "Understanding 'Anticipatory Governance'", *Social Studies of Science*, Vol. 44, No. 2, November 2013, p. 9.

的认识不断提升,并建立了相关机制,开辟了参与空间。与此同时,公众在实践中不断学习,越来越多的人参与到社会实践中来。20世纪80年代中期,在丹麦开展的科技评估,赋予每一个公民参与到可能使其受到影响的决策当中来的权利,提高了决策民主化的程度,使之更加符合公共利益的价值准则。除此之外,协商民意调查无疑正在成为一种新的、具有建设性的应用,受到越来越多的人关注。协商式民意调查有别于传统民意调查,改变了以往一问一答简单的、单向性的交流和反馈模式,采用一种更为开放的对话性公共论坛方式,鼓励公众参与。在信息公开、平等交流的前提下,让普通公众针对自己关心的问题畅所欲言,与专家、官员在激烈而和谐的讨论中互相理解、达成共识。协商民意调查能够提高普通公众对社会公共决策的认知能力和理解能力,被认为是一种先进的,且非常具有发展潜力的模式。相信在未来的发展过程中,会有更多的合理化模式应用场景,而科学政治学也必将会拥有一个具有活力和生机的广阔前景。

第四节 本书的内容及观点

科学政治学研究纲领明确显示科学具有社会历史性、宏观可调控性。其中科学的社会历史性是前提条件,科学的宏观可调控性是结果。强调宏观可调控,更是由作为调控基础的科学学所具有历史主义宏观整体论特性所决定的。也就是说,只有把科学作为一个整体或把一个学科作为整体来进行研究时,其宏观运行规律性才能被把握,并以此指导对科学的调控。然而,鲜活的科学活动又是个体或个别群体,在局域内阶段性的工作,表现出个体、微观和阶段性特征。很显然,在宏观整体论的研究纲领指导下,政治调控具体的个别科学活动,必然存在着一定的理论困境,并进而导致实践上的困难。形成科学的政治化或行政化倾向,甚至导致科学的灾难。

然而,科学政治学的目的是有效指导科学实践活动,构筑科学、政治和民众的和谐关系,在推进科学技术进步的同时,实现社会进步。现代科学科技系统是一个多层次、多要素的复杂开放系统,实现这一复杂开放系统的自组织演化是我们追求政治与科学的和谐,实现科学求实与效率的有效途径。面对政治调控科学的理论困境和实践疑难,坚持科学政治学范式与研究纲领,探索破解之道,这本身就是对科学政治学能否立足的一个严峻检验。为此,在探索破解困境与疑难之道的过程中,我们凝练了四项基本原则:第一,在理论上维护科学政治学范式,坚守科学的社会历史性、宏观可调控性、公众参与民主调控的研究纲领;第二,在效果上,以民众安全与福祉的国家目标为指导,实现科学研究系统的最优演化方式;第三,在方法上,类比开放的复杂有机系统的最优演化方式——自组织演化;第四,在关键控制技术上,以科技政策作为合目的性的控制参量,以"边界组织"工具构造有机边界。上述"四项基本原则"的综合运用,使我们对走出政治调控科学的理论和实践困境进行了有益的探索。

理论困境与实践疑难的核心问题是忽视了科学政治学的范式与研究纲领,特别是遗忘了科学的宏观可调控性,直接进入科学系统内部对具体科学活动进行干预,进而形成了科学政治化或行政化倾向。要去政治化或行政化,就必须把握科学的宏观可调控性。而把握宏观调控实现科学去行政化,其目的是实现科学系统合目的的自组织演化。要实现科学系统合目的的自组织演化就要在开放的前提下,调节好科学与政治之间的张力。而以科技政策作为外部控制参量,通过边界组织构筑科学与政治的有机边界,调节政治与科学之间的张力,最终为我们走出困境提供了技术支持。

在此基础上,以"科学、技术、社会"系统有机共生论和委托代理理论作为分析工具,对有机边界活动的科研审计和有机边界活动的技术治理进行了探索[①],对中国化科学政治学的实践经验与智慧进行了概括和提炼,对中国新型举国科技体制建设进行了科学政治学诠释。

---

① 参见韩来平、李榕、张萌《科研审计与监管:科学与政治的有机边界活动》,《科研管理》2017年第11期;韩来平、杨丽丽、王烨《走向有机边界的常态化科研活动治理模式》,《科学管理研究》2018年第2期。

本书对科学政治学范式与研究纲领的建构，无疑为科学政治学的发展和科学与政治关系研究的进一步深化奠定了基础；由范式和纲领而推演和经过历史梳理而概括的科学政治学基本研究内容达到了逻辑与历史的统一；而对政治调控科学的理论与实践困境的分析和破解，其本身又进一步形成了对科学政治学语境的巩固和扩张。

这是对科学政治学进行系统化建构的一次尝试，目的在于抛砖引玉，使科学政治学不断发展和完善。科学政治学是一个综合性的基础理论学科，特别关涉科技政策研究的基础理论。借用龚旭先生的话，"科技政策是实践性很强的研究领域，在这样的领域，理论探索也许会被视为'屠龙之术'，理论运用也会被认作有'六经注我'之嫌"[①]。但科学政治学力求以理论探求为主旨、以现实问题为导向、以实证研究为基础开展多学科视角下的研究。它必将为科学与政治的社会实践提供理论指导，必将为构筑科学、政治、公众的和谐关系，推动社会进步作出贡献。

---

① 龚旭：《在政治与科学之间拓新科学政策研究》，《科学与社会》2011 年第 3 期。

第二章　科学政治学范式和纲领

　　一门学科形成和成熟的标志在于研究范式与纲领的呈现，它代表着学科语境的正式确立。科学政治学也不例外，它随着科学社会功能的外显和日益严峻的社会危机，伴随着要求科学回归人类生存实践本原的呼喊声应运而生，并在试图指导科学与政治关系实践的理论竞争中，形成了一定的范式，产生了较为广泛的影响。依据库恩的"范式"理论和拉卡托斯（Imre Lakatos）研究纲领的硬核概念，科学政治学呈现了以科学为民的价值观为统领、建制化科学"三角结构"体系的阐释为核心理论、历史与社会系统分析和"边界组织"为主要解题工具与方法的研究范式。进一步地由"三角结构"的核心理论推演出科学的社会历史性、宏观可调控性和公众参与民主调控的研究纲领。

第一节　以人的自由解放为科学价值导向

　　现在的问题毋宁是在于寻求方法来指引科学走向建设而不走向毁灭。[1]
　　　　　　　　　　　　　　　　　　　　——贝尔纳

　　科学在本质上贡献于人类解放的目标。[2]
　　知识和权力应该行动一致以获得人类的幸福。[3]
　　　　　　　　　　　　　　　　　　　　——萨洛蒙

---

[1] ［英］J. D. 贝尔纳：《历史上的科学》，伍况甫译，科学出版社1959年版，第405页。
[2] Jean-Jacques Salomon, *Science and Politics*, London: The Macmillan Press Ltd, 1973, p.154.
[3] Jean-Jacques Salomon, *Science and Politics*, London: The Macmillan Press Ltd, 1973, p.42.

"现实的人"的现实解放是科学政治学追求的根本旨趣，从这一向度出发，就决定了在科学政治学中科学价值目标所应有的价值地位。科学的价值目标是科学价值观的核心，具有了它，科学价值观才获得了自己完整的形式。

　　科学的价值在于满足人类需要，因此在进行科学价值判断时，人的需要成为其判断的基本尺度、基本出发点。"事实上，科学家动力的一览表，实际上会包含人类需要与渴望的整个范围。"① 人的需要具有多维性，并且这些需要不是静止不变的而是动态发展的。从纵向发展来看，需要是由低层次向高层次推进的；从横向发展来看，需要是从单一性向多样性发展的。这样科学价值就表现为一个多元的、多维的价值体系。我们就能从人的生存实践的历史分析入手，透视科学的本体论基础，明晰科学原初的本真意义，揭示被人的各种具体需求和科学表现出的各种形态所遮蔽的最本质的科学价值追求，把握人类对科学价值的根本看法，回归人的自由解放与全面发展。

一　科学的本体论基础

　　人类历史的书写始于人类生存发展的实践并在实践中不断地展开，这是人类寻求自由解放与全面发展的宏大叙事。马克思主义认为，"现实的人"生存发展的实践是科技活动的逻辑起点。"'现实的人'的现实的生存实践，是生成生成着的科学主体、科学客体，筹划科学活动的原初的本体论基础。"② 也就是说"现实的人"的现实的生存实践，自然而然逻辑地蕴含了科学的一切属性和科学活动的各种形态。所谓"现实的人"就是"以实践的方式存在着的从事实践活动的并在实践活动中发展自身的人"③，他演化生成于自然界，既是自然存在物，又是具有感性和意识的对象性生命存在物。现实的人作为对象性存在，他的感性的自然界就是人的感性，而这种感性又通过他人或他物等得以反映，人类历史的创

---

① ［美］伯纳德·巴伯:《科学与社会秩序》，顾昕等译，生活·读书·新知三联书店1991年版，第36页。
② 曹志平:《马克思科学哲学论纲》，社会科学文献出版社2007年版，第100页。
③ 曹志平:《马克思科学哲学论纲》，社会科学文献出版社2007年版，第57页。

造便从这里开始了。现实的人的生存发展依赖于获取生活资料的感性实践。一方面,他充满生存发展欲望,具有能动性;另一方面,又表现为欲望与行动的受动性。因此,人的生存发展实践过程本身"是表现和确证他的本质力量所不可缺少的、重要的对象"①。在这一历史进程中,科学技术作为人类的一种工具理性选择,源于人的生活实践,助力对客观世界的改造,成了人的重要生活基础,与此同时不断确证人的自身存在,展示了人的本质力量。因此马克思称科学通过技术或机器形成的不断主体化的自然界"是真正的、人本学的自然界"②。

作为感性和意识的对象性生命存在,面对未知自然界中的万事万物,被千奇百怪的自然现象困扰。人们通过感知,产生惊奇,进而为了摆脱恐惧和压迫,以便更有效地获取丰富的生活资料,实现生存发展的欲望,开始了以类的存在方式对自然的有意识的实践活动,改变并创造着对象世界。正如马克思指出的,"一切人类生存的第一个前提,也就是一切历史的第一个前提,这个前提是:人们为了能够'创造历史',必须能够生活"③。

在人类自身的演进和发展过程中,为了满足其生存的需要,首先要对自身以及赖以生存的自然环境,特别是影响自身生存的自然现象进行观察和认识,利用或抗争。这就开始了原初的、前概念的人的生存实践。科学知识便从这里开始了它的累积。在这种原始的状态下,面对各种自然现象和随时来自其他动物攻击的危险,在灾难和惊恐之中,人类首先认识到自身个体自卫力量的不足,为了求生存而期望合作。正如恩格斯所说,人类"为了在发展过程中脱离动物状态,实现自然界中的最伟大的进步,还需要一种因素:以群的联合力量和集体行动来弥补个体自卫能力的不足"④。人类最初以"群"的联合力量来进行集体行动,正是源于对外界以及自身的认识,进而通过对行为方式进行主动的变革来实现。这种最初的认识和改变过程,可以说就是科学技术的萌发过程。由此可

---

① 《马克思恩格斯全集》第3卷,人民出版社2002年版,第324页。
② 《马克思恩格斯全集》第3卷,人民出版社2002年版,第307页。
③ 《马克思恩格斯选集》第1卷,人民出版社2012年版,第158页。
④ 《马克思恩格斯文集》第4卷,人民出版社2009年版,第45页。

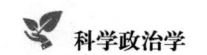

见，科学和技术的萌发正是源于人类生存的需要。

  人类的生存完全依赖自然界，但自然界并不会主动地满足人类的生存需要，人类需要借助一些原始技术从自然界中获取人类生活的必需品，因此最初的技术产生的根本原因就是人类生存的需要。那时人类的食物来源是不确定的，对人类的生存造成了极大的威胁，但正如海德格尔（Martin Heidegger）所说，"哪里有危险，哪里就有拯救的力量"。人类正是在这种情况下，在劳动中制造出工具，表现出与其他生物明显的不同，也是其他生物所不及的生存状态。人们为了保护自己和获取食物，开始认识并学会利用石器、火、弓箭等利器与环境抗衡。火的使用是人类第一次对自然力的利用，它扩大了食物来源，促进了肢体和大脑发育，改善了生活条件，提高了生存质量，扩大了生存空间；特别是弓箭的使用，提高了围猎的效率，致使猎取的食用动物有了盈余并能够暂时地圈养起来，于是积累了关于动物习性、饲养和驯化等方面的知识；与此同时，盈余的食物使人能够暂时定居下来，而吃剩的籽实落在地上，又会萌生出新的食用植物，从此逐步积累了原始农业和种植知识。所以说人类认识自然、改造自然最原初、最直接的动力是生存发展的需要而不是其他。人类通过认识、利用和制造工具，不断扩展着生活资料，使科学技术具有最初的存在状态，它与人类的生存紧紧地联系在一起。即经验知识与技术蕴含在生存的实践中并融为一体。英国博士斯蒂芬·F. 梅森（Stephen F. Mason）在谈到科学的起源时认为，科学起源"首先是技术传统，它将实际经验与技能一代代传下来，使之不断发展"[①]。在古时，科学还未能脱胎于宗教与哲学的母体，人类还不能深刻而准确地把握自然界的本质与规律，科学表现为一种技艺型的知识，具有很强的实用性。它蕴含于工匠手艺人的经验之中，积累并作用于技艺的不断改进过程。可以说，在人类实践的本真意义上，并没有必要强调科学与技术的划分，我们所强调的在于"科学是人的生存方式和生存实践手段，科学的存在方

---

① ［英］斯蒂芬·F. 梅森：《自然科学史》，周煦良等译，上海译文出版社1980年版，第1页。

式源于人的生存需要"①。

人的需要不仅促使了科学的产生，而且这种需要在科学活动的发生和发展中具有能动的、主导的作用。从历史方面看，人类的需要决定着人类认识世界与改造世界的方向。人类面对浩渺无垠的自然界，究竟哪个领域应该成为我们研究与思考的中心，这完全取决于人的需要。人类从诞生那天起，就脚踩大地、仰望星空，开始了生存发展的实践。我们发现人类最先触及和认识最深的仍然是与自身生存密切相关的领域。比如，农业生产促成农学、天文和历法、植物分类、几何学等；畜牧业促成了动物学、动物分类，等等。随着青铜器工具的使用和畜力的应用，使农业得到进一步发展，导致畜牧业与农业相分离，并在适于农业生产的河流地带形成了农业部落。农业和畜牧业的发展为人们提供了较为充裕的生活资料，农产品和畜产品的加工以及农业和畜牧业生产工具的需要，催生了逐步与农业相分离的手工业的诞生。随着生产生活资料交流的不断扩大，手工业开始由家庭手工业向着工场手工业演化。工场手工业的分工生产，意味着把复杂生产动作分解成简单的专门生产动作。这种分工大大促进了生产工具的发明和使用，而且进一步地随着动力机的发明和使用催生了大机器工业的诞生。大机器工业带动了技术发明和科学发现，反之又促进和提高了大机器工业生产水平，恰如动力蒸汽机的发明和使用，把热力学第一第二定律等逗引了出来，这些科学发现又促成了热机效率的提高。以工业生产和商业活动为基础，在资本的推动下，各项技术和科学成果奇迹般地冒了出来。正如恩格斯所概括和判断的："在中世纪的黑夜之后，科学以意想不到的力量一下子重新兴起，并且以神奇的速度发展起来，那么，我们要再次把这个奇迹归功于生产。"②

从逻辑上来看，人类的需要不仅是科学产生的前提，也是科学价值形成的基础。首先，科学成果是人活动的产物，是由人创造出来的，它同物质生产一样，在被创造出来之前都是由人在观念之中先产生了对它的需要，只是此时的这种需要不是明确的、具体的，它只是人类的一种

---

① 曹志平：《马克思科学哲学论纲》，社会科学文献出版社2007年版，第101页。
② 《马克思恩格斯选集》第3卷，人民出版社2012年版，第865页。

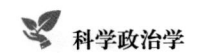

向往或追求，但也正是由于这种需要才促使人们去创造出符合自己追求的科学成果。其次，不论是现有的科学成果还是正在酝酿的科学成果，总是要同人类发生价值联系，其最终目的是为人类服务。但是科学成果能否与人类发生价值联系，能否服务于人类，并不在于这些科学成果有什么样的属性或功能，而在于人类有什么样的需要。科学所具有的属性和功能是被动的，人作为主体其需求是主动的、领先的，也正是这种主动性使科学活动具有了目的性和能动性。那么，可以肯定地说，科学技术活动源于"现实的人"的生存发展的需要，设想，"如果没有工业和商业，哪里会有自然科学呢？甚至这个'纯粹的'自然科学也只是由于商业和工业，由于人们的感性活动才达到自己的目的和获得自己的材料的"①。同时，科学、技术通过工业日益在实践中进入人的生活，成为人类生活的重要基础。马克思一针见血地指出："说生活还有别的什么基础，科学还有别的什么基础——这根本就是谎言。"② 科学技术的逻辑起点是为现实的人的生存发展进行实践的。

著名的科学社会学家贝尔纳指出："人的需要和愿望不断地为探索和行动提供动力，因此，可以把科学看作我们取得必需的知识以满足某一特定需要的方法之一。"③ 而生存是人面对自然界最基本的需要，"人们的存在就是他们的现实生活过程"④。科学和技术便从这里出发并不断指向了人的自由与解放。

二　科学本真的价值追求

人的现实活动的历史性分析，揭示了科学技术与人生存发展的本质关系，从而也就确立了从人的生存发展角度对科学进行价值判断的逻辑线索。自然界及其运动变化是客观存在的，并且它通过自身的力量不断地对人类发生着作用。人类能否认识这种由客观规律决定着的人与自然的地位关系？若不能认识，那么人类是在盲目、被动地与自然界作斗争，

---

① 《马克思恩格斯选集》第 1 卷，人民出版社 2012 年版，第 157 页。
② 《马克思恩格斯全集》第 3 卷，人民出版社 2002 年版，第 307 页。
③ ［英］J. D. 贝尔纳：《科学的社会功能》，陈体芳译，商务印书馆 1995 年版，第 462 页。
④ 《马克思恩格斯文集》第 1 卷，人民出版社 2009 年版，第 525 页。

不能摆脱自然界的奴役；若能认识自然规律，并合理利用和改造自然，那么人类就是自由的。可见，自由与解放是对必然的认识。在人类与大自然的互动过程中，不断修改、验证并积累着自己的认识素材，犹如逐步地在自然遮蔽物上撬开一条狭缝。他们透过狭缝的光亮，调整着实践方式，不断加大了互动的力度和强度。当人类每每掀开自然遮蔽物的一角，捕捉到自然界投射出的"一丝光亮"时，他们就会为之兴奋不已，因为他们在思想和行动上获得了进一步的自由和解放。这种自由和解放具体表现在他们拥有的自然知识"这丝光亮"照亮对象性世界的改造之路。人类通过有意识的实践活动不断加快了主体的客体化进程，在积累了一定的自然知识基础上，进一步演绎推理预见未知，趋利避害。同时把不断系统化的科学知识渗入生存发展的实践，又不断加快了客体主体化进程，使科学技术作为一种改造对象性世界的工具和力量而展现出来。马克思曾断言，"只有在现实的世界中并使用现实的手段才能实现真正的解放"[1]。从此，科学技术作为特殊的生产力，使人类成功地获取了更多更好的生活资料，并不断推动着人类的自由解放与社会进步。

的确，在生存实践的历史过程中，人逐步积累起对自然事物及其运动规律的认识，从而能够更加主动地利用自然和合理地改造自然，展示了人的存在，并使自身的存在领域不断拓展，自身的自由解放与全面发展得以不断展开。正如恩格斯在《反杜林论》中所论述的：

> 自由不在于幻想中摆脱自然规律而独立，而在于认识这些规律，从而能够有计划地使自然规律为一定的目的服务。这无论对外部自然的规律，或对支配人本身的肉体存在和精神存在的规律来说，都是一样的。[2]

在某种意义上说，自由解放与全面发展只不过是人的生存实践活动历史展开的新阶段，即通过生产实践获得更加自由自主的发展，更高层级的

---

[1] 《马克思恩格斯选集》第1卷，人民出版社2012年版，第154页。
[2] 《马克思恩格斯文集》第9卷，人民出版社2009年版，第120页。

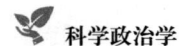

生存或更好的生存。"现实的人"的现实的解放，不是空洞的想象，它深深嵌入人的生存实践的历史过程中，使人类由单纯对物的依赖而相对独立的阶段向以全面发展为目标的"自由个性"阶段演进。

所谓的科学就是在生存实践过程中，长期积累起来的对自然事物和现象的认识，以及应对这些事物和现象的方式方法。在此基础上，进一步可物化为技术和生产工具。显然，人类掌握"科学"的多少，决定着人类能从自然界的统治下解放出来的程度，它是人类所能享受到的自由程度的标志。首先，科学的发展促进了人的思想观念的自由与解放。以"哥白尼—牛顿"革命为例，挑战了宗教神学，冲破了宗教信仰等传统观念的桎梏，伸张了理性；与统治人们头脑十几个世纪地球为中心的天地观截然不同，使人们体察到自然的新秩序；思想的自由与解放，孕育并推动了近代后期一些重要的科学发现，像细胞学说、电磁学定律、能量守恒与转化定律等，打开了形而上学世界观的缺口，为辩证唯物主义世界观的诞生奠定了基础；相对论、量子力学的出现，打破了人们绝对时空的观念，使人的思想的自由空间更加宽阔。正如恩格斯曾说过的：

> 在从笛卡儿到黑格尔和从霍布斯到费尔巴哈这一长时期内，推动哲学家前进的，决不像他们所想象的那样，只是纯粹思想的力量。恰恰相反，真正推动他们前进的，主要是自然科学和工业的强大而日益迅猛的进步。①

科学不断破除旧的思想、旧的观念，不断在历史的发展中解放人的思想，促进人的头脑的革命化，成了人类思想自由与解放的精神武器。

人的自由解放与全面发展不是停留在头脑中的思想活动。"'解放'是一种历史活动，不是思想活动，'解放'是由历史的关系，是由工业状况、商业状况、农业状况、交往状况促成的。"② 在这一历史活动中，科学为人的自由与全面发展提供了物质保障。在应对自然的方法和劳动技

---

① 《马克思恩格斯文集》第4卷，人民出版社2009年版，第280页。
② 《马克思恩格斯文集》第1卷，人民出版社2009年版，第527页。

能中，劳动或生产工具日益发展和完善，延伸了人的肢体、感觉器官，甚至大脑，提高了劳动效率。人类生存实践的历史上，弓箭的发明提高了围猎效率，由此促进了动物饲养和驯化知识的积累，进一步提高了畜力的使用。由尖劈知识启发而发明的犁，以及由冶炼技术得到的金属工具，使得原始农业向传统农业转变。这一转变的结果是解放了人的体力，提高了耕作效率，从而使粮食等农产品有了盈余，除了饮食必需之外，还可拿出一部分进行交换，取得所需的其他资料。由于有了交换的需要，专司其他生产资料，特别是生产工具一类的手工业开始出现。工具是人类生存实践中生产力发展的重要标志，反映着那个时代的科学技术水平。

马克思曾就劳动工具的发展进行了准确的概括，工具的演化是从"简单的工具"，到"工具的积累"和"合成的工具"；再"由人推动合成的工具"，到"由自然力推动这些工具"；到"有一个发动机的机器体系"，最后到"有自动发动机的机器体系"。[①] 伴随着劳动工具的变革，人类生存实践的历史不断地展开，1733年的英国飞梭纺织机，1764年的珍妮纺纱机，1768年的水力纺纱机，1779年的"骡子"纺纱机，1785年的水力织布机，1769年的瓦特单动式蒸汽机，1783年的旋转式蒸汽机。人类进入了蒸汽时代，发生了以机器大工业取代手工业的第一次工业革命。1820年，奥斯特发现了电流的磁效应。1831年，法拉第发现了电磁感应定律。1866年，西门子完成了发电机和电动机的发明。1882年爱迪生建设第一个发电站，法国德普勒发明了远距离高压传输电方法。1895年，马可尼发明无线电通信技术。人类进入电器化时代，发生了以电力取代蒸汽为主要动力的第二次工业革命。这是"人的本质力量的公开的展示"，"是一本打开了的关于人的本质力量的书"。[②]

新的劳动手段和机器"是人的手创造出来的人脑的器官"[③]。它延伸了人的肢体和感觉器官，提高了人类对自然的感知能力。使得人类对自然资源的认识也在不断扩大和深入，同时合理地开发利用自然资源，不

---

① 《马克思恩格斯文集》第1卷，人民出版社2009年版，第626页。
② 《马克思恩格斯全集》第3卷，人民出版社2002年版，第307、306页。
③ 《马克思恩格斯全集》第31卷，人民出版社1998年版，第102页。

断创造出各种各样日益优质的物质产品，生活资料愈益丰富，衣食住行有了较为充分的保障，生存条件极大改善，为人的自由解放与全面发展奠定了坚实的物质基础。可以想见，"当人们还不能使自己的吃喝住穿在质和量方面得到充分保证的时候，人们就根本不能获得解放"①。劳动手段和生产工具的革命，放大了人的体力，大大提高了生产效率，使得人们能够从持续繁重的体力劳动中解脱出来，有更多的时间和财力进行满足好奇心的探索，科学探索逐步成为一种专门的职业。在这样的职业当中，劳动便是科学研究，他们不断创造着新的劳动工具——实验手段。实验手段的不断提高使人们的视野从宏观、低速延伸到微观、高速或宇观和胀观领域，拓展着人们的活动空间，上天揽月变为现实，进一步展示了人类自身的发展程度。的确，"那些揭示自然奥妙的科学发现、科学定理和功能神奇的科技产品，都是人智慧的结晶、认识能力和创造能力的体现"②。

　　20世纪，随着人类生存实践的不断扩展，科学理论不断出现重大突破，物质和技术基础的形成，社会发展的需要，注定孕育出新的工业革命。1954年建成第一个原子能电站，1957年第一颗人造地球卫星上天，1946年诞生第一代电子计算机，这些创造标志着人类以原子能技术、航天技术、电子计算机技术的应用为代表的新技术的突破。与此同时，人工合成材料、分子生物学和遗传工程等高新技术不断获得新进展。在人类生存实践历史中，形成了第三次科技革命，它对产业革命具有深刻而广泛的影响。以电子计算机为例，继第一代计算机之后；50年代末期60年代初期进入第二代晶体管计算机时代；60年代中期进入第三代集成电路计算机时代；70年代进入第四代大规模集成电路计算机时代；80年代发展为智能计算机，运行速度达到每秒运算1.5亿次；90年代出现光子计算机、生物计算机等，大体上每隔5—8年，运算速度提高10倍，体积缩小10倍，成本降低10倍。

　　电子计算机的广泛应用，促进了生产自动化、管理现代化、科技手

---

① 《马克思恩格斯文集》第1卷，人民出版社2009年版，第527页。
② 韩美兰：《论科学价值的基本蕴含》，《科学技术与辩证法》2004年第3期。

段现代化、情报信息自动化。我们从小处着眼，一个计算机微处理器与传统机械机床组合，制成了自动数控机床。"这样一来，就使机械工业与电子工业连成一体，创造了'机电产业'这个新的具有强大生命力的生产部门。……大大提高了劳动生产率。"① 我们再从大处着眼，计算机和光纤技术结合形成了计算机互联网络，以此为基础的全球信息高速公路正在缩短人类交往的距离，使全球成为"地球村"；以互联网为基础的物联网技术的不断完善，突破了人类以往物理空间的局限，拓展了人类新的生活和工作空间。在这一全新的空间里具有"一些新的特征，交往成本降低、效率提高、速度加快、范围扩大、个性突出、主体性增强等"②。

劳动工具的不断革命和改进，特别是自动控制技术、智能控制技术、互联网和物联网技术等的使用，提高了生产效率，大大降低了劳动强度，为人赢得了大量的可自由支配的时间，因而也为人提供了自由发展的空间。因为"整个人类发展的前提就是把这种自由时间作为必要的基础"③。在自由的时间里，人类拓展着自由发展的空间，接受教育，终身学习；修炼自身，完善自我；强健体魄，愉悦身心；挥洒个性、不断创新，尽显自由的主体性地位。所以"时间实际上是人的积极存在，它不仅是人的生命的尺度，而且是人的发展的空间"④。

对历史的梳理告诉我们，科学既是人类在观念上解放自己的必然的历史活动，也是现实的人在现实的世界中实现真正解放的现实手段。"科学是'现实的人'实现解放的现实道路和基本力量。"⑤ 在人类的生存实践的历史视野下人的自由解放与全面发展构成了科学的终极价值目标。

三 人的自我迷失与科学异化

然而，人类寻求自由解放的历程并非一帆风顺。马克思主义认为，人类的自由解放是一个不断展开的历史性社会实践过程。科学技术作为

---

① 舒炜光：《信息时代的曙光》，辽宁人民出版社1985年版，第156—157页。
② 尚东涛：《技术：人的发展空间》，《社会科学辑刊》2005年第5期。
③ 《马克思恩格斯全集》第32卷，人民出版社1998年版，第215页。
④ 《马克思恩格斯全集》第37卷，人民出版社2019年版，第161页。
⑤ 曹志平：《马克思科学哲学论纲》，社会科学文献出版社2007年版，第148页。

第一生产力，它的发展必将推动社会形态不断进步，指向人的自由解放的目标。这一论断揭示了生产力与生产关系之间的矛盾运动对社会发展的推动作用，反映的是人类社会历史整体性宏观变化规律，绝非科学技术进步与人的自由解放之间的简单线性关系。

在人的生存发展过程中，科学技术对人的异化现象与之相伴随。依据马克思关于"人的本质不是单个人所固有的抽象物，在其现实性上，它是一切社会关系的总和"[①]的基本论断，分析科技对人的异化必然涉及人与自然的关系，人与作为对象的科学技术之间的关系，人与人或说是人与社会的关系。科技对人的异化现象通常来自三个层面。一是科学技术社会应用的负面效应，源于人类对自然认识的局限性，具有隐藏性和累积性。二是科学技术以及大机器的使用对人的主体性侵蚀，具有一般性。它在科学技术以及大机器的使用过程中，最初总是以对人的异化的形式出现。三是应特别加以关注的是，由不同的生产关系所导致，并决定着前述两项科技异化所形成的强度。

从人与自然关系的历史考察来看，伴随着人类生存发展实践的历史进程，人类的本质力量不断得以展示。自近代以来，在摆脱了宗教神学的枷锁之后，掌握了科学方法和手段的人类在向自然索取物质财富的过程中不断获得成功，工业革命风起云涌，于是发出了"上帝已死，我就是上帝"的呼喊。这一声音反映了人的能动力量，也显示出人类对大自然认识的局限性。这个"上帝"注定是一个残缺了人文情怀的上帝，人的自我意识从此走向迷失。

当科学主义把主客二分的观念应用到处理人与自然的关系时，人类心安理得地一刻不停地向自然界索取，而且为了更加有效地向自然索取，人类借用科学这一工具更加无节制地开发着各种自然资源，并不断建构着人工自然，从而大大改变了自然的面貌。但同时，也出现了原有自然的良性平衡被打破的现象，带来一些自然恶果，例如：气候异常、江河干枯、资源枯竭、地质灾难、环境污染等。恩格斯警告说："不要过分陶醉于我们人类对自然界的胜利。对于每一次这样的胜利，自然界都对我

[①] 《马克思恩格斯文集》第 1 卷，人民出版社 2009 年版，第 501 页。

们进行报复。"① 人与自然关系的恶化甚至直接威胁了人类生存，亦使人与自然的关系严重异化。科学与人的关系的异化展示了这样一个悖论：人类分明是不断展示了自由与解放的本质力量，却也分明受到愈益严重的奴役。科学的力量从"为我"走向了"反我"，似乎与原来的初衷背道而驰，渐渐地以束缚、压抑、否定人的本真而存在。

从人与科技的对象性关系来看，科学技术的异化现象也和作为对象的科学技术对人主体性的困扰相关。这也为人在认识自身的过程中的对对象性活动进行了拓展和丰富。恰如马克思所论述的，"工业的历史和工业的已经生成的对象性存在，是一本打开了的关于人的本质力量的书"②。然而"在通常的、物质的工业中，人的对象化的本质力量以感性的、异己的、有用的对象的形式，以异化的形式呈现在我们面前"③。

马克思在论述科学技术，特别是通过工业展示人的力量，为人类提供生活基础并为人的解放作好准备的同时，多次使用"尽管首先以异化的形式"和"不得不直接地使非人化充分发展""作为异己的力量"等这样的词语进行描述。他曾对人类生存发展的实践过程进行了概括：

> 人确实显示出自己的全部力量——这又只有通过人的全部活动、只有作为历史的结果才有可能——并且把这些力量当作对象来对待，而这首先又只有通过异化的形式才有可能。④

这表明，科学技术在为人类提供必要的生活基础的同时，往往伴随着一定程度的对人的异化现象。尤其在当下，在计算机互联网络技术以及数字化技术的驱动下，人们拓展了另一个数字模式的生活和工作空间。在这个虚拟的世界，行为肆无忌惮、信息被污染、隐私被窥探、"空间"被拉近、感情不断被疏远。人们在迷茫的网络世界中，承受着寂寞和孤独，迷失着"真我"。

---

① 《马克思恩格斯文集》第9卷，人民出版社2009年版，第559—560页。
② 《马克思恩格斯全集》第3卷，人民出版社2002年版，第306页。
③ 《马克思恩格斯全集》第3卷，人民出版社2002年版，第306—307页。
④ 《马克思恩格斯全集》第3卷，人民出版社2002年版，第320页。

这一问题的揭示绝不是对科学技术的全盘否定，而是在于把人与科技对象性关系的研究引向深入，引发更深层次关于人的自由与解放的思考。人的自由解放不是一种确定的状态，而是不断改善现存状况的生存实践的现实运动。"这个运动的条件是由现有的前提产生的。"[1] 异化阶段不会是一个永久的阶段，这种异化会随着人的实践活动的深入而逐步被消解。人类生产实践的过程是曲折发展的，是遵循着马克思否定之否定规律的。人类的生存和发展过程本身就是一个不断扬弃的过程，人类在自身的发展中不断舍弃不合理的成分，孕育出新的本质力量。

科学推动社会生产力快速发展，物质不断丰富，财富不断积累，人类的生存状况不断改善。但同时，随着资产阶级登上历史舞台，资本主义完全私有制的确立，科技所物化的每一件产品都意味着奴役他人的潜在力量。在完全私有制的社会形态下，马克思指出：

> 每个人都力图创造出一种支配他人的、异己的本质力量，以便从这里面找到他自己的利己需要的满足。因此，随着对象的数量的增长，奴役人的异己存在物王国也在扩展，而每一个新产品都是产生相互欺骗和相互掠夺的新的潜在力量。[2]

在私有制情况下，工具理性的泛滥和必然导致对物欲的崇拜，而由对物欲的崇拜自然上升到对科学技术的资本化并使之神秘化。这种神秘化割裂和遮蔽了科学与其存在的人类生存实践的本体论关系，掩盖甚至颠倒了科学对人的本真关系，"倾向于把科学作为某种超越于人类甚至高于人类的本体来看待"[3]。科学源于人类的生存实践，却又远离了民众，表现为创造和积累资本的普遍有效手段。萨洛蒙指出："实用主义的思潮已经对科研的目的和利益产生了危害，耽误了科学的初衷，背离了科学的目的。"[4] 科学为人的目标淡化甚至丢失，科学与人的关系被异化。

---

[1] 《马克思恩格斯文集》第1卷，人民出版社2009年版，第539页。
[2] 《马克思恩格斯全集》第3卷，人民出版社2002年版，第339页。
[3] 曹志平：《马克思科学哲学论纲》，社会科学文献出版社2007年版，第149页。
[4] Jean-Jacques Salomon, *Science and Politics*, The Macmillan Press Ltd, 1973, pp. 71–72.

在完全自由的资本竞争中，当资本的触角触摸到科学的功利价值时，科学便被资本利益集团绑架，为资本的积累和利益的掠夺服务。科学以及物化的社会应用，并没有普遍提高民众福利，改善民众生活，反而使社会贫富差距拉大。与此同时，利益掠夺所导致的战争、种族冲突时时威胁着人们。更让人担忧的是新的科学成果用于战争，可能给人类带来毁灭性灾难；当科学主义把工具理性扩展到了整个政治统治和社会管理系统之时，催生出一系列程序化的机械管理与政治统治模式，科学及其物化成为一种新的社会管理和控制形式。这种控制模式使社会各阶层的话语权严重失衡，社会大众的知情权与话语权逐步消解，社会的关系遭到严重异化；这种工业管理模式，使劳动者成为生产线上的一个环节，"每日每时都受机器……的奴役"①，劳动者必须服从、服务于机器。"劳动用机器代替了手工劳动，但是使一部分工人回到野蛮的劳动，并使另一部分工人变成机器。劳动生产了智慧，但是给工人生产了愚钝和痴呆。"② 在这里，劳动者原有的自我满足和快乐消失了，依附于机器的人类变得自卑而脆弱，渐渐失去自我，最终导致人的主体性地位丧失。

的确，自文艺复兴和启蒙运动之后，人们怀着满心的美好期盼，迎来了科学技术以及相关的生产机器。但在缺乏合理调控自由无序的资本竞争中，它却成了奴役人的工具。"技术的胜利，似乎是以道德的败坏为代价换来的。随着人类愈益控制自然，个人却似乎愈益成为别人的奴隶或自身的卑劣行为的奴隶。甚至科学的纯洁光辉仿佛也只能在愚昧无知的黑暗背景上闪耀。"③ 在缺乏合理调控而导致科学技术严重异化的背景下，马克思、恩格斯利用历史唯物主义和辩证唯物主义的观点与方法，深刻分析资本主义化语境下，生产资料私有制与社会化生产之间的基本矛盾。认为，"只有由社会公开地和直接地占有已经发展到除了适于社会管理之外不适于任何其他管理的生产力"④。对其实施社会调控，才能解决这一问题。他们主张用社会主义制度代替资本主义制度，其目的就是

---

① 《马克思恩格斯文集》第 2 卷，人民出版社 2009 年版，第 38 页。
② 《马克思恩格斯全集》第 3 卷，人民出版社 2002 年版，第 270 页。
③ 《马克思恩格斯选集》第 1 卷，人民出版社 2012 年版，第 776 页。
④ 《马克思恩格斯选集》第 3 卷，人民出版社 2012 年版，第 666 页。

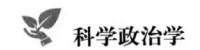

强化对与生产资料,包括与之密切相关的科学技术的社会调控,以回归人的自由解放的目标。

四　人的自我觉醒与科学价值观的复归

在人的生存实践过程中,科学与人关系的异化,进一步说明人的自由与全面发展是人的"生存实践"活动历史性展开的过程。是人类自身发展寻求自由与解放过程中的一个历史阶段。因此,在这个历史阶段需要我们去认识科学与人的关系异化现象的本质,并自觉地从人的自由与解放的角度去理解和调整科学的方向。这本身就是历史性的人的自由解放与全面发展的过程。

在马克思"现实的人"的"实践生存"论语境中,科技异化问题被置于人类生存发展实践的历史长河中来考察,呈现超越具体社会形态的共性以及不同社会形态的差异性。因此避免了对科技异化问题一味的悲观和伤感,展现了人类扬弃异化不断走向自由解放的可能前景,唤起了人们在对历史的批判中不断超越历史的信心和勇气。实际上,人类社会不同发展时期的不同社会形态,很大程度上与人类被遮蔽与异化的程度和对此表现的社会调控能力相关。因此马克思率先对资本主义的本质进行了揭露和批判,并利用历史唯物主义和辩证唯物主义的观点对人类发展历史进行了梳理,提出科学社会主义理论。主张用社会主义代替资本主义制度以加强社会调控。马克思从人的历史性以及与工业的对象性关系角度剖析了科技异化问题,他认为,"在通常的、物质的工业中,人的对象化的本质力量以感性的、异己的、有用的对象的形式,以异化的形式呈现在我们面前"[①]。对此,马克思更进一步思考:"历史本身是自然史的即自然界生成为人这一过程的一个现实部分。自然科学往后将包括关于人的科学,正像关于人的科学包括自然科学一样:这将是一门科学。"[②] 马克思所谈"人的科学"在其实践哲学语境下,与人类史相对应[③],涵盖了

[①]《马克思恩格斯全集》第3卷,人民出版社2002年版,第306—307页。
[②]《马克思恩格斯全集》第3卷,人民出版社2002年版,第308页。
[③] 马克思认为自然史和人类史不可分割,"只要有人存在,自然史和人类史就彼此相互制约。自然史,即所谓自然科学"。见《马克思恩格斯选集》第1卷,人民出版社2012年版,第146页。

人文与社会科学。的确，人的自由与解放是一个历史展开过程，其状况最终由人与自然和人与人之间的关系来决定。所以我们必须首先考察人类历史的两个方面，一方面是，人改造自然；"另一个方面，是人改造人"①。以便认识和把握科学技术、人文与社会这"一门科学"，实现科技与人文社会科学的融合，以人文价值引领科学技术的社会调控。马克思关于科技与人文、社会科学相融合的思想，深刻揭示了源于人的生存实践的科技和为了人生存发展的科技之辩证统一关系，从而唤醒了人类人文意识的重新觉醒，强化了科学技术的政治调控。从而，使科学技术摆脱了神秘幻象，回归到人的经济与社会生活之中，回归到人类自由解放与全面发展的轨道上来。并进一步明确了政治调控的本质要求和遵循的基本原则。

当人类遭受了大自然给予的疯狂报复，经历了自我精神家园的迷失之后，人类开始思考科学的价值所在，开始质疑科学的价值究竟是造福人类还是毁灭人类？虽然人们普遍承认科学是理性和人类文化的最高成就，但同时也普遍担忧科学会不会变成一种超出人类控制的不道德的和无人性的工具，一个没有灵魂的凶残机器。贝尔纳曾深入刻画了资本主义社会形态下，科学异化给人们带来的恐慌。他认为，科学"对于大多数人来说，它意味着种种疾病，强制的愚昧，苦难、无效的劳动和未尽天年的夭折，而对于其余的人来说，它意味着忧心忡忡、探索不已而又虚度年华的一生"②。这样的心理认识实际上是把科学孤立和抽象化了，从而用科学与人的关系掩盖了背后实质性的人与人的关系。这样就"把社会关系作为物的内在规定归之于物，从而使物神秘化"③。这是一种粗俗的唯心主义思想。在这个反思过程中，科学家面对人们的质疑，出于逃避的心理，主张为科学而科学的价值中立观点。在由社会关系构成的科学实践背景下，萨洛蒙对这种天真愚钝的观点进行了辛辣的讥讽，他说："对于'纯'科学家他们就像新生儿一样纯净，而这样的联系只可能属于另一个星球。"④

---

① 《马克思恩格斯选集》第 1 卷，人民出版社 2012 年版，第 168 页。
② [英] J. D. 贝尔纳：《科学的社会功能》，陈体芳译，商务印书馆 1982 年版，第 28 页。
③ 《马克思恩格斯全集》第 31 卷，人民出版社 1998 年版，第 85 页。
④ Jean-Jacques Salomon, "Science Technology and Democracy", *Minerva*, Vol. 38, No. 1, March 2000, p. 40.

实际上，从人的生存实践层面来看，科学作为重要的社会实践活动，其"劳动过程结束时得到的结果，在这个过程开始时就已经在劳动者的表象中存在着，即已经观念地存在着。他不仅使自然物发生形式变化，同时他还在自然物中实现自己的目的"①。所谓的目标或价值目标在活动之前就存在于人的观念和表象之中，不同的价值目标在劳动结束后形成的自然物的表现，就构成了不同的科学社会功能。萨洛蒙旗帜鲜明地指出："当科学家依靠科学过程的中立，漠视其社会功能时，科学家是在逃避。"② 他从科学与人类生存实践的本真关系出发，让历史观照现实，认为"对知识的利用是为了全人类共同的利益这始终是科学家们的初衷，正如笛卡尔强调科学的目的在于造福人类。作为集体实践活动的现代科学的兴起，不单是基于科学的真理价值，也不仅是为了应用，而是科学家的对科学真理和人类的双重忠诚"③。这和英国科学学家贝尔纳的观点不谋而合，他认为对于生活在科学与社会现实关系中的人们来说，"面对着这个严酷却充满希望的现实，把科学看作是一种纯粹的、超脱世俗的东西的传统信念，看起来在最好的情况下也只不过是一种逃避现实的幻想，而在最糟糕的情况下则是一种可耻的伪善"④。

诸多思想家在对科学与人的关系异化进行反思的过程中发出同样的声音，以唤起人的自我意识的觉醒，为人类智慧理性更高层次的复归奠定思想基础：

> 我们今天不仅是处于密涅瓦的猫头鹰（亦即智慧）起飞的黄昏时刻，而且是处于等待着把我们唤醒的雄鸡啼唱的深夜时分。雄鸡的啼唱应该是向我们发出关于个人、关于生命和关于人类的存在的警报。即使我们的警告可能有所夸大，但从它使得有可能启动避免

---

① 《马克思恩格斯全集》第44卷，人民出版社2001年版，第208页。
② Jean-Jacques Salomon, *Science and Politics*, The Macmillan Press Ltd, 1973, p. 206.
③ Jean-Jacques Salomon, *Science and Politics*, The Macmillan Press Ltd, 1973, p. 211.
④ [英] J. D. 贝尔纳：《科学的社会功能》，陈体芳译，商务印书馆1982年版，第28页。

或减轻灾难的手段来说也是有益的。①

敞开被遮蔽了的科学与人的生存的本真关联,颠覆被颠倒了的科学与人的关系,重新找回迷失的"自我"确立以人为本的科学发展调节原则,成为当下进一步寻求人的自由解放与全面发展的历史展开。人们不断重申着科学与人的生存实践的本真关系,强化着科学为人的目标。萨洛蒙认为科学的价值有两种表现,其中社会价值表现为他们与人类生存的各个方面都有密切的联系,他进一步强调:"科学在本质上贡献于人类解放的目标。……科学目标在道德层面有典范价值,在令人钦佩而高尚的无私性这一特征下,科学是有用的,不是作为一种产品,而是与人类目标相结合的创作物。"② 所以,"确保测度科学研究是否成功的依据是其改善人类生活水平的程度"③。美国科学社会学家古斯顿在他的著作中集中强化了科学为人的目的,他认为,"对科学的投资将是为社会提供福利与安全"④。贝尔纳对社会建制化科学进行了心理学、社会学、经济学等的动因分析,从整体上对科学的本真意义进行了把握。他认为,"科学作为一种职业,具有三个彼此互不排斥的目的:使科学家得到乐趣并且满足他天生的好奇心、发现外面世界并对它有全面地了解,而且还把这种了解用来解决人类福利的问题"⑤。

人类经过异化痛苦之后的觉醒,抓住了科学背后人与人之间关系的本质,把质疑的目光从科学转移到科学与社会的关系上。首先是科学家面对科学的社会灾难,在经历了内心煎熬之后,"科学家们首次不得不照普通社会学上的而不只是特殊学院派的一种形相,来盘查他们的种种活

---

① [法]埃德加·莫兰:《复杂思想:自觉的科学》,陈一壮译,北京大学出版社2001年版,第94页。
② Jean-Jacques Salomon, *Science and Politics*, London: The Macmillan Press Ltd, 1973, p. 154.
③ [美]大卫·古斯顿:《在政治与科学之间——确保科学研究的诚信与产出率》,龚旭译,科学出版社2011年版,第43页。
④ [美]大卫·古斯顿:《在政治与科学之间——确保科学研究的诚信与产出率》,龚旭译,科学出版社2011年版,第74页。
⑤ [英]J. D. 贝尔纳:《科学的社会功能》,陈体芳译,商务印书馆1982年版,第150页。

动"①。那么如何支配科学，回归它的本真目的，就成为摆在人类面前的重要现实课题。实际上，当代社会建制化科学，已经牢固地嵌入社会结构当中，与社会发生着广泛的价值联系。所以科学不是孤立和抽象的东西，更不再是一些人自我抚慰的游戏，而是与每个人息息相关又不可或缺的社会事业。所以"平衡科学自由与安全一直以来都是科学辩论的主题"②。

贝尔纳认为这一问题能够解决，也必须解决。"至于实际解答方式，则是寻求如何最和谐地利用和发展科学使对人类有最好的结果。"③ 这表明人类经过反思觉醒之后重新找回了"自我"，是继科学与人文发生断裂之后的重新融合，使我们在观念上形成了新的更加完整的认识——科学的发展不能脱离人的生存实践，不能离开人的精神家园，人的自由解放与全面发展是科学发展的唯一调节原则。

正是在关于科学价值目标的反思与回归的呼喊中，科学政治学被召唤，寄希望通过政治的合理调控，扬弃科技对人的异化，不断走向人的自由解放与全面发展的目标。

第二节 核心理论与研究纲领

科学已成为十分重要，不当听任科学家们和政客们来处理，而要科学造福而不作孽，就必须由全民参加。④

——贝尔纳

这些社会的、经济的、政治的目标提供了研究的理由，决定着研究的方向。⑤

——萨洛蒙

---

① [英] J. D. 贝尔纳：《历史上的科学》，伍况甫译，科学出版社 1959 年版，第 711 页。
② Jean-Jacques Salomon, "Science Technology and Democracy", *Minerva*, Vol. 38, No. 1, March 2000, p. 42.
③ [英] J. D. 贝尔纳：《历史上的科学》，伍况甫译，科学出版社 1959 年版，第 3 页。
④ [英] J. D. 贝尔纳：《历史上的科学》，伍况甫译，科学出版社 1959 年版，第 718 页。
⑤ Jean-Jacques Salomon, "Crisis of science, crisis of society", *Science and Public Policy*, Vol. 4, No. 5, October 1977, pp. 431–432.

第二章　科学政治学范式和纲领

一　建制化科学三角结构理论

建制化科学的三角结构体系是对当代科学活动以及社会关系准确而高度的概括，表明了科学活动的社会性和历史性特征。

科学建制化伴随着科学社会化进程而形成和演化。在早期，科学几乎等同于上层阶级的专利，主要表现为一种随意的自为活动。但随着科学逐渐变成了致富的手段，资本的触角便理所当然地伸进了科学研究领域。它们实现了对科学劳动资料和产品的资本占有，最后把科学家变成领取俸薪的科学知识的生产者。科学的职业化使原来属于上层统治阶级一部分的知识分子，开始变为属于工人阶级一部分的脑力劳动者。实际上，这就造成了"科学劳动资料所有权与科学家的分离"[1]。亦即科学主体和政治主体相分离，科学与政治形成一种明显的契约关系。政治主体作为资源的分配者和公众利益调节者，不断要求介入科学活动，并逐步使科学研究成为一种社会建制。科学建制化的形成及演变过程便可说明这一点。

1644年，一个热衷于探讨有关自然问题，进行具体实验活动的组织在英国出现了。以此为基础，1662年查理二世正式批准皇家学会成立，目的是进一步增进自然知识积累。这是历史上出现的第一个官方认可的科学组织，但国家并不给予经济上的支持。此时的科学活动仍然主要是有钱有闲人的消遣，科学并未形成一种职业，但它表明科学活动正孕育着由独立的个人行为转向一个有组织的活动。1666年，法国国王决定支持成立法国科学院。科学院设院士席位，国家提供生活费用，使科学研究职业化成为可能。法国科学院的产生和俸薪制度的出现，表明科学家作为一种社会角色已经出现，科学活动的建制化已现雏形。自此以后，"政治的支持促成了科学的进步，国家利益也蕴含在了与学者的协商之中"[2]。

科学从未脱离与社会的联系，并与社会其他要素相互作用着。在工

---

[1] 赵红州、蒋国华：《在科学交叉处探索科学——从科学学到科学计量学》，红旗出版社2002年版，第173页。

[2] Jean-Jacques Salomon, *Science and Politics*, London: The Macmillan Press Ltd, 1973, p. 13.

艺和技术把科学逗引出来以后，科学也不断完善并引导技术，不断渗入工业生产中。17世纪，有了科学服务于航海的贡献。18世纪，可以看作梦想着科学和政治进行联盟的世纪，科学则更多地表现出与生产相结合的趋势。19世纪，德国新人文主义的改革为科学建制化的形成推波助澜。与此同时，科学进一步为技术的实现提供支持，大大提高了技术发明的成功概率，科学家的社会角色也出现在工业和政府研究机构中。工业资本积极进入科学研究中，建立起实验室、研究所等。

至19世纪末，个人自由式的科学活动已经淡化。科学作为社会中的一个重要生产要素出现，并由此引发工业研究的快速成长。到20世纪，科学则完全与工业生产合为一体。"在1920年和1950年之间，整个资本主义世界里的工业研究增加约五十倍。"[1] 随着科学研究的不断深入，科学研究活动出现了既高度分化又高度综合的趋势，研究规模和耗资不断增大，仪器设备更加昂贵，辅助人员为数众多。因为科学活动的上述变化，就使得政府对科学的支持成为绝对的主导。"更重要的是生活中的每一方面——工业的、农业的、医学的、政治的，尤其是军事的方面——在它的一天天的活动上，越来越需要经过有组织的科学的协助。"[2] 显然科学已经不可能再是富于好奇心的绅士们的一种自由消遣，它建立了自己的研究机构、实验室以及组织管理机构，已经变成了社会和政府给予支持和干预的一项事业，从而凸显了政府组织管理的重要性。比如，1916年美国威尔逊总统批准成立了国家研究委员会，负责全面协调组织现有的政府、教育、工业和其他机构的科学技术活动。1918年5月，威尔逊总统再次颁令使国家研究委员会成为常设机构，它的主要成员由总统直接任命。1919年，美国国家研究委员会公报强调："能够最有效地组织科学力量的国家，将得到工商业领袖地位的奖品。"[3] 可见，政治主体已经充分认识到，国家对科学研究活动的组织与管理具有十分重大的实际政治利益。无独有偶，作为第一个社会主义国家的苏联亦是如此。1920

---

[1] ［英］J. D. 贝尔纳：《历史上的科学》，伍况甫译，科学出版社1959年版，第698页。
[2] ［英］J. D. 贝尔纳：《历史上的科学》，伍况甫译，科学出版社1959年版，第687页。
[3] 吴必康：《权利与知识：英美科技政策史》，福建人民出版社1998年版，第334页。

年列宁提出"共产主义就是苏维埃政权加全国电气化"的宏伟蓝图,同年,列宁亲自领导 200 多名科学家和技术专家制定具体的全俄电气化规划。这表明了苏维埃政权要发展科学,规划科学,使科学为社会建设服务的态度和决心。科学的组织管理活动实际上是为科学搭建了一个具有结构并体现功能的载体。此时的科学活动系统作为社会大系统当中的一个子系统,表现为有政治权力渗入其中的一种社会建制。那么,"科学与权力相遇也就是我们这个时代不可避免之事了"①。

伴随着科学研究活动建制化进程的加快,科研活动人员成为普遍意义上拿薪水的职业劳动者。此时,科研活动的社会契约化得到凸显,因此政治主体甚至认为直接介入和干预科学活动是理所当然的事。在建制化科学的权力场域中,外部政治权力与科学活动内部科学权力开始了相互作用。

我们对科学研究系统进行全方位观察,发现它是与社会进行着相互影响的社会系统中的一个开放子系统,被作为一种建制固定在社会制度结构中。这种建制本质上成了一种政治制度的变形,它划定了学术领地的界限并赋予了科学特权和责任,构造起了对于资源需求的主张,把科学活动具体化到对"生产"和"消费"关系进行统治的结构当中,实现系统化地对科学实践活动进行管理的基本功能,从而引导人们通过遵守设定的制度来获取权力。贝尔纳就曾从社会和历史的视角,对科学进行了全面考察,他认为科学除了作为一种知识体系和传统、作为一种方法、作为一种社会生产要素之外,特别强调现代科学的社会建制化特征。他认为,"科学建制是一件社会事实,是由人民团体通过一定组织关系,联系起来,办理社会上某些业务"②,从事社会化的科学研究活动。作为一个有组织的机体,科学建制是一种有别于传统个人自由研究的制度。"今天科学出现为有自己的权利的一种建制,它有自己的传统和纪律,自己的专业工作者,以及自己的基金。"③ 也就是说,科学活动和其他社会事

---

① Jean-Jacques Salomon, *Science and Politics*, London: The Macmillan Press Ltd, 1973, p. 3.
② [英] J. D. 贝尔纳:《历史上的科学》,伍况甫译,科学出版社 1959 年版,第 9 页。
③ [英] J. D. 贝尔纳:《历史上的科学》,伍况甫译,科学出版社 1959 年版,第 687 页。

业一样，作为一项专门的职业，是由职业科学家来进行的一种有组织的社会创造性活动。各项科学实践的成果最终都来自种种社会建制和社会传统。这就说明，科学作为一种社会建制，反映了科学社会化发展趋势的要求，确立了科学作为社会子系统的实体地位。

科学建制包括投身于科学并以此为职业的人、高度的专门知识和技能、特殊的价值观念、行为规范和交流沟通方式以及同属于社会子系统的其他要素。不仅如此，这种社会化和职业化的科学活动，使得科学家团体和社会（民众以及政府）形成了一种"关于科学的契约关系"[1]，亦即，科学活动的社会投入与社会利益之间的关系。由于这种契约关系的存在，使得政治和公众参与科学就在所难免。这样公众和政治权力自然地进入科学的社会体系中，形成了建制化科学社会体系的三大基本要素。那么，作为建制化的科学与社会一般体系的联系，也就表现在了科学家与恩主、公众的关系之中。这里所谓恩主，是使科学家能生活和工作而提供钱财的个人、集团或政府部门，即掌握资源可以进行权力运作的主体——政治主体。群众，实际上，即现代意义上的"公众"概念。"公众是一个具有共同利益、共同关心的事务或共同意见的分散的人群。"[2] 随着人的文明素质的提高和社会的发展，公众的行为也趋向理性，最终"科学的意义和价值的最后评定者是出于人民"[3]。如果我们把科学家看作同一主体，即科学家群体，那么就不同主体的情况来看，他们形成了一个三足鼎立的关系（如图2-1）。这就构成了建制化科学在社会系统中的一个三角结构体系。这种结构把恩主、科学家、公众有机地联系在了一起。

实际上，这个三角结构只是社会建制化科学的一个最基本的结构，从社会要素分析看，我们把政治主体、科学主体、公众看作社会建制化科学的三个最基本而联系最为紧密的要素。以此为基础，在不同的历史时期，由于建制化科学体系所表现出的参与要素和活动要素之间的相互

---

[1] David H. Guston, *Between Politics and Science: Assuring the Integrity and Productivity of Research*, New York: Cambridge University Press, 2000, p.37.
[2] [美] 戴维·波普诺：《社会学》，刘云德等译，辽宁人民出版社1988年版，第604页。
[3] [英] J. D. 贝尔纳：《历史上的科学》，伍况甫译，科学出版社1959年版，第8页。

```
          政治主体
           /\
          /  \
         /    \
        /      \
     科学家←——→公众
```

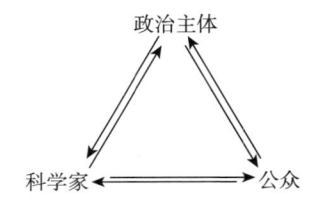

图 2-1 建制化科学在社会系统中的三角结构图

作用程度不同，建制化科学体系形成不同的结构，表现出不同的时代特征。那么，我们从这一"三角结构"出发，根据研究对象的需要，可以推出若干模型。比如，我们强调市场在资源配置中的作用和科技对经济的驱动作用，强调过程性创新的话，就要把市场作为一个重点要素进行研究，可建立三棱锥模型进行互动分析。在此不一一列举。

在社会建制化科学的语境下，科学的社会契约关系表现为，科学家团体以要求保有科学的自主性为前提接受政治的资助，政治主体作为交换条件，希望科学家的产出能够为政治服务。尽管科学的建制化和职业化，使科学最大限度地保有了自主性，但科学系统内部的科学权力也变得不再单纯，科学家的角色也会逐渐变得模糊起来。科学家不能回避这一问题，他们"不是为政治而生，而是生活于政治中"[1]。在社会建制化科学的场域中科学的自主性不再是完全的，科学家作为建制化科学活动的行动者，其策略既是科学的又是社会的。实际上，在社会建制化科学的可能世界中，科学家扮演着三种角色，即生产知识、提供专家意见和参与决策。科学家的角色在建制化初期的确只被确定为促进自然知识的增长。但由于自然知识对社会发展的影响日益深重，科学家还被要求为决策者提供专家意见，并通过相关的信息来强调问题以及进入争议的范围参与决策。这三种角色重叠之后，"专家的陈述不再是一个科学客观性的问题，而是一个在强烈的感情、价值观和利益三者中发生冲突的问题"[2]。的确，科学的目的是促进自然知识的增长，但更是促进社会的发展；社会的发展依靠科学知识，这使得科学家在关乎社会发展的重大问

---

[1] Jean-Jacques Salomon, *Science and Politics*, London: The Macmillan Press Ltd, 1973, p. 148.
[2] Jean-Jacques Salomon, "Science Technology and Democracy", *Minerva*, Vol. 38, No. 1, March 2000, p. 38.

题上必然具有话语权。由于科学发展需要政府资助,有时候政府也在暗地里对科学施加影响,这意味着政治家要依靠科学家,这"不仅仅是因为科学开始和政治事业息息相关,更因为科学在某种程度上决定了政治决策者的方式和方法"①。未来科学与政治的关系"不可能恢复到'二战'前盛行的政府对科研的不干涉关系,这是因为科学与政治两者已经彼此依赖,不可逆转"②。在此,存在两种带有社会风险的走向,科学很容易成为政治的附庸,同时政治也很容易走向技术化的统治。"政治科学化和科学政治化都是同一现象的两个方面,即技术主宰一切,是新的社会冲突来源。"③ 我们知道,科技与政治价值的取向一致,也并不意味着总是好事,还要看是否符合公众的共同价值取向。这是因为,科技的"理性当它既变成政权、统治势力和秩序的纯粹工具又变成政权和统治势力的目的时,它就变成疯狂的"④。

  在近代科学的早期,认为科学活动主要是在科学家和恩主(政治主体)之间的相互作用。随着科学建制化的出现,现代科学日益成为社会生活的一部分,从方方面面充斥了民众的生活空间。特别是自从20世纪中叶以来,科学发展进入大科学时代,其耗资巨大,影响颇深。科学本身以及与社会的联系都呈现极为复杂的特点。科学可能的社会风险和影响因此具有了更加值得警觉的新的高度和广度。这种风险的承担者不只是科学家,而更是整个社会。这就决定了民众参与的必要性和必然性。公众的民主参与可以向政治主体表达科学为民所用的愿望;公众的民主参与可以加强公众与科学界的交流,减少公众对科学的误解甚至敌意,为科学的发展提供更加健康和谐的环境;公众的民主参与可使公众的"本土知识"成为科学家专业知识的有益补充,以减少精英决策所带来的社会公众利益的缺失。这种社会建制化科学的体系构建,为我们分析科

---

① Jean-Jacques Salomon, *Science and Politics*, London: The Macmillan Press Ltd, 1973, p. 148.
② Jean-Jacques Salomon, "Recent Trends in Science and Technology Policy", *Science Technology and Society*, Vol. 5, No. 2, March 2000, p. 237.
③ Jean-Jacques Salomon, "Science Technology and Democracy", *Minerva*, Vol. 38, No. 1, March 2000, p. 38.
④ [法]埃德加·莫兰:《复杂思想:自觉的科学》,陈一壮译,北京大学出版社2001年版,第126页。

学与政治、科学与公众、公众与政治之间的互动奠定了基础，成为科学的民主策略的逻辑前提。让民众和科学家、政治家一起发扬民主的力量调控科学，避免科学单纯用于增加私利，避免科学的滥用或误用。

政治主体作为人类利益的代理者，在科技活动过程中的作用在于代表公众确认科学活动对人类的价值，调节利益分配，规范科技活动。正如贝尔纳所言：

> 利用科学改善人生这项工作也是根本属于政治的；就是说，这种工作，走到最后一步，必须由全体人民来决定。①

由于科技在人类社会生活中发挥的作用和影响越来越显著，而同时社会公众要求政治力量对科技的作用和影响进行有效的调节控制，要求规范政治主体和科学实践主体的行为，防止科学被滥用或误用。这给科学的政治调控和政策的制定提出了一个挑战。

这一挑战是具有历史性的挑战，是科学发展到今天对社会影响愈益深重的情况下的必然结果，是人类追求自由与解放的过程中的经由理性启蒙、自我迷失之后不断地自我觉醒。建制化科学的三角结构体系是人类社会实践活动的历史产物，它蕴含科学的社会历史性、宏观可调控性以及公众参与民主调控的科学政治学的基本研究纲领。

二 基本研究纲领

（一）科学的社会历史性

科学活动是人类社会实践活动的重要内容，它随着人类社会实践活动的不断深入而展开，因此，科学活动具有社会历史性。在此，我们不能回避这样一个问题：科学这样一个社会历史活动，处于社会历史之中，真能生成独立于历史的"真理"吗？在此简单应对完全是一种策略，而不是去详解。科学的社会历史性实际上也蕴含语境化科学的意思。所谓

---

① [英] J. D. 贝尔纳：《历史上的科学》，伍况甫译，科学出版社1959年版，第720页。

语境化科学就是一种追问"存在者"如何显现的实践活动。在实践的历史长河中,关于一个存在者何以能具有多个"是什么",就是因为存在多个语境,亦即在不同历史时期和社会条件下,我们构筑了不同的公理化体系,面对"存在者"不同的侧面,捕获它的光亮。那么怎样回答关于"它本身处于历史中,却又能生成既贯穿整个历史又独立于历史的真理"呢?显然,不管在哪个语境下,所谓"是什么"就是在不同于语境下存在者透过遮蔽显露出的一丝光亮而被我们捕获。也就是说科学毕竟是要捕获存在者之光亮,所以,我们可以概括地说,科学是努力追求客观的活动,但作为追求过程和活动形态却具有明显的社会历史性。"巴歇拉尔反对将根据标准认识论进行的科学实践理想化,他观察到,认识论对现成的科学真理思索过多,而对科学本身在形成过程中犯下的错误以及科学实践的步骤考虑不足。"①我们赞同巴歇拉尔的观点,今天在这里也主要强调的是作为活生生社会实践活动的科学形态的社会历史性问题。我们要认识科学的社会历史性,就要突破狭隘的静态科学认识论模式,从科学与社会这个更加广阔的视野,对科学的演进与功能进行研究。

科学是伴随着人类社会的诞生而出现的一种特定的社会实践活动。"科学和工艺方面的主要和次要创作时期,都附属于历次伟大的社会、经济和政治运动而在历史上出现。"②科学是社会中的科学,深深地扎根于社会之中,我们从科学与社会的发展关系来看,"科学是与整个社会结构和文化传统紧密结合的。它们是彼此相互支持的——只有在某种类型的社会中科学才能繁荣发展,反之没有科学持续健康地发展和应用,这样的社会也不能正常运作"③。科学作为社会系统中的一个要素,"处于为生活而劳动的人们所树立和所传递的实践,以及一些观念和传统所结成的范型这二者之间"④,也就是说,科学处于社会文化的中间地带,底部依托

---

① [法] 皮埃尔·布尔迪厄:《科学之科学与反观性》,陈圣生等译,广西师范大学出版社2006年版,第8页。
② [英] J. D. 贝尔纳:《历史上的科学》,伍况甫译,科学出版社1959年版,第678页。
③ Jean-Jacques Salomon, "Science Technology and Democracy", *Minerva*, Vol. 38, No. 1, March 2000, p. 35.
④ [英] J. D. 贝尔纳:《历史上的科学》,伍况甫译,科学出版社1959年版,序Ⅵ。

生产实践，上部是思想文化的关照，周身是其他意识形式的包围。科学正是在与上述诸方面的互动中向前演进的。

从社会学视角纵观科学发展的历史，就会把我们带到历史的生动画面中去，让我们循着18世纪和19世纪科学进展的几条主流而得其梗概，使我们看到科学与社会至少存在两方面的关联。一方面，是它和社会思想，包括信仰、观念、思维方式等的意识形态相关联，刻画了科学思想观念的变迁。"概念、方法和科学理论这一谱系对于科学的内部历史是具体的。但是科研不仅有它自己的思想史，它也产生具体的物质，信息流从社会实践中溢出，新的知识的发现和发明，在行动中结束。"① 所以，科学也必然会展现给我们另外一个方面的关联，就是它和工业革命以及工业革命所带来的社会物质发展的关联，实际上也就包含了和社会生产力、生产关系、相应的上层建筑等的关联。这"两个相关联"打破了僵死的科学图景，展现了一个动态而开放的科学体系。

第一个"相关联"产生的问题是具有革命性的问题。从历史主义的观点出发，科学进步或革命，是由对特定历史时期的传统思想和文化信念的突破而取得的，展现给我们的是一幅动态历史图景。那些把科学理论说成仅凭"实验事实"和逻辑的一些演绎而得来的看法，把科学看成静态而僵死的观点，是片面和没有根据的。的确，在科学史上，靠单纯的理性和抽象推理等思维方式获得的科学发现寥寥无几。科学创造单单运用逻辑思维、逻辑规则进行推理是没办法完成的。任何理论实体都是对自然客体可能的解释，并且，在特定的历史与社会语境中，并存着多个相互竞争的理论。各个理论模型在各自的语境下描绘着与真实世界具有相似性的可能世界，并展开可能世界与真实世界两者间相似度的竞争。每一个理论大多反映出一定的非科学知识气氛，而科学家个人更是无可避免地受到这种气氛的制约。所以贝尔纳断言："科学进步仍然依靠先有一幅关于宇宙的绵续的传统绘景，或一具工作模型，其中有的部分是可以证实的，但有的部分则证实难于捉摸，或竟根本没有着落，而流于神

---

① Jean-Jacques Salomon, *Science and Politics*, London: The Macmillan Press Ltd, 1973, p. 83.

秘。"① 这一传统或工作模型，正如历史主义者库恩所揭示的"科学范式"。这一范式是在常规科学下所显示出来的，带有相当大的惯性和保守力量。但当这一范式遇到不能解释的难题时，就形成了反常。随着反常的增多，又给原有科学范式带来了危机，危机就会带来新的革命。特别是这个理论经过了其语境的确立和语境的扩张之后，原有模型或范式所固有或产生的信念就会成为科学革命的最大障碍。"新发现上的最大困难，并不怎样在于进行一些必需的观察，而在于挣脱一些传统观念。"②比如哥白尼创立日心说，爱因斯坦创立相对论等一系列历史事实都说明了这一点。这里所说的这个传统观念是由科学和社会两方面的因素合成的。从历史来看，这个传统"就该时时不断地，并且常常剧烈地遭到毁坏，而对着物质世界和社会世界的新经验，重新构造起来"③，取得科学上新的进步。实际上，依据成素梅、郭贵春教授的科学进步的"语境生成论模式"④，这正是科学理论的语境转换。原有理论在科学共同体的努力下进行语境扩张的过程中，"物质世界的新经验"与原来科学语境下所培育和强化的理论信念相矛盾时，原理论的语境扩张边界逐渐明晰，扩张受到限制，新的理论语境开始孕育。新的语境的孕育需要突破原有的传统和信念，这也是贝尔纳所讲的"新发现上的最大困难"。新语境的孕育伴随着科学共同体的信念不断地改变，伴随着新的与客观世界更具相似性的物理模型之间的竞争，伴随着对前语境中一些问题的修补和纠正。在理论的竞争中具有优势的模型被确立之后，标志着新的语境的形成并得以确立。在新语境下生成的理论实现了不断地向客观真理的逼近，即"对着物质世界和社会世界的新经验，重新构造起来"新的理论。

  第二个"相关联"产生的问题是持续的动力。历史地回顾，科学最早就是为了解决实际经济问题的需要而提出的，受着技术的牵引；而后科学渗入技术，引领技术的发展，经济发展和技术需求又会进一步牵引科学。"这里重要之点在于普通实际经验提供了具有科学兴趣的引人入胜

---

① ［英］J. D. 贝尔纳：《历史上的科学》，伍况甫译，科学出版社1959年版，第23页。
② ［英］J. D. 贝尔纳：《历史上的科学》，伍况甫译，科学出版社1959年版，第22页。
③ ［英］J. D. 贝尔纳：《历史上的科学》，伍况甫译，科学出版社1959年版，第23页。
④ 成素梅、郭贵春：《语境实在论》，《科学技术与辩证法》2004年第3期。

的吸引力，不妨说是像一个磁体，而要了解科学进步，就可以依靠一般经济和技术利益上陆续变化的各个场合，来探索途径。"① 难怪当我们考察科学与技术的发展史时，会发现科学活动出现在何地何时绝非偶然。它的兴盛同经济活动和技术进步是相吻合的。它的发展轨迹循着经济和技术的发展轨迹，到了当代甚至表现出交互的促进状态。所以贝尔纳断言："科学必须和生产机制有密切而活跃的接触，才能演进和增长。"②

历史地回顾让我们更加清楚地认识到这一点。人类文明初始，科学的进展表现出极大的偶然性，但这个偶然经常来自工艺的需求。用贝尔纳的话说，就是"社会流动性能让手艺人和学者碰在一起……'博物学者们窥探了各行业的内情'"③。由于技术和科学的发展，带动了经济的增长，导致资产阶级的出现。特别是制造业资本主义，由于对机器的需要和迫于资本的压力，首先推动工艺的发展，继而牵引了科学的进步。在16世纪的所谓首次工业革命过程中，有关矿山、磨坊和船舶的种种技术，导致了机械学的进步。"确确实实，新机器的进步所打动的兴趣和所生的利，靠自己的力量就起了把科学逗引出来并产生出来的作用。"④ 而科学的进步又提高了技术成功的概率，加快了技术的进步。这就为下一次更大的工业革命奠定了基础，并鼓舞了科学家的士气。科学开始引领技术，技术进一步推动科学。到18世纪末期以前，工业向科学提供的牵引力远比科学向工业提供的推动力要大。但不久以后，化学的发展就开始对染匠和冶金工匠的传统生产方法产生影响了。随后，我们发现，在经济和技术不断牵引科学的同时，科学全面渗入技术领域并催生着新的技术发展。在今天，工业进展和科学进步这两股力量缠绕得更加紧密了。"科学与技术之间的边界变得如此地模糊以至于难以去找到科学的一部分，不会孕育技术或被技术孕育。反过来也一样，技术越来越多地依赖于科学研究。其次，有很少的科学活动能够从国家或工厂的支持中分离出来。学术框架内科学自主性不断受到挑战，因为是日益增多的对非学术机构

---

① ［英］J. D. 贝尔纳：《历史上的科学》，伍况甫译，科学出版社1959年版，第25页。
② ［英］J. D. 贝尔纳：《历史上的科学》，伍况甫译，科学出版社1959年版，第19页。
③ ［英］J. D. 贝尔纳：《历史上的科学》，伍况甫译，科学出版社1959年版，第679页。
④ ［英］J. D. 贝尔纳：《历史上的科学》，伍况甫译，科学出版社1959年版，第682页。

的依赖。"①

到了当代,科学与社会的密切联系已成不可逆转之势。当代科学已经深深镶嵌在社会之中,吸取着营养并向外辐射着能量。"科学之出现为社会范围内一个重要能动因素,是人类通史上有关键性的且不能倒退的一步。连带着科学所必然要结合的种种经济和政治变化而言,科学的出现就和人类本身的出现或人类最初的文明的出现是同等重要的。"② 科学作为社会系统中的一个要素,与社会其他要素同形同构,并发生了交互的作用和影响。科学作为一个重要的社会要素不断作用到社会结构,以及那些促进社会结构转变的思想观念上,一些科学效应终将使社会发生一些转变;与此同时,社会其他要素也在对科学系统不断地施加着影响,使科学研究系统结构发生着变化,使科学具有了不同的历史特征。"科学的历史相当长,在这历史中它所经历的变化又相当多,又都和其他社会活动相连结。"③ 科学特征属于历史范畴,它显示了科学整个生长过程中某一时期科学的特征,给出了科学与社会关系的历史线索。

"并非科学在以往的许多年代没有以多种方式展现自身,而是因为在不同的时代人们对科学有着不同的责任要求。"④ 从科学活动形式来看,经历了由个人自由消遣模式转变为社会建制化模式的过程。从历史上来说,早期的科学活动是一种随意的自为活动,主要表现为一种仅与个人兴趣相关的事情,是"供一位英国绅士消遣的适当工作"。直到近代,科学仍旧部分地保留着这一特征,以至于卢瑟福(Rutherford)依旧将科学区分为"物理学和集邮"两类。其中,"集邮"即代表着一种主观的兴趣,这意味着驱使人们从事科学的动力,是使他们感到科学是一种高贵的职业或者是一种有趣的消遣。所以在早期,科学大都是绅士们的自由活动。然而,科学时刻也未能脱离与社会的联系,并与社会中的其他要

---

① Jean-Jacques Salomon, "Recent Trends in Science and Technology Policy", *Science Technology and Society*, Vol. 5, No. 2, March 2000, pp. 225–249.
② [英] J. D. 贝尔纳:《历史上的科学》,伍况甫译,科学出版社1959年版,第687页。
③ [英] J. D. 贝尔纳:《历史上的科学》,伍况甫译,科学出版社1959年版,第5页。
④ [美] 大卫·古斯顿:《在政治与科学之间——确保科学研究的诚信与产出率》,龚旭译,科学出版社2011年版,引言第1页。

素相互地作用着。在工艺和技术把科学逗引出来的同时,也由于科学"全知全能"传统的激励,科学不断完善和引导技术,不断渗入工业生产。到 19 世纪末,绅士们的个人自由式的科学活动方式,实际上已经淡化或停止。科学作为社会要素当中的一个重要生产要素而出现,并由此引发了工业研究的快速成长,研究规模不断扩大、研究经费也不断增多。

与此同时,由于科学与社会政治、军事、文化等各个方面的相互影响,科学已经不可能再是富于好奇心的绅士们的一种自由消遣。它已经变成了生产企业和国家支持并施加干预的一种事业了。"就这种意义来说研究系统本身可以看作经济关系网络下的一个子系统,国家对其行使权力。"① 科学研究从此告别了完全自由的"市场经济"活动方式。科研活动与其他生产活动的鸿沟可能会缩小,但是"以整个社会系统的经济子系统身份建立起来科研系统,不会因此简化为像其他生产活动系统"②。因为,一方面"在它的一天天的活动上,越来越需要经过有组织的科学的协助"③,这就不知不觉地使科学事业,从个体的基础上转移到了集体的基础上,并且提高了设备和管理的重要性;另一方面,科学的组织和管理实际上是为科学搭建了一个具有自身结构并体现其特殊功能的载体,使科学成为社会大系统当中的一个子系统。这个子系统通过其自身结构与外界交流,同时也表现出了一种自身的特点,表现为有自己权利的一种社会建制结构;同时社会建制化科学还意味着,科学被镶嵌在整个社会的运行系统当中,与社会发生着相互作用,进行着相互影响。通过社会其他要素的作用亦能使科学得到调控。借用斯蒂尔曼(Steelman)的话:"科学是社会这个共同体的结构的功能部分,科学家是社会的成员,生活在由社会责任、经济现实和民主政府所设置的限制之内。"④

科学的社会历史性研究,给出了一幅活生生的科学活动的社会实践场景。抛弃了科学进步的机械论的认识论,代之以历史和辩证的唯

---

① Jean-Jacques Salomon, *Science and Politics*, London: The Macmillan Press Ltd, 1973, p. 94.
② Jean-Jacques Salomon, *Science and Politics*, London: The Macmillan Press Ltd, 1973, p. 235.
③ [英] J. D. 贝尔纳:《历史上的科学》,伍况甫译,科学出版社 1959 年版,第 687 页。
④ [美] 大卫·古斯顿:《在政治与科学之间——确保科学研究的诚信与产出率》,龚旭译,科学出版社 2011 年版,第 74 页。

物论的认识论，揭示了作为理性追求的科学活动过程中的理性与非理性交织的特征。为我们如何更好地把握和引导科学进步这一问题提供了依据。

（二）科学的宏观可调控性

科学的社会历史性，倾向于把当代科学看作一种社会行为或者说是一种社会建制，把科学看成社会中的一个要素，抑或是社会中的一个子系统，道出了科学历史过程的复杂性和不可逆性。"科学对经济和社会系统来说从来不是一个孤立的子系统。"① 社会建制化科学，它与社会的关联更加密切也更加复杂，所以"比起所有其他人类建制来，科学更需要发掘过去，借以了解现在并控制将来"②。那么，若要有意识地调控科学，就必须对科学与社会的全部关系及历史有透彻的认识。我们对科学的社会历史性进行研究和考察，就是要找出办法来解决科学所面临的各种危机，使其从"对社会不负责任转变到对社会负责"③，使科学最大限度地为人类谋福利。

现代科学已经成为一个依存于社会制度的组织系统。作为社会子系统之一的科学系统与社会大系统具有相似结构，同时进行能量信息的交流。我们可以通过有意识的社会干预而引起整个科学系统的变化，达到对科学的调控目的。也就是说，我们通过社会其他要素的作用亦能使科学得到调控。借用大卫·古斯顿的话："科学是社会这个共同体的结构的功能部分，科学家是社会的成员，生活在由社会责任、经济现实和民主政府所设置的限制之内。"④ 毫无疑问，对科学进行调控必然是通过科学外部的社会因素来实现的。从科学的外部形态看，相对于整个社会，科学是改变社会同时又为社会所制约的社会巨大系统中的一环。萨洛蒙非常透彻地分析道："科学与技术今天结合得如此牢固，以至于决策者的技

---

① Jean-Jacques Salomon,"Crisis of science, crisis of society", *Science and Public Policy*, Vol. 4, No. 5, October 1977, p. 416.
② ［英］J. D. 贝尔纳：《历史上的科学》，伍况甫译，科学出版社1959年版，第3页。
③ ［英］J. D. 贝尔纳：《历史上的科学》，伍况甫译，科学出版社1959年版，第5页。
④ ［美］大卫·古斯顿：《在政治与科学之间——确保科学研究的诚信与产出率》，龚旭译，科学出版社2011年版，第74页。

术目标不可避免地要影响科研人员的科学目标。"① 而技术目标来自社会需求，"社会需求这个概念与社会，特别是科学界的有倾向的选择以及权力结构相联系"②。那么，"这些社会的、经济的、政治的目标提供了研究的理由，决定着研究的方向"③。也就是说，科学建制本身的结构在外部条件和环境的作用下是可以改变的，可以使它朝向特定的目标发展。正如戴维·狄克逊在1967年分析美国科学委员会的意愿时指出，"面对科学研究应与社会需求相关联的强烈呼声，引入社会参量（要素）到决定研究项目优先支持的决定中去"④，来引导和调控研究的方向。在现今时代，科学已经发展到可以对自身进行认识的程度。它必然可以厘清隐藏在自身当中的政治、经济、文化等因素，因而它也必然可以认识到何种因素在其自身的进展中起到了何种作用，进而适时进行调整，实现对科学的调控。

众所周知，要实施调控就要对科学系统进行结构分析。在分析复杂的科学社会系统结构时，贝尔纳曾设想利用专门的信号，在选定的点上导入干扰，进而，"在一定部位上表示完全的位移的噪音中探测出这种波来，从而完成测量工作"⑤。这种结构分析可以研究带有完全不同的结构成分的同形结构，从而实施一定意义上的整体化社会工程，实现政治对科学的宏观调控。贝尔纳曾借用马克思主义政治经济学研究方法，对科研生产资料、生产关系等进行全方位考察，将科学家视为"劳动者"。致力于研究"恩主"（占有科学生产资料的权力拥有者）的决策如何影响科学家的劳动过程和结果。也就是科学研究政策作为科学研究系统的外部控制参量，过滤和导向着资金、设备、人才、信息等科研资源的流向，从而对科学的有效发展起着至关重要的作用。

---

① Jean-Jacques Salomon, "Crisis of science, crisis of society", *Science and Public Policy*, Vol. 4, No. 5, March 1977, p. 431.
② Jean-Jacques Salomon, "Crisis of science, crisis of society", *Science and Public Policy*, Vol. 4, No. 5, March 1977, p. 431.
③ Jean-Jacques Salomon, "Crisis of science, crisis of society", *Science and Public Policy*, Vol. 4, No. 5, March 1977, pp. 431–432.
④ David Dickson, *The new politics of science*, New York: Pantheon Books, 1984, p. 233.
⑤ ［英］J. D. 贝尔纳：《科学的社会功能》，陈体芳译，商务印书馆1982年版，第21页。

苏维埃政权诞生初期，对科学技术发展的引领为政治调控科学提供了支持。"十月革命"后的苏联，列宁提出了"苏维埃政权加电气化"的思想。1927年，苏联实施了第一个五年计划，通过政治调控把苏联科学大规模地组织起来，作为改善国内状况的伟大运动的一个组成部分。"它已有的成绩已经足以证明：组织科学为人民服务的这条新道路为苏联科学提高自己的精确度和识别力开辟了广阔前景。"① 科学的可调控性还明显地表现在世界战争期间。各国政府为了达到政治目的，成功地发挥政治对科学的调控作用。1917年，英国成立了科学和工业研究部，1938年成立了"全国科学应用研究中心"以"促进与国防有关的科学研究事业"②。1916年美国成立了国家研究委员会，1939年6月成立了国防科研委员会，1941年6月又设立了更高级别的政府科学研究与开发办公室，强化战时科研的领导工作。③ 使科学步入"战争科学"的轨道，为战事和国防服务。在这期间，原子能科学、计算科学、运筹学、信息科学、喷气式飞机、雷达、导弹技术等随之而出。第二次世界大战后，西方各国都尝到了用政治手段对科学进行调控的甜头，纷纷把战时创立的运筹学方法广泛地运用到科学和应用的调控上来，形成了史称"大科学"的国家政治科学建制。科学可调控性已经被战时成功的科学研究活动证实。

科学的宏观可调控性也在于它的部分可预测性，即在社会历史领域，对科学的发展可以进行一定程度上的预测。一方面，从科学和技术自身发展的规律来预测；另一方面，可以从人类实际经济生活需要出发来预测。正如萨洛蒙曾谈到的："在科学与社会的关系中，这个'与'与其说是指两个并列的异质领域，倒不如说是一个对另一个密切的从属关系。在科学内部经常自发地发生一些转折；另外一些转折来自社会因素变化的支配。"④ 这就很明确地指出了科学演进的内部线索和外部线索。一个是科学在其内在需要的推动下向前发展，另一个是在外部社会因素的牵

---

① ［英］J. D. 贝尔纳：《科学的社会功能》，陈体芳译，商务印书馆1982年版，第75页。
② 吴必康：《权力与知识：英美科技政策史》，福建人民出版社1998年版，第131页。
③ 参见吴必康《权力与知识：英美科技政策史》，福建人民出版社1998年版，第351页。
④ Jean-Jacques Salomon, "Crisis of science, crisis of society", *Science and Public Policy*, Vol. 4, No. 5, March 1997, p. 416.

引下前进。所以对科学的调控要"在科学本身的自主性需要与社会对科学成果的渴望之间进行有效调整"①。

科学进步有其自身发展的一般线索。我们在考察科学研究发展前途的时候,就可以看出发展的总方向。科学上的意外发现常常会引发一系列的新发现,造成一种随机发现的关联、放大、汇集,从而引起革命。偶然发现和由上述链条为基础可形成一个网络结构。如果"有两种科学典训或科学上有判决性的新发现相交会,通常就从那里分出两三条新枝,而每一枝又可继续成为另一新的发现链。整个景象好像由考察和发现二事无限复杂地相互错综而构成"②。偶然发现,往往是全新的或带有革命性质的,这一工作往往由所谓的"大人物"来担当。而在发现的链条上,则是由许多勤勤恳恳的普通脑力劳动者沿着这一方向,依托这一领域所得出的成果。那么,我们可以想见在科学发现的生长点被确立之后,接下来链条上的工作方向和内容在一定程度上是可以把握的。甚至对于在判决性科学发现的分枝点上的大人物,结合他们所处的社会环境,对他们及他们的成果也是可以进行研究或把握的。事实上,他们和常人一样,也同样受到当时社会的政治、信念、技术和经济等因素的影响。贝尔纳曾明确指出:"愈是一个大人物,愈是在当时的气氛里浸得透了的;只有如此,他才能有够广泛的把握,来切实地改变知识和行动的典范。"③ 也就是说,这些大人物以及他们所作出的科学发现看似科学内部的偶然事件,实质上却是在适当的外部环境和条件下发生的,是与社会密切相关的。在表面上看似偶然性起作用的地方,在其背后还隐藏着规律的支配。我们的任务就是要把这个规律找出来。

对科学演进规律的分析研究,就是要把握科学自身的演化规律,在其发展的链条上,也在工业发展和技术的需求上,对科学进行合理的预测和规划。"不管不同国家计划机构的技巧和风格如何,制订计划是为了将不可预测的区域变成可管理的一系列替代物"④,从而实现对科学的调

---

① Jean-Jacques Salomon, *Science and Politics*, London: The Macmillan Press Ltd, 1973, p.96.
② [英] J. D. 贝尔纳:《历史上的科学》,伍况甫译,科学出版社1959年版,第17页。
③ [英] J. D. 贝尔纳:《历史上的科学》,伍况甫译,科学出版社1959年版,第18页。
④ Jean-Jacques Salomon, *Science and Politics*, London: The Macmillan Press Ltd, 1973, p.96.

控。的确，任何国家都会以科学计划的形式体现国家目标的优先性和导向作用。萨洛蒙一语道破："负责科学决策的官员将预测作为一种规划的工具应用到科学中来，以确定科学研究的未来发展过程。"①

很显然，科学发现的两条线索是基于科学的社会历史性分析而显现的。我们对科学进行社会历史性分析，实际上是把科学作为整体，进行了宏观的把握。而在人类实践的历史长河中，各个分支学科的演进是不平衡的，在一个时空的横断面上各自表现的形式也不尽相同。所以这里的调控特别强调的是宏观调控。另一方面，为了保有科学的自主性也就决定了对科学的调控一定是宏观调控。

为了合理地调控科学，我们必须辩证地对待规划。一方面我们可以按照科学的社会历史性展示给我们的两条线索来预测和规划，甚至采取技术手段对科学进行预测。贝尔纳就曾强调将科学情报定量化，从而使之适合模型分析和精确化预测的要求。正如萨洛蒙所言："就像科研活动的安排是为了减少不确定性，所以它本身也必须顺从于特定的计算工具，以减少研究的不确定性或在不同的研究方向上调整一些次序。"② 对科学的发展作出预测，能够使我们在未来科学进展以及应用上更加合理。科学的可预测为科学的宏观调控提供了方向。

另一方面，我们必须强调规划的可变性和灵活性。由于科学研究各学科间的复杂的关系，任何僵硬的规划都会造成极大的浪费。正如贝尔纳指出："任何这类规划的第一个要求将是灵活性。刻板地执行预定规划对于科学是再有害也不过了。"③ 这种思想反映了对科学自身复杂性的认识，科学工作领域中包含太多出乎意料的因素，无法在事前估计出会有什么新发现或者可能得出什么成果来。解决这些困难的办法是，对无法预料的科学成果不作计划，而对渴望取得有价值成果的确定领域的研究工作，提出检查计划。

为了使科学规划更加科学合理，贝尔纳建议成立专门的研究机构——

---

① Jean-Jacques Salomon, *Science and Politics*, London: The Macmillan Press Ltd, 1973, p. 116.
② Jean-Jacques Salomon, *Science and Politics*, London: The Macmillan Press Ltd, 1973, p. 93.
③ ［英］J. D. 贝尔纳：《科学的社会功能》，陈体芳译，商务印书馆1995年版，第438页。

第二章 科学政治学范式和纲领

"社会技术研究所"进行此项工作。并明确它们的任务是研究整个规划的问题,即如何发展人类社会,以便促进科学的普遍福利和实现物质上和文化上迅速、和谐的发展。从性质上说它们将仅是研究机构,既没有立法职权也没有行政职权,中央或地方政府只是征求它们的意见,实际上将根据政治或经济情况决定是否予以执行,当然,这一研究机构也无意取代群众在社会发展问题上的取舍权。这些社会学研究所能做的只是指明可以最有效地达到某些目标的办法,为一些可供选择的社会组织方法提供基础,但最终还是由群众来决定取舍。

(三) 公众参与民主调控

建制化科学在社会系统中的三角结构理论,正确反映了时代的特征,在此基础上公众参与民主调控的策略,符合时代发展的要求,使科学高效地为民谋福利。政治主体作为人民利益的代理者,在科技活动过程中代表公众确认科学活动的价值,调节利益分配,规范科技活动。贝尔纳深刻地指出:"利用科学改善人生这项工作也是根本属于政治的;就是说,这种工作,走到最后一步,必须由全体人民来决定。"[1] 社会建制化的大科学时代,"科学知识所带来的风险不再是个人的,而是共同的风险,其创造者、利益和方向在很大程度上依靠社会主体的选择"[2]。只有采取公众参与的民主策略,才能最大限度地保障科学技术进步等于社会进步,才能使科技价值、政治价值和公众价值取向相互一致。当今,"科学是一个极其重大的事情,不能唯一地交由科学家来处理。科学已变得极其危险,不能全凭政治家来处理。换句话说,科学已变成了一个国民的问题,一个公民的问题。我们应诉诸公民们"[3]。这就是说,科学的进步,甚至它的继续存在都主要有赖于这一群众基础,科技与政治价值结合的正当性必须以公众价值取向为基准。保障公众参与民主调控本身也是一个重要的政治行为。美国社会学家戴维·狄克逊认为,调控科学的政治行

---

[1] [英] J. D. 贝尔纳:《历史上的科学》,伍况甫译,科学出版社1959年版,第720页。
[2] Jean-Jacques Salomon, *Science and Politics*, London: The Macmillan Press Ltd, 1973, p. 237.
[3] [法] 埃德加·莫兰:《复杂思想:自觉的科学》,陈一壮译,北京大学出版社2001年版,第101页。

为应是重新整合被当前趋势排斥的种种需要和愿望,把科学研究的目标从破坏性方面调整转移到建设性方面(如健康和营养)。同样重要的是,我们要改变对科学研究成果的获取条件,以便让目前条件下不能受益的群体能够从中受益。① 社会公众在主张合理分配科技利益的基础上,也要求政治主体合理使用科学,要求科技主体对自己的行为负有道义责任。

1. 呼唤科技利益回归公众

建制化科学的"三角结构理论"中三大要素的互动,首先表现在,社会公众要求政治力量对科技带来的福利进行有效的调节和分配。在这一三角结构体系中,"公众"这一要素是接受政治庇护的纳税人,也是科学产品的消费者,他们的参与显然是理所应当的。

科学技术活动是人类追求自由与解放的重要社会实践活动,人的自由与解放伴随着科学技术的发展而不断展开。然而,这一历史过程并不是顺畅直达的,正如马克思所指出的:"科学却通过工业在实践上不断进入人的生活,改造着人的生活,为人的解放做好准备,尽管它不得不直接地使非人化充分发展。"② 这种非人化,不是科学之罪,而是在资本和利益的诱惑下,科学和技术被少数人把持而进行的恶用和滥用,成了进一步聚敛钱财、奴役他人的工具;甚至成为攫取更大利益的掠夺和杀戮的工具。人们想要通过科学达到心目中"理想国"的希望破灭了,科学家只能以"为科学而科学"聊以慰藉。尽管"大多数科学家相信良心能够使他们从应用结果可能会带来的危险或威胁中分离出来,从理性知识的努力中获得发现,但是这样的态度也不能阻止公众和许多科学家去质疑科学在我们的社会中所扮演的模糊的角色"③。就科学和科学物化为技术来说,"有用的和有害的是如此接近以至于永远也不可能将'羊羔'与'狮子'相分离"④。怎么办?贝尔纳借用列奥弥尔的话发出呐喊,指明

---

① 参见 David Dickson, *The new politics of science*, New York: Pantheon Books, 1984, p. 326。
② 《马克思恩格斯全集》第3卷,人民出版社2002年版,第307页。
③ Jean-Jacques Salomon, "Science Technology and Democracy", *Minerva*, Vol. 38, No. 1, March 2000, p. 40。
④ Jean-Jacques Salomon, "Science Technology and Democracy", *Minerva*, Vol. 38, No. 1, March 2000, p. 41。

方向："我们真的可以肯定我们的发明完全属于自己吗？我们真的可以肯定公众对它们毫无权利，它们也丝毫不属于公众吗？我们大家是不是应该争取为社会的共同福利作出贡献？这难道不是我们的首要义务吗？"① 呐喊和责问振聋发聩，充分反映出科学"为民所用"的价值回归。科学活动原本是人类为摆脱自然的奴役，争取自我解放的一种实践活动，然而，资本和利益对科学的不当支配，反而为人类的自我解放套上了沉重的枷锁。"当科学为选定的少数人所神秘地把持，就必须结合到统治阶级的利益上去，因而断绝了由于人民的需要和才力而引起的对科学的理解和鼓舞。"② 科学是民众的科学，这在"大科学"时代尤其应加以强调，"科学也许部分地曾经是苟且得来的和用不公正的方式积攒起来的财富，但科学毕竟是一宗财富。到现在，这桩财富必须让大家来花费和添加"③，必须使科学回到人类自我解放的理想轨道上去。

在此基础上，为使科学充分发挥威力，普遍造福人类，而不是私人利润和民族扩张，必须把社会组织起来。它是一种在民主意义上的社会组织，旨在保证科学所带来的利益广泛用于广大民众。唯有扩大科学力量和民主力量之间的合作，才能促进科学的自由发展。只要科学家们和民众认识到科学对社会的重要性，他们就不会听任科学和技术在个人利益的驱动下朝着错误的方向膨胀。"新的负有责任的居民要知道他在世界上的位置，并且和他人联合一起依照他们对科学功能的理解（造福人类）行动起来。"④ 参与到科学活动以及科学的实际应用中，最大限度地确保科学为民所用，从而实现对科技利益的合理分配。

2. 规范政治与科技主体的行为

公众参与和民主调控科学的目的还在于规范政治主体和科学主体的行为，使科学健康发展。这不仅是建制化科学时代的一种思想理念，更是对民主制度和科学决策的一种要求。

贝尔纳依托历史与社会语境，对科学的社会影响作了如下简短而精

---

① ［英］J. D. 贝尔纳：《科学的社会功能》，陈体芳译，商务印书馆1982年版，第228页。
② ［英］J. D. 贝尔纳：《历史上的科学》，伍况甫译，科学出版社1959年版，第8—9页。
③ ［英］J. D. 贝尔纳：《历史上的科学》，伍况甫译，科学出版社1959年版，第694页。
④ J. D. Bernal, *The Freedom of Necessity*, London: Routledge and Kegan Paul Ltd, 1949, p. 161.

辟的描述:"在我们时代中的种种冲突和种种企望的局面中一切都是不断地和日益增进地牵连到科学。"① 政治权力对科学的不合理利用所带来的影响是广泛而深刻的。比如,为了政治利益对科学的无度使用,造成的环境破坏,民众健康面临的威胁,等等。人们对科学产生了怀疑甚至仇视,普遍地担忧科学将来会不会被以越来越可怕的毁灭方式来应用,这种情况必须得到解决。然而要解决这一问题单凭科学家自己实际上是不可能做到的。科学家的地位固然是举足轻重的,但由于分科而治过于分散,被社会力量包围着,他们不大可能利用好这种地位。正如法国社会学家埃德加·莫兰(Edgar Morin)所言:"今天我们到达了一个'巨科学'的时代,技术—科学产生了无比巨大的力量。但是,必须注意到科学家们被完全剥夺了对这些从他们的实验室里产生出来的力量的控制权;这些力量被集中在企业的领导人和国家的当权者的手中。"② 形成了科学政治化,即科学完全依附于政治统治。所以要规范政治主体的行为,除了发挥公众民主的作用,就别无他路。

如果说科学被政治扭曲而滥用是科学家所没有想到的,那么科学家所没有想到的还远不止于此。1962 年雷切尔·卡森(Rachel Carson)在《寂静的春天》一书中,指出了在农业上使用化学杀虫剂[特别是一种名为 DDT(双对氯苯基三氯乙烷)的杀虫剂]对野生生物所带来的危害。实际上,早在 20 世纪 50 年代,当化学制剂被用来控制荷兰松树上的病菌时,生物学家就已对知更鸟及另一些鸟类无法解释的死亡给予过警告,但该书还是在当时引起了广泛的争论。这场由化学家、实业家及健康专家所组成的专业人士的争论转变成具有全民范围的政治性问题。③ 人们认识到,并非所有现代科学的结果都是对社会有益的,科学家们常常不能预料或控制他们的探索将要产生的影响。由此我们"必须清楚一点,科技监管不能完全交给科技专家。专家们不能对于争议有决定权,因为影

---

① [英]J. D. 贝尔纳:《历史上的科学》,伍况甫译,科学出版社 1959 年版,第 3 页。
② [法]埃德加·莫兰:《复杂思想:自觉的科学》,陈一壮译,北京大学出版社 2001 年版,第 95 页。
③ 参见 David Dickson, *The new politics of science*, New York: Pantheon Books, 1984, p. 223。

响不单单是科技上的，而是与价值观念和社会利益紧密相连的"[1]。科学虽然是我们当今时代最伟大的文化和智力成果之一。但是对于它的社会意义必须加以认真的思考。科学不能被单纯地认为是打开未来幸福生活之门的钥匙，更不能认为它是人类理性的最高形式。美国社会学家戴维·狄克逊认为，"科学应该被认为是一种能够帮助我们认识和理解自然世界的有力工具，与此同时还是人类利用自然的有力手段"[2]。如何很好地发挥上述科学的两个功能而避免有失偏颇，是我们面向未来的一个挑战。人们也不得不再次思考：科学的意义到底是什么？怎样才能实现人类的美好愿望？贝尔纳认为，"今后的任务是要使科学家的工作更加自觉、更有组织、更有效率；促使人民大众对科学家的工作有适当的认识，以便和科学家共同努力在实践中实现科学所提供的可能性"[3]。这就要求科学家的工作进一步公开透明，以便社会公众参与到科学的调控中。在科学的调控中，作为研究系统外部控制参量的科学政策以及研究决策，发挥着重要作用。

3. 公众参与民主决策

民众要求科技的发展应符合社会分配的正义、政治决策的正当性和社会秩序的安定性。此时，在科技发展规划与实施的决策中，专家意见只是社会总体决策的参考，公众应当具有参与科技决策的权利。这就为公众参与民主调控科学具体模式的形成奠定了政治基础。科技政策作为科学发展的外部控制参量，决定着科技发展的方向。那么，科技政策的民主策略意味着"科学的进步，甚至它的继续存在都主要有赖于这一群众基础"[4]。公众参与民主调控科学，不仅是一种思想逻辑的论证，更应成为公众参与民主决策的实践。要实现对科技的民主掌控，必须建立在一个更加充实的政策和制度的尺度上。

在近代科学的早期，科学研究活动主要是以科学家或其群体自我决

---

[1] Jean-Jacques Salomon, "Science Technology and Democracy", *Minerva*, Vol. 38, No. 1, March 2000, p. 50.
[2] David Dickson, *The new politics of science*, New York: Pantheon Books, 1984, p. 336.
[3] [英] J. D. 贝尔纳：《科学的社会功能》，陈体芳译，商务印书馆1982年版，第514页。
[4] [英] J. D. 贝尔纳：《科学的社会功能》，陈体芳译，商务印书馆1982年版，第418页。

策、自我管理的自由化的研究为主；但随着科学社会功能的不断外显，科学逐步成为社会建制化活动，使得现代科学与社会政治密不可分。科学决策走向科学精英和政治精英共同参与的"精英决策"；随着科学活动的进一步深入，大科学时代的到来，"此时的科学与近现代的科学无论从质的方面还是量的方面，都发生了巨大的变化，再加上社会环境的变化，政策制定主体也应随之发生转变，公众逐渐成为当今实际的制定主体。这种变迁是社会发展的必然趋势"①，也是建制化"三角结构理论"的基本要求。贝尔纳就曾在建议帮助政府成立科学规划的研究机构时，强调必须保证群众在科学上的取舍权。因为"科学已成为十分重要，不当听任科学家们和政客们来处理，而要科学造福而不作孽，就必须由全民参加"②。大科学时代，作为公众利益代理人的政治主体和公众，与科学家之间实质上建立了一种契约关系。承担科学风险的主体不仅是科学家，而是社会全体。因此，政治主体和科研主体就有责任和义务对自身行动向纳税人保持公开透明。

要求科研活动公开透明且知情是公众的合法权利，是公众有效参与的基础。今天强调科学研究以及社会应用活动的透明度，主要因为，"首先，技术系统已经变得如此复杂以至于它们必须由专家来操作；其次，人们觉得他们已经从对这些活动的有效的民主的监督中排除出去了。虽然科学已经发展和不断完善了获取、处理以及分享信息的手段，但这并没有与科研活动的社会透明度相匹配"③。这是在科学与社会发展的实践中留给我们的缺憾。实际上，"缺乏透明度意味着违反契约，如果政府将要有合法性，以及如果公众将要接受纳税（这两件事情成了巩固统治的安全保障），那么公众就必须保持是知情的"④。

政治的科学调控往往面对这样一个困境，民主政府都会有这样共识，

---

① 李侠、邢润川：《论科技政策制定主体与模型选择问题》，《自然辩证法研究》2001年第11期。

② [英] J. D. 贝尔纳：《历史上的科学》，伍况甫译，科学出版社1959年版，第718页。

③ Jean-Jacques Salomon, "Science Technology and Democracy", *Minerva*, Vol. 38, No. 1, March 2000, p. 44.

④ Jean-Jacques Salomon, "Science Technology and Democracy", *Minerva*, Vol. 38, No. 1, March 2000, p. 43.

科学社会运行的规则以及平衡科学自由与社会安全的决策不应该关起门来解决。然而，由于科研活动社会透明度的缺乏，当政策的制定者以开放的姿态出现，只要与专家相遇，学术权威马上就会控制话语权，这实质上形成了剥夺公众知情权和话语权的一种技术官僚的统治，表现出政治科学化的倾向。萨洛蒙尖锐地指出，实际上"政治科学化和科学政治化只不过都是同一现象的两个方面，这一现象即技术主导一切，这也是新的社会冲突的来源"①。

由此可见，社会公众关于透明度的需求，实质上挑战了科学技术社会风险的原有管控方式。也就是说对于科学和技术活动社会风险的调控，"要由简单的事务管理回归到复杂的人类活动的治理上来"②。这里的"治理"意味着利益相关者的多元参与。科技活动的社会透明度决定了公众有效参与的基础，同时在机制上必须保障公众的话语权，"这是一个重新谈判和重新分配权力的问题"③。我们看到，在政治调控科学的实践中，世界各地特别是发达国家，公众参与民主调控科学已有诸多成功案例。不同的国家探索了各具特色的公众参与科技决策的制度安排，比如公民评审团（Citizen's Juries）、协商式民意测验（Delibrative Opinion Polls）、共识会议（Consensus Conference），等等。英国学习丹麦的做法，1994年由伦敦的科学博物馆组织了关于作物生物技术的第一次共识会议，1999年就放射性废料的长期处置问题召开了第二次共识会议④，唤醒了公众参与科技决策的意识，锻炼和提高了公众参与能力。科技调控中的公众参与民决策，作为维护科技社会契约关系的应然之举正在成为国际社会的共识。

---

① Jean-Jacques Salomon, "Science Technology and Democracy", *Minerva*, Vol. 38, No. 1, March 2000, p. 45.
② Jean-Jacques Salomon, "Science Technology and Democracy", *Minerva*, Vol. 38, No. 1, March 2000, p. 43.
③ Jean-Jacques Salomon, "Science Technology and Democracy", *Minerva*, Vol. 38, No. 1, March 2000, p. 50.
④ 参见 John Durant, "Participatory Technology Assessment and The Democratic Model of The Public Understanding of Science", *Science and Public Policy*, Vol. 26, No. 5, October 1999, p. 318。

第三节　基本研究方法

一　历史与社会系统分析方法的形成

科学的社会历史性，决定了科学政治学的研究方法必然是历史与社会系统分析方法。

历史与社会系统分析方法并不是简单的"历史主义"与"社会分析"概念的简单堆积，而是强调"历史"与"社会关系"两个视角的有机联系。这两个视角不是相互割裂的，而是内在统一的。从方法论的角度，我们所讲的"历史"方法，是社会关系的历史的方法；社会关系的方法是一种历史性的社会关系方法。我们的目的不是去描述经验历史层面的社会关系的历史演化，而是要把科学与政治关系发展的历史当作一个整体，把科研能力的发展与科研组织方式，以及利益关系之间的矛盾运动当作这一历史整体的本质线索，从而认识科学与社会的昨天，把握科学与社会的今天，掌控科学与社会的未来。法国科学社会学家皮埃尔·布尔迪厄（Pierre Bourdieu）较好地对这一分析方法的目的和意义进行了如下阐释：

> 以我看来，现在特别需要对科学进行历史学和社会学的分析，这不是要将科学认识与其历史条件简单地挂钩，使其限定于具体的时空环境之中，从而使这种认识相对化，而是相反地要让从事科学工作的人们更好地理解社会运作机制对科学实践的导向作用，从而使自己不仅成为"自然"的"主人和拥有者"（这是古老的笛卡尔式的希冀），而且还要成为从中产生自然知识的社会世界的"主人和拥有者"（当然，这不是轻而易举之事）。[①]

历史考察科学技术活动必须从考察"现实的人"的生存与发展的实

[①] ［法］皮埃尔·布尔迪厄：《科学之科学与反观性》，陈圣生等译，广西师范大学出版社2006年版，译序第1页。

践入手。科学研究作为"现实的人"的一种重要实践活动,它的方式和特征无不打上时代的烙印,与所处的历史社会语境不可分离。那么也只有从社会历史的分析入手,关注科学演进的社会历史条件,比如社会经济与政治状况、文化传统与背景,才能从人类社会实践过程中挖掘出科学技术活动真实的发展进程,从而上升到科学与政治关系运行规律的认识。恩格斯指出:

> 历史从哪里开始,思想进程也应当从哪里开始,而思想进程的进一步发展不过是历史过程在抽象的、理论上前后一贯的形式上的反映;这种反映是经过修正的,然而是按照现实的历史过程本身的规律修正的,这时,每一个要素可以在它完全成熟而具有典型性的发展点上加以考察。①

科学技术活动作为人类社会实践的重要内容不断繁盛和发展,那么科学技术得以发展的动力是什么呢?科研组织方式从自由个体—松散组织—集团—国家建制化等的变化,说到底是获取利益的需要。马克思说得好,"人们为之奋斗的一切,都同他们的利益有关"②。可见,人们因生存发展的需要而产生对生活资料的追求,进而所形成的物质利益是推动科学技术发展的原动力,科学技术也就成了人类生存发展重要的利益资源。因而,随着人类生存实践的历史性展开,在生活实践中必然产生对科学技术等知识产品的占有、支配和使用等问题,从而形成一定的科研生产关系,即知识生产的消费、分配和交换的关系。因而利益相关者关联其中,形成一定的利害关系,引发一系列的社会冲突。"要找办法克服那些面对着我们的困难并解放科学上的新力量使之为人类谋福利而非毁灭人类,那就必须重新考察目前的局势是怎样到来的。"③ 贝尔纳进一步强调,"此举牵连到平行地研究所有社会史和经济史对科学史的关系"④。

---

① 《马克思恩格斯文集》第 2 卷,人民出版社 2009 年版,第 603 页。
② 《马克思恩格斯全集》第 1 卷,人民出版社 1995 年版,第 187 页。
③ [英] J. D. 贝尔纳:《历史上的科学》,伍况甫译,科学出版社 1959 年版,序言 V。
④ [英] J. D. 贝尔纳:《历史上的科学》,伍况甫译,科学出版社 1959 年版,序言 VI。

为了调节利益关系化解矛盾就出现了争取、维护、调节一定物质利益的政治权力与作为调节手段的科技政策等。贝尔纳在历史与社会分析的基础上研究了科学形相的变化，认为越是细密地考察这些形相，就越觉得科学、技术、经济和政治等社会因素错综复杂的作用，构成了今天科学文化型范的转变。他进一步勾画了社会建制化科学的"三角结构"体系，即政治主体、科学家共同体和公众。"三角结构"体系理论为政治调控科学以及科学的公众参与民主决策的研究奠定了逻辑基础，为进一步对科学进行历史与社会系统的分析提供了基本模型与方法。诸多科学社会学家利用历史与社会系统分析的方法，开展了卓有成效的研究工作。

古斯顿在他的科学与政治关系研究中曾宣称："我设置了历史场景……深入到对社会学细节的考察……运用组织研究的政治经济模型……揭示科学政策制定的过程，通过注入新观点来帮助改进这一过程。"[①] 戴维·狄克逊从政治、经济、社会等科学的外部语境进行了分析和描述。刻画了战后科技政策的演变。他把美国战后科技政策划分为三个阶段：第一个阶段至少是从 20 世纪 40 年代到 60 年代初，基本特征是较高的政府基金投入和精英决策；第二个阶段发生在 60 年代初到 70 年代末，表现在联邦财政支持的放缓、科学的怀疑主义和科学决策的民主参与的倾向；第三个阶段始于 70 年代末至他写作时的 80 年代，表现在联邦支出的增长和回归专家的技术控制。他聚焦了卡特和李根执政期间的科技政策的论辩，围绕组织化的科学分析了内部权力结构，进一步提供了一个组织化科学的政治学。比如，合作的建立和游说谈判以及公众参与等，并分析了用于建立科学研究国家议程的运行机制。

二 不断深化的历史与社会分析方法

历史地看社会中的科学技术系统具有一定的相对稳定性。这一稳定性，是和科学技术发展的历史阶段性相对应的，没有了相对的稳定性也就没有了科学技术发展过程的不同阶段。这一问题的揭示只能从"科学、

[①] ［美］大卫·古斯顿：《在政治与科学之间——确保科学研究的诚信与产出率》，龚旭译，科学出版社 2011 年版，第 5 页。

技术—社会"系统的分析入手才能解决。由异质要素相互联系有机共生的该系统，在接受外部能量信息的情况下，具有自主平息外界扰动所形成的涨落，维护结构稳定的功能，此时即为相对稳定期；但当能量供给到一定程度，或外界干扰超过临界值，即矛盾达到不可调和的程度时，系统原有结构被摧毁继而形成新的结构。无论是哪个阶段，其本质是科学技术社会系统是一个开放系统，接受着外部以能量信息供给方式的调控，其内部各个异质要素之间，系统与外部环境之间处在不断的相互作用和运动变化之中，才有了科学技术系统的不断演进。因此，历史主义的社会系统分析方法已经成为科学政治学研究领域中常用的方法，并不断地深化和细化。

（一）历史变量的社会要素分析方法

科学社会系统是指由相关异质要素有机共生的科学活动子系统和以科学子系统作为要素，包括与之密切关联的社会要素有机共生的高层系统。这些要素以一定的结构相互联结和纠缠共生为一个科学社会系统的有机整体。然而，我们在透视这一有机系统时，则不能被有机共生迷惑，而要采取把握整体、分析微观的方法。首先把系统分解成各个要素，分析它们在系统整体中的作用、功能和地位，以及相互联系，特别找出对系统有关键作用的影响要素，然后再从整体上把握科学社会系统的功能和性质。如此对科学社会系统这一社会存在的认识，决定了我们的社会意识，亦即形成了对科学系统进行调控的政策思想。制度化的科学政策已经经历了半个多世纪的演变，许多学者将它们划分为"时代""时期""分期"或者"阶段"，甚至"范式"，揭示了科学政策的历史走向。他们依据的是自20世纪60年代以来，科学社会要素的系统分析。这些研究者尽管国家不同，但是在核心观点和分析方法的使用上高度一致。法国学者萨洛蒙研究了导致科学政策历史演变的社会动因。探讨了社会四大因素的变化与科学政策演变的关系。第一个要素是冷战的结束；第二个要素是在20世纪末发生的新的科技革命（在信息技术、生物技术以及材料科学等的革命），引发了类似于由印刷革命引起的知识的、经济的，以及社会文明的、文化的蜕变；第三个要素是经济和市场的全球化伴随着贸易自由化，政府在调节经济活动和它们的社会影响的功能的下降；第四个要素是工业化进程和城市化进程所引起的成倍增加的环境问题、自然系统的破坏等科技风险问题。[①] 上述社会系统四大要素的变化导致科学政策模型必然由线性模型向着协同与合作确保的非线性模型转变。

（二）系统要素与结构分析方法

一个历史时期的科学社会系统有它自己的特征和属性，而这些特征和属性取决于它当时的系统结构。科学社会系统的结构是指异质要素之间相互联系和相互作用的一种方式。我们把科学社会系统看作"一切关系在其中同时存在而又互相依存的社会机体"[②]。一般在分析科学社会系统时比较注重经济结构和政治结构的变化。而对经济结构与政治结构的分析表现出了交互的形态。政治结构实质上是经济结构基础上的政治关系，适应并制约着经济结构关系。呈现为以经济结构作为基础的一系列制度、设施和组织的体系安排。这就决定了从事科学社会系统的政治结构分析，一般需与经济结构的分析交互进行。经济结构是指在科学知识生产过程中，通过委托代理的方式所结成的生产、分配、交换和消费关系。历史上所有科学活动的社会形态以及相伴随的科学政策都是由一定的"生产关系"决定的。从自娱自乐的自由研究，到松散的组织研究，到以科学自主性为特征的简单委托代理模式[③]，再到向利益相关者网络授

[①] 参见 Jean-Jacques Salomon, "Recent Trends in Science and Technology Policy", *Science Technology and Society*, Vol. 5, No. 2, March 2000, pp. 225 – 249。

[②] 《马克思恩格斯文集》第1卷，人民出版社2009年版，第604页。

[③] 一个时期，在科学社会系统的经济结构分析中，对于科学知识的生产和消费，人们相信知识之流会自然流向社会，流向增进民众安全和福利的地方。因此政府的作用仅限于为项目提供资金，其他则一概排除。而在科学系统内部，拉图尔类比市场经济的发展过程，提出了"信誉循环"的观点。"在这个类经济模型中，把研究者的信誉比作资本投资的循环，揭示科学资本如何从一种形式转换为另一种形式的科学活动运行过程。这一循环过程是：同行和社会认可—项目资金—雇员和设备—数据—观点—论文（产品）—认可。"在科学共同体内部，研究者的信誉资本扮演着核心的角色，他们通过可信的知识产品积累信誉资本，然后有效地将自己的信誉资本再次转化为知识产品，供同行使用和评价，通过使用和评价进一步提升信誉资本。这个系统被称为自我调节系统，它靠同行评价调节着科学的诚信。"没有经过同行评议的项目申请，承认不能发展为项目；没有同行评议的期刊，数据不能发展为论文；没有成功的重复实验或扩展实验，论文不能发展为承认。"这就形成了科学共同体内部的自我规范与管理。基于上述认识和分析就形成了以科学自主性为特征的简单委托代理模式。

权的多边委托代理模式,以及中介平台上利益相关者的"合作生产"①,无不展示了科学社会系统的经济结构与政治结构分析的魅力。

布尔迪厄对科学社会系统作了政治与经济结构分析,他认为科学场域中现世政治的和科学的两种类型资本的比例关系,决定着科学场域的作用力关系结构。"由于自律性从来都不是完全的,而且处在该场域中的行动者的策略都既是科学的又是社会的,两方面的性质不可分离,因此该场域是两个种类的科学资本并存的场所:一种是科学本身的权威性资本,另一种是施加于科学世界的权力资本。后一种资本可以通过不是纯粹的科学途径(即尤其是通过科学世界所包含的体制机构)来积累,它是施加科学场域的现世权力的官僚根源的体现,比如有部长、内阁成员、元老辈总监、大学校长以及科学行政管理人员等岗位设置。"② 他通过科学场域分析,把科学与社会政治的互动,以及作用结构关系进行了细致刻画。

劳伦斯·克莱克斯(Laurens Klerkx)和塞斯·李维斯(Cees Leeuwis)从经济与政治结构的分析入手,选取荷兰被称为"生物链"③,即被设计成一个具有网络结构的有机农业研究为例,以委托代理理论为工具,对政府把农业研究资金向利益相关者网络授权过程和问题进行了研究。描述分析了从政府部门、知识委员会(由农民代表、应用生产工业代表、研究者、政府部门代表组成)、农民和应用生产工业到知识经理人为核心(经理人表征着生物链一样的组织,管理着具有生物链般的网络)的生产工作组(政府代表、农民代表、贸易与应用工业代表、舆论宣传组织、顾问、研究项目协调员组成),到研究人员的委托代理关系的不同链条以及嵌套关系,揭示了多边委托代理结构中,出现在研究治理过程不同区域(政策区域、授权选择区域、控制区域)的冲突与紧张关系。"当研究

---

① Laurens Klerkx, Cees Leeuwis, "Delegation of authority in research funding to networks: experiences with a multiple goal boundary organization", *Science and Public Policy*, Vol. 35, No. 3, April 2008, pp. 183–196.

② [法]皮埃尔·布尔迪厄:《科学之科学与反观性》,陈圣生等译,广西师范大学出版社 2006 年版,第 95 页。

③ Laurens Klerkx, Cees Leeuwis, "Delegation of authority in research funding to networks: experiences with a multiple goal boundary organization", *Science and Public Policy*, Vol. 35, No. 3, April 2008, p. 188.

资金向网络授权，并且用户拥有了执行权的时候，委托与代理的结构配置的确变成了一个多重委托与代理和多重中介嵌套的纵横交错的网络。"①此时，"面对复杂的委托与代理之间的多边网络关系，用简单的委托代理的理论工具（对科学社会系统进行政治与经济结构分析）就显得不再适应"②。所以需要用组织或系统理论来补充委托代理分析方法，并进一步寻求知识合作生产的本质分析。科学利益相关行动者网络分析为我们探索政策背景下知识的合作生产提供了很好的补充，不失为有益的尝试。

（三）科学社会行动者网络分析

随着科学政治学研究的逐步细化和深化，在结构分析基础上的社会网络分析迅速展开。科学社会系统注重经济与政治结构的研究，而这种结构即表现为行动者之间的关系模式。实质上科学社会系统是一个复杂的非线性系统，"网络分析探究的是深层结构——隐藏在复杂的社会系统表面之下的一定的网络模式"③。通过社会网络分析有助于把个体间关系、局域群落关系与宏观的社会系统结构联系起来。在科学社会网络中，行动者的任何行动都不是孤立的，而是相互关联的。虽然，"个体特性和相关联接对我们理解社会现象也是必要的，但是对复杂性社会网络分析，行动者之间的关系研究就成为首要的了"④。实际上，所谓行动者之间关系的形成是以信息的交流和资源的传输为基础的，所以梳理分析行动者关系的纽带，即可揭示信息和资源传递的渠道。进一步讲，网络关系结构也可视为信息和资源传递的网络结构，因此这一结构也就决定着行动者的机会及其行动的结果。因为网络关系结构不可能是一个完全对称的

---

① Laurens Klerkx, Cees Leeuwis, "Delegation of authority in research funding to networks: experiences with a multiple goal boundary organization", *Science and Public Policy*, Vol. 35, No. 3, April 2008, p. 194.

② Laurens Klerkx, Cees Leeuwis, "Delegation of authority in research funding to networks: experiences with a multiple goal boundary organization", *Science and Public Policy*, Vol. 35, No. 3, April 2008, p. 194.

③ Wellman, Barry, "Network analysis: some basic principles", *Sociological Theory*, Vol. 1, April 1983, p. 157.

④ Evelien Otte and Ronald Rousseau, "Social network analysis: a powerful strategy, also for the information sciences", *Journal of Information Science*, Vol. 28, No. 6, August 2002, p. 442.

结构，表现在关系纽带上的内容和强度也就有所不同。而不对称的联系和复杂的网络必然使得稀缺资源等的利益分配不平等。

"社会网络分析一个重要的方面是研究如何用结构的规则性影响行动者的行为。"① 常见的是由社会计量学演变而来，通过信息流的统计描绘，刻画社会网络的联系，从中找出信息流的焦点，确定其主导地位，便于施加外部影响，达到对网络调控的目的。也就是说，利用社会网络分析方法，通过关注行动者网络的关系纽带所形成的结构，揭示中心节点如何为各个行动者提供不同的机会或限制来影响利益相关者的行动的。通过调整达到合理互动和合作生产的目的。

然而，科学社会领域的现象与事物往往比我们预想的还要复杂，还原论和整体论都难以完满地对其进行解释说明。正如布鲁诺·拉图尔所言，"我们从来都不是面对客体或者社会关系，我们面对的是人和非人的行动者组成的链……没有人见过纯粹的单一的社会关系……也没有这样的科技关系"②。因此，他提出了"行动者网络理论"用以分析现代知识产生的过程。该理论很快便成了科学政治学领域有关知识生产与治理的复杂性现象研究方法。在研究中常见的，一是聚焦于"转译"过程，即对某一科学技术项目展开的复杂过程进行描述或评价，以寻求进一步治理方案；二是以"行动者"本身为重点，常用于对技术标准和规范、政策规章等进行描述与解释，为进一步改进调控方案提供依据。洪进等人曾利用行动者网络理论研究了中国生物制药产业技术的演化和治理，邬晓燕也曾用行动者网络理论成功分析了转基因作物商业化及其风险治理问题。

> 行动者网络理论的积极意义在于，力图沟通科学知识的微观研究与科学文化的宏观社会体制之间的分野，从而构造一个既公正又有政治参与的学科。……使我们采用宏观与微观相结合的动态网络

---

① Evelien Otte and Ronald Rousseau, "Social network analysis: a powerful strategy, also for the information sciences", *Journal of Information Science*, Vol. 28, No. 6, August 2002, p. 442.

② Latour Bruno, *Technology Is Society Made Durable*, John Law, *A sociology of Monsters: Essays on Power Technology and Dominaton*, London Routledge, 1990, p. 110.

分析方法，在跟踪生物科学家构造转基因作物商业化的实际行动过程的同时，追踪行动中的科学和形塑中的社会，在考察科学活动如何重构自然和社会的同时，思考如何通过变化着的社会和行动者的"利益嵌入"和"利益转译"以重构转基因作物商业化网络和实行恰当的风险治理。①

在分析相关行动者网络的建构过程中，"问题化"是关键的一环。是指研究倡导者把自己感兴趣的问题，置于相关视域下，剖析与其产生的关联点和关联度。然后通过宣传说服，激发潜在利益相关者，并引发利益相关者的兴趣。使他们形成试图通过共同解决发起人所提出的问题，而达到解决自身问题的愿望和冲动。经过进一步的沟通和有针对性的宣传，使一些利益相关者固定下来，成为利益相关的行动者网络成员。至此，研究倡导者的自身利益成功转换为其行动者的利益，使得网络里各个行动者的利益趋向一致，完成了所谓的"利益转译"，构建了一个知识合作生产的行动者网络。对于这样一个行动者网络，合作生产出的为大家所接受的知识，笔者更愿意称之为经过政策过滤，渗透了价值导向因素的知识。在行动者网络的建构与演化过程中，在"问题化"和"利益转译"的基础上，参与行动的"行动者"数量在不断地改变，原有网络不断更新，新的行动者网络不断地生成。上述表明，第一，"行动者网络"是一种关系型聚合体，是由异质多元的利益相关者组成的"杂合性"空间，这反映的是科学的社会性特征；第二，行动者网络的建构，不管是相关行动者，还是网络都赋予了历史演化的特点，它反映的恰恰是科学的历史性特征。

行动者网络分析在科学政治学的研究中，使我们更好地把微观与宏观研究相结合，清晰地考察知识生产的实际行动过程，以及行动者利益关系和动机，从中通过政策或其他行动者的利益嵌入，重构知识生产网络达到政治调控的目的。

---

① 邬晓燕：《转基因作物商业化及其风险助理：基于行动者网络理论视角》，《科学技术哲学研究》2012年第4期。

三 有机边界的思想与工具

从人的实践生存与发展角度来考察科学,避免了科学的神秘化倾向,使科学成为构成社会系统不可小觑的要素,并与社会其他要素发生着相互影响和作用。社会系统异质要素的互动,实质上是要素竞争与协同的过程。政治主体设定的社会发展目标,就是通过社会系统各个异质要素的竞争与协同来得以实现的。可见社会系统异质要素的竞争与协同,在社会发展中具有重要意义。各要素能够竞争与协同的前提就是保持各要素所具有的主体性和异质性。

因为,对于科学与社会来讲,无论是科学的进步、社会的发展抑或是政治对科学的调控,都离不开社会政治、经济、文化、教育等其他要素与科学产生的作用与协同。如若在互动过程中相互取代与扭曲,则科学异化、社会异化,更谈不上竞争协同和科技进步与社会进步了。马克思主义的追随者贝尔纳,对马克思主义科学社会观具有深刻的认识与把握。对此,率先提出了构建科学与政治,甚或是科学与社会的有机边界思想。他首先指出:"科学不但是一种在职能上不同于其他职业的职业,而且由于其本身性质,它很难和其他职业配合。"[1] 他充分强调了科学作为专业化的职业与其他社会要素的异质性。而正是这种特殊的专业化特性,才使得它成为不可或缺的社会资源,进而对社会政治产生深远影响;而也正是由于科学这一职业的专业特殊性,它的效率更取决于与社会相关要素的协同程度。贝尔纳以科学最基本的单元为例,指出,"一个实验室的内部效率在很多地方取决于它同其他以及同国家和经济部门配合的有效程度"[2]。所以我们有必要对科学与社会异质主体进行进一步的分析,贝尔纳认为,由于科学专业化的特殊性,以及与社会其他要素的异质性,科学与社会其他要素之间存在着严重的信息不对称。比如,"行政人员和企业家普遍对科学事物茫无所知,科学家则相应地毫不知道如何处理国

---

[1] [英] J. D. 贝尔纳:《科学的社会功能》,陈体芳译,商务印书馆1982年版,第361页。
[2] [英] J. D. 贝尔纳:《科学的社会功能》,陈体芳译,商务印书馆1982年版,第365页。

家事务或企业管理工作"①。在这种信息严重不对称的情况下,科学与社会的互动或是政治对科学的调控很容易产生相互扭曲的现象。比如,有效能的行政官却也可能窒息和损害科学的发展;而不了解社会与行政事务的科学家进行封闭的自我管控,则可能使科学处于饥饿和瘫痪状态。

面对这样信息不对称所导致的困境,贝尔纳进一步提出,要在公众,特别是行政官员和企业家中进行科学普及工作,让他们对科学文化有所了解和认识;还要在科学教育中纳入更多的公共事务的管理知识。这样做的目的是希望培养出"有能力的联络官:行政科学家和科学行政人员"②。

以此来构筑科学与政治甚或是与社会之间的有机边界,形成有机互动。因此,"只要训练出一批对科学和行政管理同样熟悉的人,我们也许就可以比用其他方法更能增加科学工作的内部效率"③。贝尔纳继续以科学的基本单元实验室为例,对实验室与外部的协调,实验室内部各个不同科研任务主体间的协调进行了深入思考。他主张设立由科研人员兼任的"实验室代表",其职责是代理实验室向社会和政府进行合理辩护,同时代理社会和政府转达公众意愿;他主张设立实验室委员会,以协调内部各个不同科研主体的科研工作,使"每一个工作者都看到自己工作和需要同别人的工作和需要有关。他从别人那得到建议和指导"④。

我们可以看出,贝尔纳首先从构建有机边界所需人员"实验室代表"或"行政科学家和科学行政人员"的培养入手,对他们的双重代理身份进行辨析。在此基础上,进一步深入科研活动不同主体间的中间组织"实验室委员会"来研究,并把利用边界组织构筑有机边界的思想从实验室这一基本单元,扩展到科学院、研究所和大学等。他认为,"在科学院和大学所代表的基本研究以及工厂和政府部门中的实际应用科学之间,设置某种中间性联络组织,是有其特别的好处的"⑤。实际上,在计划体

---

① [英] J. D. 贝尔纳:《科学的社会功能》,陈体芳译,商务印书馆1982年版,第361页。
② [英] J. D. 贝尔纳:《科学的社会功能》,陈体芳译,商务印书馆1982年版,第362页。
③ [英] J. D. 贝尔纳:《科学的社会功能》,陈体芳译,商务印书馆1982年版,第371—372页。
④ [英] J. D. 贝尔纳:《科学的社会功能》,陈体芳译,商务印书馆1982年版,第376页。
⑤ [英] J. D. 贝尔纳:《科学的社会功能》,陈体芳译,商务印书馆1982年版,第390页。

制下的科学实际应用更大程度是一种政治行为,所以其思想核心是明确要在科学与政治之间建立"中间性联络组织"。这一组织概念明晰了自身中介性和双重代理身份,从而为"实验室代表"和"行政科学家和科学行政人员"这样担当科学与政治双重代理的人员开辟了活动空间,以此来消除主体间的信息不对称,为科学与社会或政治之间构筑有机边界提供了保障。但由于贝尔纳对社会主义计划经济过于理想化,而未能对构筑科学与政治之间有机边界的机理和适用工具进行深入探讨。

然而,随着科学与政治相互作用的频度和力度的不断增大,构筑科学与政治有机边界的机理研究以及确定适用的工具等工作就显得十分迫切。这项工作最终由美国科学社会学家古斯顿来完成。他把历史与社会系统分析的方法具体化为科学与社会契约关系的历史梳理与分析,以委托代理理论作为分析工具,对科学与社会契约关系的变化进行了细致入微的历史考察。正如古斯顿所自述的"我想将科学的社会契约当作一条历史基准线,借此衡量不同时期科学与社会之间关系的变化"①。他考察认为,在传统的科学社会观看来,科学与社会形成的是一种无言的契约。只要政府在保有科学自主性的同时代表社会向科学投入资金,科学主体自然会产出求实诚信的知识产品,并自动流向社会,推进社会福祉。人们一般认为这一传统无言契约的履行主要靠的是科学的自我规范来保障,犹如"双向街"线性模型。然而,科学与政治契约关系的现实状况,一再对"双向街"线性模型提出挑战,科学与政治相互扭曲的事件频发。古斯顿利用委托代理和制度经济学的有关理论,深入刻画了政治和科学之间传统契约关系的实际障碍,例如双方高度的信息不对称、各自利益最大化的偏好等,以及这些障碍所可能导致相互扭曲的各种风险。并进一步利用科技建构论的研究成果,探讨了构筑科学与政治"有机边界"破解传统契约关系障碍的机理与对策,用有机边界的委托代理模型取代了科学与政治契约关系的"双向街"线性模型。

有机边界的委托代理模型,主要是以"边界组织"(boundary organi-

---

① [美]大卫·古斯顿:《在政治与科学之间——确保科学研究的诚信与产出率》,龚旭译,科学出版社2011年版,第60页。

zation）作为工具，为科技与政治间张力的调节与有机互动提供了保障，从而构筑了科学与政治主体间的有机边界。这种关系模式如图 2-2。

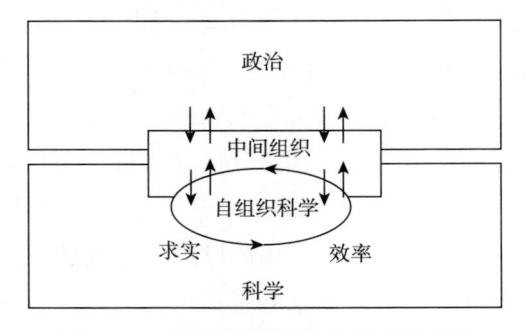

图 2-2　政治与科学的有机关系模型图

政治与科学的委托代理线性模型揭示了委托者与代理者基本契约的应然关系，但忽略了两者相互作用的社会过程。"边界组织"实际上为科学与政治以及利益相关者的互动提供了一个有效平台。这种"边界组织显然是横跨在政治与科学边界之上的机构，其作用是使边界的暂时性和模糊性的特征内在化"[①]，从而成为实现边界稳定的一个基本途径。边界组织既承担着政治的委托，是政治的代理者；同时又承担着科学的委托，是科学的代理者。它以这样的双重身份，进行着与政治和科学的日常协商谈判，沟通和过滤政治与科学之间的信息。它胜任与否，主要看能否成功地满足边界两边的委托人的委托诉求，并调节政治与科学的作用张力，使横跨在边界内部的外力保持稳定。边界组织对这一任务的成功执行过程，就是营造稳定的有机边界过程。它作为政治主体委托的代理者，能避免政治权力的直接运用，传达和监管政治所要求的求实和效益；作为科学的代理者，能向政治主体或社会合理展示科学活动的求实和效益状况，并争取更多支持。综上所述，"边界组织"为相关方提供了合作协商的空间平台，从而化解信息不对称，实现边界协商内部化，避免政治与科学的相互取代和扭曲，为构筑不同主体间的有机边界提供了适用工具。

[①] David H. Guston, *Between Politics and Science*, Cambridge University Press, 2000, p. 30.

第三章　科学政治学的基本内容

科学政治学的基本内容，高度浓缩于范式和基本纲领之中，并可以由此推演而来。所谓基本内容是指在科学政治学由前范式逐步走向成熟，形成自身范式以及指导解决理论与现实问题的过程中，覆盖了通常所必须涉及的一些基本理论内容。可见它具有历史与逻辑的统一性。当然，在基本理论内容之中，范式形成前后也是有所不同的。特别是在科研生产要素和生产方式上的变化方面，公众已经成为重要的生产要素，形成了公众参与的合作生产方式。相信随着语境的巩固与扩张，还会在其基本内容中有所反映。科学政治学的基本内容包括科学与政治的联系与互动、作为权力的科学与责任、科学自由与民主策略、价值调控与合作确保、知识消费与合作生产等内容。

第一节　科学与政治的联系与互动

在科学与政治权力不可逆的结合这个问题上，我们既不能持完全批评的态度，也不能完全地默认其发展……科学为政治权力服务，成为政治决定的伙伴。政治权力利用科学，成为了科学命运的合作者。[①]

——萨洛蒙

在当今社会，科学和政治已经成为具有重要影响力的两大要素，二

---

① Jean-Jacques Salomon, *Science and Politics*, London: The Macmillan Press Ltd, 1973, pp. xv – xvi.

者虽然都具有各自独立发展的历史和内在逻辑，彼此相对独立。但是由于它们相互支撑、相互促进，彼此的联系又几乎到了密不可分的程度。然而，萨洛蒙在考察科学与政治关系的历史后，发出了这样的感慨：即使政治与科学联姻了，蜜月期也未必总是美好的。① 深刻揭示了科学与政治相互联系与互动过程中的双重效应——相互促进，抑或是相互扭曲。为我们探索走出政治调控科学的困境，埋下了伏笔。

一 不同属性、不同功能

科学作为人类生存实践过程中的产物，随着人类生存实践活动的历史性展开而不断丰富。它以中介的形式表现在人类利用自然和不断摆脱自然奴役的进程中，不断回答着"是什么"和"为什么"的问题，并最终汇聚成反映客观世界的自然规律，形成多学科、多层次、系统化的知识体系。从近代，科学实验方法的引入使科学走向了技术化，到当今，技术发明更多地依赖于科学的推动，最终使科学和技术走向了一体化，并开始产生了"科学技术"这一新的整体范畴。这一更加丰富的知识体系，不仅仅要回答"是什么"和"为什么"，还要回答"如何去做"的问题。"如何去做"，简言之就是如何向自然界索取人类生存发展所需的物质利益资源。很显然，科学技术成果作为社会公众产品已经成为人类社会当之无愧的重要利益资源。而政治作为一种社会历史现象，与人类社会须臾不可分离。它作为一种普遍的社会活动，是一种调节利益关系，进行社会价值分配的过程。从广义上讲，"政治是参与公共生活的个人、团体或组织为实现既定的目标，通过支配、影响、获取和运用公共权力，而做出公共决策以及分配社会价值或利益的过程"②。由此看来，科学与政治具有不同的领地和属性，具有各自特殊的规定性和相对独立性。

从科学和政治的自身来看，二者具有各自不同的属性。科学的主体是科学家，他们通过科学仪器、科学方法等中介手段，实现对自然界的

---

① 参见 Jean-Jacques Salomon, *Science and Politics*, London: The Macmillan Press Ltd, 1973, p. 35。

② 陈振明：《政治学》，中国社会科学出版社 1999 年版，第 8 页。

探索与认识。而政治的主体是政治家，他们通过经济、政策等手段，约束人的行动从而使社会发生变革。因此，二者不仅主体明显不同，且中介手段、作用客体也有很大的不同。

科学活动的作用客体是不依赖于人的意识而独立存在的客观自然，科学活动的目的是努力发现客观实在，揭示客观规律，并以系统化的知识展示自己的形态。这一系统化的知识和人们生活中的一般性经验知识有所不同，它有其自身特殊的规定性。其概念和范畴、原理和规律、假说和理论等，都具有一定逻辑上的必然联系，并不断为人们的生产实践和科学实验所检验和证实，具有一定的真理性。而政治作用的对象是人与人之间的关系所构成的整个社会系统，它作为整个社会民众利益的代理者，为社会民众提供安全保障和生活福利。为此它必须占有各种资源，并代表公众利益分配资源。同时确认各种社会活动的价值，不断地调节利益分配，规范各种社会行为，改善民众生活状况，从而实现人类的自由与全面发展。所以政治活动的结果带有明显的价值倾向。

无论是政治还是科学主体，它们职责目标的实现皆有赖于有效的组织形式。政治活动的一般组织形式包括三大要素：组织机构、价值观念与制度。政治组织作为政治行为的主体，包括政府、社会组织和政党，是进行价值分配的载体；而价值观念，则成为价值分配的深层次要素，起着支配和导向性的作用，是其权力运作的内在灵魂；制度，是价值观念外化的一种形式，是政治权力运作的一种结果，构成了价值分配的基本体系。据此，我们有理由把"政治"既看作"争取分享权力或影响权力分配的努力"[1]，又看作"对一个社会进行权威性价值分配"[2] 的活动。以此相关联，当今作为民众重要利益资源的科学知识生产活动，其形式表现为一种社会建制。这种组织形式既是一种职业，也是一种制度。这种活动形式有机地组合了科技政策、科学活动者和科学设施等，体现了现代科学活动的组织化，渗透了国家目标的价值倾向化和具体实施的制

---

[1] ［德］马克斯·韦伯：《学术与政治》，冯克利译，生活·读书·新知三联书店1998年版，第55页。

[2] ［美］戴维·伊斯顿：《政治体系——政治学状况研究》，马清槐译，商务印书馆1993年版，第122页。

度化特征。社会建制化科学进一步说明，现代科学活动作为整个社会政治系统中的一个子系统，与政治系统相互区别，但又与社会政治系统同形同构，并深嵌在这个社会政治制度之中，接受着政治的调控。

调节和调控必然涉及一个适宜的中介手段。科学活动作为调节人与自然关系的活动，其中介手段是科学仪器或其他科学技术方法，而政治活动则是通过经济、政策、协商谈判等手段作用于客体，来调节各种利益关系。由于科学仪器是客观物质的，受人为因素影响相对较小，具有较强的客观性。而政治家通过经济、法律、协商谈判等手段对社会进行管理，就不可避免地会受到自身既有的价值标准、认识水平、理论框架等因素的影响，具有一定的主观性。除此之外，虽然科学的客体是自然界，政治的客体是社会和人。但二者并非截然没有联系，有时也会有所交叉。科学的对象也会涉及人，但是更加关注的是人的自然属性，如医学、生理学等。政治的对象也会涉及自然界，如气候变化、基因重组、环境等与人类社会发展密切相关的重大问题。

从科学和政治的外部来看，它们具有不同的社会功能。对于科学，作为系统化的知识体系，它的社会功能首先表现为认识功能。科学活动是科学主体通过科学观察和科学实验，在获得足够经验材料的基础上，进行思维加工，建立事实材料的内在联系，进而获得新的发现，揭示新的自然规律的过程。就科学的发现和规律的揭示而言，这是科学活动最基本的功能。科学的这种功能，帮助人们不断深化对自然的认识。从而合理解释纷繁复杂的自然现象。改变了人类愚昧无知和盲从的状态。由于人们掌握了自然界的本质和规律，当然可以依据所掌握的内容对自然界的某些现象、特征、运动形式和原因等进行说明。科学的这种认识功能，有助于科学内容的传播和人们思想的变革。通过对科学内容的说明与宣传，摆脱人们无知愚昧的状态，不受任何封建迷信等错误思想的影响，清楚地分辨自然界的是与非，揭露封建迷信的欺骗性。

科学认识功能还表现在对未知自然界的准确预见。科学不仅是对自然演进历史规律的总结，更是面对未来探索未知的行动指南。科学的知识应和整体性的物质世界相联系，并具有逻辑上的一致性。因此，人们依据现有的科学知识，可以在一定程度上预见某些尚未发现的物质世界及其规律。这一功能特点反映了人类对自然界进行认识的能动作用。使科学在人类认识自然的进程中具有了重要意义。

其次，科学还具有变革功能。科学的认识功能得以展示之后，紧随其后的便是它的变革功能。因为人类认识的目的是变革现实，使自身更加适应生存和发展的需要。在此主要有三方面内容：第一，通过技术不断创造和丰富人类生存发展所需要的物质财富，也就是变革自然，为我所用；第二，通过生产力的发展以及生产关系的变化，推动政治变革；第三，科学作为特殊的意识形态，推动人的观念和精神的变革。在上述所谈科学的变革功能中，关于推动人的观念和精神的变革实属人自身的变革范畴。不仅如此，随着医学、生命科学、人体科学、保健科学、体育科学等方面的不断发展，人们的自身物质领域即身体也发生了很大程度的变革，人类的个体寿命不断延长，抗病能力不断增强。人类已经较好地认识了自己的自然特性和规律，并借此改造人类自身，推动着人类自身更加全面的发展。

对于政治，作为民众利益的代理者和社会系统的管理者，其社会功能主要表现为维护和调整社会利益关系。任何一个社会的进步与发展，都是通过不同的社会主体基于自身的利益需求参与到社会实践当中而加以实现的。一切与政治有关的如政治活动、政治行为、政治组织也都是在利益的驱使、支配下发生发展起来的。从政治组织来看，一切政治组织的建立都是围绕着特定的利益，服务于其内部成员。无论何种政治组织，也无论在组织运行过程中制定何种政策、条令、法规，全都是服务于其所代表群体的利益。因此，当科技知识的社会功能充分外显，成为重要利益资源时，政治主体义不容辞地承担起了组织科技知识生产、规范科技研发的社会演进、调节利益分配的职责。

人类进行各种各样的活动，其最真实的动机和目的便是满足他们的生活需要。但是不同的社会主体，其利益需求存在着较大差异甚至相悖，当他们面对同一项知识产品时，经常会在价值方向上作出截然不同的选择。因此不同社会利益主体在追求科技利益的过程中，必定存在着一定的冲突与矛盾。这就需要政治主体在保障民众安全与福祉的原则下，协调社会利益关系。政治主体的永恒主题就是维护、调整利益关系，以实现社会的稳定发展。

二 相互联系、相互依存

虽然科学与政治作为两种自为的存在物，有着本质的区别。但正是由于两个不同属性的主体，具有不同的社会功能，也由此肩负着不同的职责。然而，正是由于各自拥有与对方不同的优势和特点，在科学技术成为重要社会利益资源的今天，二者的职责欲得到圆满履行，必将寄托于相互之间的有机联系，形成相互依存之势。所谓相互依存，就是"一者离开另一者根本无法生存，政府为了更好地统治，需要建议、方法、证据、结果或者简单的科学承诺，同时研究离开了政府的支持也不能进步，因为私营部门不能承担基础研究的所有的花费和风险"[①]。当双方看到了彼此的重要性后，很默契地达成了共识，双方形成了一种委托与代理关系的契约联系。

委托与代理关系的契约联系，使政治主体和科学主体借助对方的优势和力量，实现了自身所不能，达到了各自自我延伸的目的。政治主体提供资金和其他科研资源，拥有选择科学家并向其授予资金的支配权力，而科学家作为代理方凭借自愿与诚信，与政治委托方缔结了契约。这里，"把科学家们看作代理方，完全不是意味着一种等级关系。在这个关系中代理方的自主性广泛受到尊重，甚至把政策制定者和科学家之间视为一个'双向街'，对于两边一定程度的自主性受到充分的尊重"[②]。因此，政治委托方和科学代理方都是具有平等、独立精神的主体，他们通过自由意志达成合意。政治主体承诺向科学共同体提供足够的资金，并相信自然能够产出求实诚信的科学知识产品；科学主体以要求葆有自主性为前提，承诺独立地开展科学研究活动，求实诚信地进行创新，产出成果。总之，为了实现双方各自的利益，契约的联系方式便是相互依存式的合作。

首先，科学需要政治的支持。早在1870年，英国成立"科学教育和

[①] Jean-Jacques Salomon, "Recent Trends in Science and Technology Policy", *Science Technology and Society*, Vol. 5, No. 2, March 2000, p. 237.

[②] Dietmar Braun and David H. Guston, "Principal-agent theory and research policy: an introduction", *Science and Public Policy*, Vol. 30, No. 5, October 2003, p. 304.

科技进步皇家委员会",经 6 年的调查之后就得出了这样的结论:"科学研究的进步,在很大程度上必须依赖政府资助。"① 科学发展的社会历史很好地印证了这一点。科学发展的初期,科学研究主要依靠具有独立资财或者充当私人顾问来赚钱的个别学界人物来推动。这种旧的科学发展方式一直延续到 19 世纪末期,20 世纪伊始,由工业生产的需要而拉动的科学研究日益成为一种新的主导模式。当科学的功能日益显现,"'纯'科学再也不存在了……当科学知识进入到应用领域后,科学家既不是艺术家也不是隐士,而是一个依赖社会赋予其职能的职业化工人"②。科学研究成为一种社会职业,科学家也就成为一种职业人员,成为社会的劳动者。他们为了生存、为了心爱的科学事业,成为国家的雇员。科学家总得维持生活,而他们研究工作的结果极少是可以直接立即生利的。科学家在过去曾经是一种自由自在的力量,现在却再也不是了。"现在几乎总是国家的、一家工业企业的、或者一所大学之类直接间接依赖国家或企业的半独立机构的拿薪金的雇员。"③

我们必须认识到,科学之所以能够在它的规模上存在下来,政府的资助作用是不容忽视的。这也是当今科学活动规模化的趋势所决定的,因为科学"不可能变成一种自给自足的职业。正如我们已经说过的那样,科学的确是有利可图的,但是除了极少的例外,是否有利可图要取决于是否有相当大的经费供应和是否能在取得具体成果之前等待若干年……由于这个缘故,科学家经常需要得到个人、组织或者国家的补助才能继续工作,这是科学和其他职业不同之处"④。

在工业生产或技术需求的促动下,科学得到进一步快速发展的同时表现出学科交叉和综合化趋势。这一趋势实际上表明人类认识自然的视域不断拓展,变得越来越开阔。随之而来的是,所发现和面对的自然与社会问题也更加深刻重大而复杂。解决这些问题所需研究队伍和辅助人员更加庞大,所需设备更加精密贵重,所需财力更加雄厚。因此宣告了

---

① 吴必康:《权力与知识:英美科技政策史》,福建人民出版社 1998 年版,第 67 页。
② Jean-Jacques Salomon, *Science and Politics*, London: The Macmillan Press Ltd, 1973, p.208.
③ [英] J. D. 贝尔纳:《科学的社会功能》,陈体芳译,商务印书馆 1995 年版,第 516 页。
④ [英] J. D. 贝尔纳:《科学的社会功能》,陈体芳译,商务印书馆 1995 年版,第 361 页。

"大科学"时代的到来,并使得原来相对有限的独立资财再也无法长期支撑科学的进一步发展,政府对科学的扶助成为绝对主导。据有关资料显示,在科学研究事业较为发达的美国,每年大约要花150万美元才能使25位从事科学理论研究的研究者写出40份论文。[1]这表明,科技成本的不断升级是一个显见的趋势。科学研究成本的显著增加已不是科学家个人所能担负的了,而必须依赖国家的支持。"如果没有国家支持,科学自身不能满足自己的需要。没有任何私人的捐助或基金能够承受科学所需投资的花费,而这种资金需求原则上是无限的。"[2] 拉图尔在《创制中的科学》(1987)一书中关于巴斯德在农场里建起的传染病实验室的案例就很好地说明了这一点。如果没有卫生组织的帮助,就不会有巴斯德的炭疽疫苗,他的疫苗也不可能被推广到全世界。如今,"有很少的科学活动能够从国家或工厂的支持中分离出来,在科学学术框架内,科学活动的传统自治地位受到越来越大的挑战了,这种挑战通过对不属于学术界的机构的依赖程度表现出来"[3]。科学的建制化和规模化,进一步表现为科学社会化特征。"科学已不是个人的成就而是社会的成就"[4],科学已经和社会、国家紧密地联系在一起,日益明显地依赖于社会的政治力量。所以,在某种意义上可以说,科学就是政治的产物,"科学植根于政治之中再也无法逃脱"[5]。

其次,政治需要科技的支撑。随着科技与社会关系的不断展开,科学作为重要社会利益资源的地位逐步得到确立,科学的政治价值得到政治主体的充分认同,科学与政治的结合被推向一个新的高度。政府或政治家面对复杂的自然与社会问题,不得不招募相关科学家充当政治事务顾问,帮助解决问题。"这一顾问的功能已经成为现代社会国家机器的必

---

[1] 参见 Bruce Bimber and David H. Guston, "Politicsby the Same Means: Government and Science in the United States", Sheila Jasanoff, Gerald E. Markle, James C. Petersen et al., "Handbook of Science and Technology Studies", Sage Publications, Inc., 1995, pp. 554–571。

[2] Jean-Jacques Salomon, *Science and Politics*, The MIT press, 1973, Introduction, p. XIX.

[3] Jean-Jacques Salomon, "Recent Trends in Science and Technology Policy", *Science Technology and Society*, Vol. 5, No. 2, March 2000, pp. 228–229.

[4] [英] J. D. 贝尔纳:《历史上的科学》,伍况甫译,科学出版社1959年版,第13页。

[5] Jean-Jacques Salomon, *Science and Politics*, London: The Macmillan Press Ltd, 1973, p. 48.

要组成部分，但科学知识是众多复杂且具有专业性的技术难题中的一个例子，这些难题在政治当局不咨询专家的情况下是难以解决的。"① 因此，发展和利用科学知识就成为政治主体树立权威巩固权力的必然选择。难怪雷恩当年在起草英国皇家学会章程草案时发出这样的感慨："再没有什么比提倡有用的技术和科学更能促进这样圆满的政治实现了。通过周密的考察，我们发现有用的技术和科学是文明社会自由政体的基础。"②的确，在今天的信息时代，如果没有网络和计算机，我们能及时得到各种信息吗？我们能这样快捷地发表言论、表达见解、参政议政吗？在这样的科技时代即使是总统竞选也要建个网站吸纳一下大众的意见，网络和计算机正在成为文明社会自由政体的基础，以至于托夫勒认为，计算机网络增加了参与社会、经济、政治方面的决策人数，所以电子计算机把民主政治推进到一个新的水平。

另外，根据国家契约关系，作为政治主体的政府，其主要职责就是为民众提供安全保障和生活福利。而科学技术对此具有得天独厚、不可替代的优势。政治对科技的依赖突出地表现在利用科技完善和加强国家机器，利用科技发展国民经济满足民众生活需要的方面。由于科学技术在完善、强化国家机器和发展国民经济方面的特别功能，科学技术理所当然地被视为关乎国家生存与发展的重要战略资源。人类社会进入 20 世纪以来，各国科技政策的调整就是对这一观点的不断验证。吴必康先生在《权力与知识》一书中记录，1937 年美国总统罗斯福曾高瞻远瞩地强调科学研究是重要的国家资源之一，要求联邦政府重新考察科学研究的战略作用。1938 年美国国家资源委员会随即抛出了"科学研究是一种国家资源"的重要政策报告。这一观点产生了广泛的国际影响，"二战"之后，几乎成为各个国家制定发展战略的基本依据。1945 年，"二战"刚刚结束，万尼瓦尔·布什（Vannevar Bush）就在《科学——无止境的边疆：提交总统的战后科学研究计划》中指出："科学进步是，也必须是政府的根本利益所在。没有科学进步，国民健康将会恶化；没有科学进步，我

---

① Jean-Jacques Salomon, *Science and Politics*, London: The Macmillan Press Ltd, 1973, p. 148.
② ［英］J. D. 贝尔纳：《科学的社会功能》，陈体芳译，商务印书馆 1995 年版，第 60 页。

们无法指望改善生活水平或增加公民就业；没有科学进步，我们无法维持我们的自由，反对暴政。"① 1947 年美国的"斯蒂曼报告"也从不同侧面表达了同一个主题思想："美国的安全与繁荣，从未像今天这样依赖于迅速扩充的科学知识。"事实上，这种"科学知识的迅速扩充已经变得如此重要，以至于有理由认为它是国家生存的一个主要因素"。②

在冷战时期，科学技术作为国家重要的战略资源，更加突出地表现在国家安全和军备竞赛上。随着冷战的结束和世界经济的一体化，国际的竞争主要转向经济的竞争，而科学技术作为经济发展的有力支撑，在经济竞争的背后则表现为科学技术的竞争。因此科学技术作为国家战略资源的重要地位非但没有降低，反而获得了新的提升。1994 年，克林顿政府发布了科学政策报告"科学与国家利益"，该报告再次强调：科学无边的疆界，也是无尽的战略资源，是国家利益中的一种关键性投资。③ 上述种种情况都清楚地表明政治倚重于科学技术才能完成其使命，巩固其地位，当今任何一个国家或其他政治主体只有充分利用科学技术才能使自己立于不败之地。

三　互动与调控

科学与政治的这种委托与代理的社会契约关系，进一步增强了彼此之间的联系，总体上在科学与政治之间产生了强烈的互动。科学的社会契约根本性的立论基础是在互动中实现科学与政治各自的进步与发展。然而，由于原始科学社会契约理论忽视了这种契约所具有的，面向未来的一种社会交易性质。④ 因而也就忽略了可能参与未来社会交易过程中当事人即利益相关者的合作生产。⑤ 加之，在委托与代理的过程中，政治主

---

① 吴必康：《权力与知识：英美科技政策史》，福建人民出版社 1998 年版，第 357 页。
② J. L. Penick, *The Politics of American Sciences, 1939 to the Present*, MIT Press, 1972, p.65.
③ 参见吴必康《权力与知识：英美科技政策史》，福建人民出版社 1998 年版，第 492 页。
④ "所谓契约，不过是有关规划将来交换的过程的当事人之间的各种关系。"见 ［美］麦克尼尔（Ian R. Macneil）《新社会契约论》，雷喜宁等译，中国政法大学出版社 1994 年版，第 4 页。
⑤ "科学社会契约为所有行动者建立了一个供他们争论、确立合法性等的空间。"见 Laurens K Hessels, Harro van Lente and Ruud Smits, "In search of relevance: the changing contract between science andsociety", *Science and Public Policy*, Vol. 36, No. 5, June 2009, p.393.

体与科学主体双方所具有的信息高度不对称,容易引发逆向选择的风险和道德风险。① 再加上,从制度经济学的角度看,委托代理双方都有使自身利益最大化的偏好。② 此时,在缺乏合理的制度安排下,政治主体对科学的调控表现出不是放任,就是强力介入的非此即彼的症状,科学与政治的互动随之也会出现相互扭曲的现象。以上科学与政治的社会契约关系绝不仅一个项目的执行和交换关系,而是在社会学意义上对科学与政治整体上的联系所作出的理论说明。依此分析,我们所谈科学与政治之间的互动必是整体论意义上的相互促进与相互扭曲。

(一) 相互促进

政治对科学的推动,表现为政治主体适应科学的发展要求,为科学提供了自由与民主的环境,从而使科学迅速成长。当政治环境从民主、自由向集权、独裁的统治演变时,科学的进步就会与政治集权与固守产生分歧,逐渐演变积累为影响科学发展的矛盾。1688年英国资产阶级革命之后的变化就可以说明这一问题。革命成功后,刚刚获得统治权的新兴资产阶级思想解放,崇尚自由,提倡个性解放,推行民主政治。同时,作为英国社会新兴生产力的代表,他们明智地选择了发展经济壮大基础来巩固政权的路径。为了进一步发展生产,他们不惜采取增加国债等措施为科学技术事业提供支持,试图通过促进科学技术的进步来推动社会生产力的快速发展。此时,科学技术的发展具备了良好的物质和政治环境。当时科学技术的发展也的的确确成了资产阶级获取利润、进行资本积累的有力工具,从而带动整个社会大兴技术革新之风,有力地推动了社会经济发展。但当一切巩固后,在科技上就不再急于求新了,而是对守成政策感兴趣,最后使其科技落后于别的国家,世界的科技中心也因此转移到了他国。待到新的政治变革为科学进步提供了适宜的环境时,

---

① 参见 David H. Guston, "Principal-agent theory and the structure of science policy, revisited: 'science in policy's and the US Report on Carcinogens", *Science and Public Policy*, Vol. 30, No. 5, October 2003, p. 348。

② "理性的行动者总是力求最大化地实现自身偏好。" 见 Dietmar Braun and David H. Guston "Principal-agent theory and research policy: an introduction", *Science and Public Policy*, Vol. 30, No. 5, October 2003, p. 303。

科学又得以进一步发展。由于只有在政治主体提供适宜的外部环境下，科学才能快速成长，所以科学和政治之间一直存在这样一种循环往复的动态关系。

我们概括科学快速发展的几个历史时期的政治状况，来进一步说明这一观点。第一时期，尼罗河流域以及两河流域的古典文明时期，其标志是多个部落融合而出现的阶级社会；第二时期，古希腊时期，奴隶制经济为部分人创造了自由与闲暇，以及其相对自由的城邦制；进程中最重要的第三时期，文艺复兴时期，它标志着树立起了新兴的资产阶级经济压倒封建经济，高扬起了追求自我、追求自由与解放的人文主义大旗；第四时期，工业大革命，制造业资本主义主导世界经济的时期。资本主义自由经济的思想向包括科学研究的各个领域进行全面渗透。科学进展的最近时期，科学技术被视为民族发展国家兴亡的战略资源，在国家目标导向、国际秩序与伦理规约的规范下，为科学研究提供了更加优越的环境与条件，确保了科学的自组织演化。历史表明，明智的政治以及所创造的适宜环境在历史上出现时，科学便会得到较快的发展。其中具有代表性的是，文艺复兴时期的意大利、大革命时代的法兰西、19世纪的美国，以及今日的社会主义中华人民共和国。尤为典型的是法国大革命时期，法国科学家被自然哲学家的改革精神浸染，此时新政权给予他们机会，所有革命政府都认识到了科学的重要性，给予优厚资助，并对其寄予厚望，使科学在这一时期得到了迅猛发展。

在上文中，我们讨论了政治型范的变化所导致的科学环境的变化，进而推动了科学的进步。在此，我们强调在这一变化过程之前，科学自身发挥着促进政治变革与进步的作用。按照科学与政治的契约关系，科学主体不断提供着求实可靠的知识产品，不断满足着人们生活生产的物质需要，丰富着生产资料，推动着生产力的发展。生产力的发展又影响到生产关系，因而对经济发展和政治发展就产生了巨大的促进作用。难怪贝尔纳感慨道，"现在的政治型范有一部分乃是科学的物质效应的一种结果"[①]。的确，没有科学，现代工业国家就一点也不能存在；而这样一

---

① [英] J. D. 贝尔纳：《历史上的科学》，伍况甫译，科学出版社1959年版，第685页。

个国家若不充分汇集各种资源来推进科学,并推广科学的使用,它就不能长久继续存在,科学对政治所具有的影响力是不可低估的。

(二) 相互扭曲

在20世纪之前,科学技术没有被广泛应用,科学的规模较小,科学家也无须依赖过多的外界支持,因此他们可以处在自己的桃花源中默默耕耘,可以心无旁骛地追求探索科学的真理。科学的社会契约关系没有凸显。但是随着科学职业化和建制化发展,科学规模越来越庞大,也越来越需要精良的设备,雄厚的资金支持,科学与政治的契约关系得到凸显。正如前文所提到的,双方信息的高度不对称,且都具有使自身利益最大化的偏好。所以政治主体会理所当然地,经常不自觉地直接介入科学研究中,并对科学活动进行干预,而科学一方也会采取一些手段,博得政治主体的欢心,借机取代政治,获取最大利益。在缺乏公众参与和监督的情况下,双方必会出现试图相互取代的倾向,导致科学与政治的相互扭曲。

首先是科学政治化的扭曲。政治强力渗透或直接介入科学,必然导致科学的政治化。有关问题及形成的灾难在"政治调控科学的困境"一章已有涉及,特别是对于政治化所导致的科学行政化的扭曲已有详述。下面仅就科学政治化的扭曲问题作一补充。

政治主体对科学唯经济利益化,也必然使科学迷失方向而走上歧途。贝尔纳曾对完全以资本积累为目的政治安排进行批评,他认为,"我们现行的经济制度所特有的有效需求的性质,使整个科学应用研究完全走上了邪路,因而也使整个科学研究完全走上了邪路。从造福人类的观点来看,大家对于生产资料的重工业过于重视,对消费资料和普遍福利过于忽视。即使进行了这类科研工作,它的效果也往往由于商业上的考虑而化为乌有"[①]。的确,科学技术在这样的政治环境中运行,则时常会出现,科学技术发展了,但社会一般公众的福利却降低了的扭曲现象。这恰恰是由于个人或个别财团利益上的考虑,对科学所采取的态度时有不同,

---

[①] [英] J. D. 贝尔纳:《科学的社会功能》,陈体芳译,商务印书馆1995年版,第231页。

有时加快应用，有时则抑制它的应用。民众安全与福祉难以得到保障。

政治将科学纳入极端的政治目的，亦会使科学发展遭到严重扭曲。如历史上的冷战时期，美苏两大阵营所进行的军备竞赛，是政治造成科学扭曲的典型事例。出于政治目的长达40多年的冷战，不仅使美苏两国消耗了巨大的财力、物力和人力，而且也使科学畸形发展。"科研经费主要集中在高能核武器的研制上，苏联的军费开支长期保持在国民生产总值的13%—15%左右，美国的军费开支也居高不下，约占每年国民生产总值的6%。"① 在政治主体的主导下，所制定的上述科技政策，忽视了民众对消费资料和普遍福利的需求，使科学偏离了增进民众安全与福祉的轨道。冷战导致美苏两败俱伤，尤其是对于苏联，致使其后期国民经济衰退，最后导致了苏联的解体。历史上，科学政治化的扭曲不乏其例，不论是纳粹德国对"雅利安科学"的鼓吹和对犹太科学家的暴行，还是苏联的"黑森事件"和"李森科事件"，以及美国麦卡锡主义猖獗时的"忠诚—安全"调查运动，我国"文化大革命"期间所谓"资产阶级科学"等都对科学事业具有毁灭性的打击，严重地扭曲了科学事业的方向。

其次，是科学对政治的僭越，即用科学理性和方法取代政治治理。这一思想的萌芽，最初是具有一定积极意义的。一方面，它反映了政治主体面对与自然和社会有关的复杂性政治危机，利用相关专家化解危机的期盼；另一方面，反映了科学家希望借助科学的工具来帮助解决社会问题的美好愿望。当人们为这样的成功合作欢呼之时，以实证主义科学的哲学为基础的科学主义思潮，正悄然地向政治领域袭来。丹尼尔·贝尔（Daniel Bell）的"后工业社会理论"、阿尔温·托夫勒（Alvin Toffler）的"第三次浪潮社会趋同论"、约翰·奈斯比特（John Naisbitt）的"社会发展趋势趋同论"等，这些号称未来学家的代表者，都主张由技术专家来管理国家事务。更有甚者，提出科学技术决定论，即用科学技术决定社会政治的一切事物，也就是用科学技术全面取代政治。这一思想倾向在贝尔的"意识形态终结论"、哈贝马斯（Jürgen Habermas）的"科学

---

① 仇华飞：《关于冷战问题研究的几点思考》，《史学月刊》2003年第1期。

技术作为意识形态论"、谢尔斯基（Schelsky）的"技术国家论"中都有论述。

科学技术替代政治统治，反映的是部分科学主体对自身利益最大化的期盼，而导致自我意识的膨胀和扩张，最终以一种强烈的政治权力欲望表现出来。但这一欲望是不合理也是不允许实现的，因为单凭科学理性，很难处理与人相关联的纷繁复杂的社会政治问题；否则，便会在扭曲政治的前提下，带来社会灾难。的确，科学具有帮助政治树立权威、巩固政权的巨大力量，也是值得依靠的。但是极端科学技术统治论是对政治的扭曲，也必将会在社会统治中铸成大错。这是因为科学与政治作为两种不同本质且相互独立的个体，其面对的实践对象和方法有着本质的区别。从实践客体来看，政治统治是国家对被统治阶级进行的管理，本质上是面对"人"的，而科学技术是面对自然界的，是对物的认识与改造；从手段方法来看，科学技术的实践采用的是经验和逻辑排定的科学理性，而政治实践所采用的手段和方法则具有根本性的不同，它包含着更多的非理性成分，如约束、强制、谈判和协商民主等进与退的手法。所以只有尊重科学与政治不同主体的特性，才能避免相互扭曲，否则就会因扭曲而形成灾难。尤其以政治扭曲引发的灾难最直接，最为惨重。因为政治面对的是人而不是物。道理很是简单明了，如果允许科学技术替代政治统治，按照达尔文生物进化论"物竞天择，适者生存"，希特勒的种族灭绝岂非完全正确？何人能容忍希特勒之辈的科学技术统治？哪个民族能够认可希特勒大搞种族灭绝，犯下的反人类罪行呢？回答是明确的，科学技术对政治的僭越是和政治主体的职能相悖的，是被扭曲的政治，是任何一个民主国家所绝对不能容忍的。

科学技术替代政治统治形成的扭曲，进一步表现为政治民主的彻底丧失。在这里只有机械和逻辑推理，没有了附着灵魂的肉体，当然也就没有了谈判与协商民主。法兰克福学派代表人物哈贝马斯对科学技术僭越政治统治提出了尖锐的批判，他认为在科学技术替代政治统治，并转换为行政管理的情况下，可以想象只能是以牺牲全部民主为代价。"工业社会的技术统治论的行政管理，使任何民主的意志形成变为没有对象的东西。"① 以实证和逻辑为核心的科学理性对政治的僭越,将使政治统治变成吞噬人类灵魂的凶残机器。

(三) 张力调控

总而言之,上述科学与政治的相互扭曲,无论是政治对科学的过度干预还是科学对政治的僭越,对双方乃至人类社会都是十分有害的。对此我们称之为科学与政治的相互扭曲。为了避免这种相互扭曲,就有待于对科学与政治的相互作用进行张力调控。

首先,应进行价值张力的调控。以民众安全和福利为基本价值原则,来整合科学与政治两个不同价值主体,消解各自利益最大化倾向所带来的不良影响。在此基础上,进一步进行互动力的调控。适宜的互动张力,能够使政治对科学既能积极干预,同时又能充分保证科学研究的自由探索;能够使科学积极参与政治管理,又能恪守职责之本分。这样一个科学与政治的关系既生机勃勃又富有成效。

其次,这一关系的形成也有赖于坚持民主原则。贝尔纳认为,组织调控和科学自由可采取不拘形式的合作和内部民主两大措施来结合完成。从调节机制上他提出了政治与科学的"中间组织"② 概念。这种构思包括了建立一个独立而公正的基金委员会,筹集和控制科学研究基金,并组织管理科学研究活动,以及在大学和政府之间设立中间性联络组织等措施。沿着这一思路,美国科学社会学家大卫·古斯顿提出了在科学与政治之间构筑有机边界的理论③,把贝尔纳"中间组织"的设想进一步深化。这一有机边界组织,实际上为科学与政治以及利益相关者的公众,搭建了一个民主协商、互动谈判的价值整合的平台。这一平台将稳定而有效地缓冲和调节科学与政治的互动张力,实现科学与政治相互促进的良性互动。

---

① [德] 哈贝马斯:《作为"意识形态"的技术与科学》,李黎、郭官义译,学林出版社 2002 年版,第 104 页。
② [英] J. D. 贝尔纳:《科学的社会功能》,陈体芳译,商务印书馆 1995 年版,第 390 页。
③ 参见 David H. Guston, *Between Politics and Science*: *Assuring the Integrity and Productivity of Research*, Cambridge University Press, 2000, p. 179。

第三章 科学政治学的基本内容

第二节 作为权力的科学与责任

如果科学是权力的来源，知识本身的进步不能和利用其研究成果的后果分开。①

———萨洛蒙

新技术、新科学，不能凭旧道德来推行。②

———贝尔纳

一 科学作为一种权力

科学功能的充分展现，使之在社会系统中成为一种日益彰显其重要性不可或缺的特殊力量，科学的权力意蕴逐渐从多方面展露出来。权力是迫使他人按照自己的意愿去行动，并影响着行动方式的能力，它是一种起支配作用和影响他人的力量。科学作为权力，其内容非常丰富，通常被认为人类了解自然，进而实际支配自然的力量；也被视为政治主体维护政治统治、增强国家机器、形成政治影响力的重要支撑；更被作为生产力要素，推动生产关系和政治变革的力量；还被视为一种支配人的思想观念，推动精神变革的力量；等等。科学真的"是一本打开了的关于人的本质力量的书，是感性地摆在我们面前的人的心理学"③。下面，我们将对这四方面的内容，分别进行详细的论述，旨在使科学作为权力的观点更为清晰地呈现在我们面前。

1. 作为支配自然的权力

美国著名的社会学家戴维·狄克逊指出，"科学应该被认为是一种能够帮助我们认识和理解自然世界的有力工具，与此同时还是人类利用自

---

① Jean-Jacques Salomon, *Science and Politics*, London: The Macmillan Press Ltd, 1973, p. 203.
② [英] J. D. 贝尔纳：《历史上的科学》，伍况甫译，科学出版社1959年版，第722页。
③ 《马克思恩格斯全集》第3卷，人民出版社2002年版，第306页。

然的有力手段"①。历史很好地向我们展示了这样一个过程,即科学是怎样把人的地位一步一步从最初的受制于自然到与自然抗衡,最后趋向于实际支配自然。使科学作为调节人与自然的本质力量而出现。伴随着科学不断地进步与繁荣,"在人工技术自然的不断创造中具有一定主动权的科学"② 扮演着越来越重要的角色。因此,在文明的进程中,人类对科学寄托了无限的期望。

在欧洲 15 世纪的文艺复兴运动的影响下,人们宣扬理性,赞美人的力量,并且要求重新对自然界进行现实的认识。在理性人的面前,自然界神秘的"面纱"仿佛正在逐步褪去,展现在他们面前的是一幅自然秩序的图景。伽利略相信自然真理寓于数的事实中,数学语言能够描绘客观的自然界。培根坚信人类支配自然的力量在于知识,发出了"知识就是力量"的吼声,而科学的作用就是采用有效的措施来探求这种知识。笛卡尔也特别强调了人的理性力量,由于人具有这种理性,所以把人定位于支配自然的中心位置,为了证明人的理性能够把握自然的逻辑和秩序,他运用演绎推理的方式展示自然秩序。

在理性主义的影响之下,人与自然的关系被抽象的主客体关系代替。人的主体地位的不断强化,在近代认识论中体现为人与自然分离的主客二分。自然界成了人类能动性的作用对象,不断地被重塑和支配着。久而久之,则在人类的头脑中树立起了自然的主人的信念。与此同时,在自觉的理性思维基础上,自然科学从神学教义中解放出来。在对自然过程控制和干预中建立起探索自然奥秘的实验研究方法,从而使科学与技术结合,并且在探索方式上具有了可操作性的特征,科学因此获得了新的力量。沿着这条道路,近代力学在牛顿那里得到了完美的综合。继第一次技术革命之后,19 世纪的第二次技术革命又一次彰显了人类对自然的支配力量。在这一时期,人类对自然的控制又步入一个更高的阶段,人类已不再满足于对自然力的一种简单支配,而是通过科学知识不断探求技术原理,进一步改造自然力,塑造自然物,从而达到为我的目的。

---

① David Dickson, *The new politics of science*, New York: Pantheon Books, 1984, p. 336.
② Jean-Jacques Salomon, *Science and Politics*, London: The Macmillan Press Ltd, 1973, p. 175.

由此，完成了现代工业生产体系的建设，并不断得以深化和完善。

伴随着科学的不断发展以及在生产中的广泛应用，人类支配自然的能力也随之不断提升，人与自然的关系发生了深刻的转变，人似乎越来越趋于支配自然的中心地位。在短短几百年里，科学技术的发展不仅满足了人类生存发展的基本物质需求，而且通过对自然界的进一步支配，还不断创造着人类生活的新需求。所有这些已经使人切身感受到了自己已被科学赋予了支配自然的巨大力量。

2. 作为政治统治的权力

随着科学技术社会功能的不断外显，在科技迅猛发展的同时，社会的发展越来越依靠科技进步来推动，甚至国家的统治也不得不借助科学知识和科学家的帮助，这就使科学渗入政治成为必然，从而使科学具有了一份政治统治的权力。随着国际环境的不断变化，社会政治、经济形势发生着深刻的变革，社会发展所面对的是更深层次和更加复杂的问题。解决这些问题更加需要各方面专业化的理性知识。政治主体不得不为职业化的科学群体明确科学知识生产的国家目标，并和科学家达成委托与代理的契约关系。因此，"科学知识不再是纯粹的知识，它的命运和政治连在了一起，因为它的利益和国家利益已经融为一体"[1]。以至于"在权力方面，科学不仅是公认的国家政治中一个决定性因素，也是政府自身使用的一个重要的工具。……政治决策的过程，再也不可能没有科学家的参与了"[2]。科学知识既为"国家政治中一个决定性因素"，表明科学知识作为一种政治权力当之无愧；又为"政府自身使用的工具"，表明科学知识并非完全取代政治，拥有科学技术知识的专家也并不是直接行使政治权力。他们往往是以政治顾问的身份对公共事务施加影响，"这一顾问的功能已经成为现代社会国家机器的必要组成部分"[3]。第二次世界大战之后，科学与政治的关系经历了战时的检验，科学对政治权力的支撑作用进一步凸显，政治与科学的联系更加紧密。科学家通过参与确定政

---

[1] Jean-Jacques Salomon, *Science and Politics*, London: The Macmillan Press Ltd, 1973, p. 191.
[2] Jean-Jacques Salomon, *Science and Politics*, London: The Macmillan Press Ltd, 1973, p. 46.
[3] Jean-Jacques Salomon, *Science and Politics*, London: The Macmillan Press Ltd, 1973, p. 148.

治计划和政治决策，从而为政治权力提供了更大的支持。当今各个国家纷纷加强国家智库建设，为政府决策提供更为有力的支撑。这意味着"政治家要依靠科学家，不仅仅是因为科学家开始和政治事业息息相关，更因为科学在某种程度上决定了政治决策者的方式和方法"①。

科学技术作为政治力量最为突出直观的表现，就是在于支持和武装国家机器，强化国家职能，形成政治影响力。无论哪类性质的国家，强化国家职能首先是通过完善"国家机器"来实现的。"国家机器"的先进和完善程度对于发挥国家职能、维护政治统治起着至关重要的作用，而科学和技术是完善"国家机器"的重要因素。各个国家想方设法地把先进的科学和技术应用到维护政治统治的专政工具上，增强"国家机器"的战斗力。战争期间，"在一切国家里，政府都把科学看作是有用的军事附属物，在某些国家中，这实际变成了科学的唯一职能"②。

亘古通今，科学技术一直在政治权力的巩固和扩张中发挥着重要作用。中古时期就有列奥纳多·达·芬奇（Leonardo daVinci）因为拥有相关知识，并且能够在军事上应用而获得了重要的职位。近代"化学之父"拉瓦锡曾被任命为法国兵工厂"火药管理处"的主管。第一次世界大战期间，因合成氨而荣获诺贝尔奖的德国化学家弗里茨·哈伯（Fritz Haber），曾在德国的化学兵工厂任职。在第二次世界大战中，从英国到美国战前都曾对本国科学技术人员进行登记，为战时组织科技力量奠定基础。在英国，丘吉尔下令，设立战时内阁科学顾问委员会、成立内阁工程技术顾问委员会，负责战时的科学技术发展工作，在一些军事和军工部门配备专职科学技术顾问，使英国科技力量全面投入保卫国家安全的战争。在美国，1939 年 6 月 27 日，罗斯福总统发布命令成立国防科研委员会，1941 年 6 月，罗斯福总统又颁令设立政府科学研究与开发办公室，并赋予它更高的级别和更大的权力，承担起战时全国科技工作的中央组织职能。"二战"期间，著名物理学家奥本海默（J. R. Oppenheimer）主持设计研制了原子弹工作，许多著名科学家参与其中。也正是原子弹

---

① Jean-Jacques Salomon, *Science and Politics*, London: The Macmillan Press Ltd, 1973, p. 1.
② ［英］J. D. 贝尔纳：《科学的社会功能》，陈体芳译，商务印书馆1995年版，第253页。

的研制成功，打击了日本法西斯的嚣张气焰，加速了第二次世界大战的结束，同时把美国推向国际政治舞台。的确，"在战争期间，科学家们第一次发现自己成为各自政府不可或缺的人物，而不是可有可无的人物了"①。也充分体现了科学在维护政治统治和政治扩张中不可缺少的权力功能。

当然，科学技术作为政治统治的权力，还表现在科学和技术通过为大众提供越来越丰富的物质产品来满足大众需求，消解民众与作为民众利益代表的政治主体之间的矛盾，达到民众与统治集团和解与妥协的目的。科学为民众所用并满足他们的生活需要，这实际上也体现了科学、政治、民众三者之间和谐关系的一种诉求。甚至在相当长的时期内，社会的发展不再主要靠阶级斗争，而是主要依靠科技的进步，依靠更加充分、合理地利用尚未转化为现实的科学和技术的潜力，从而维护政治统治。由于当代科学和技术所表现出的政治功能越来越显著，以至于使人们开始认为，政治权力的核心要素已经由暴力、财富转为了现代科学技术知识。

3. 作为推动社会变革的权力

人类生存实践过程中产生的科学知识，必然会不断渗入生产实践过程，形成一种独特的生产力要素，并不断推动着生产关系的变化和政治的变革。马克思指出："随着大工业的发展，现实财富的创造较少地取决于劳动时间和已消耗的劳动量，较多地取决于在劳动时间内所运用的作用物的力量……取决于科学的一般水平和技术进步。"② 科学和技术的进步不断地推动着生产力发展和产业革命。马克思和恩格斯在《共产党宣言》中特别强调了科学技术在推动产业结构和社会生产力发展的巨大作用。他们指出："资产阶级争取自己的阶级地位还不到一百年，它所创造的生产力却比过去世世代代总共创造的全部生产力还要大、还要多。自然力的征服，机器的采用，化学在工业和农业中的应用，轮船的行驶，铁路的通行，电报的往返，大陆一洲一洲的垦殖，河川的通航，仿佛用

---

① [英] J. D. 贝尔纳：《科学的社会功能》，陈体芳译，商务印书馆1995年版，第251页。
② 《马克思恩格斯全集》第31卷，人民出版社1998年版，第100页。

法术从地下呼唤出来的大量人口——试问在过去哪一个世纪能够料想到这样的生产力潜伏在社会劳动里呢？"①

当科学作为生产力要素应用到生产过程中，极大地推动了生产力的发展，并必将带来生产方式和社会生产关系的变化。而接下来，当生产力在适合自身的生产关系中获得了较大发展的时候，原来的生产关系所能容纳其发展的现实空间会变得越来越狭小。生产关系由生产力借以发展的推动力变为束缚生产力发展的桎梏，导致了生产力与生产关系矛盾的产生。而这一矛盾的激化必然会导致社会变革和政治革命。马克思曾在观看了渗透着电磁理论的电力机车的模型后，意味深长地说："这件事的后果不可估计。经济革命之后一定要跟着政治革命，因为后者只是前者的表现而已。"② 可见，马克思把科学技术看成了推动社会历史前行的有力杠杆，并把它视为人类历史发展的进程中最具意义的革命力量。难怪贝尔纳也曾说："我们现在的政治型范有一部分乃是科学的物质效应的一种结果。"③

贝尔纳把科学技术与生产力的发展相联系进行考察，不仅得出了上述结论，而且还对科学作为推进社会政治变革的权力运作过程，给出了清晰的描述：

> 一旦利用由逻辑排定的、并经实验证明的、有组织的思想，而获得一个改进技术的方法，即使范围不广，也就开辟了道路，使种种生产方法得以受到科学的无限影响。这些生产方法又转而影响到种种生产关系，因而对经济发展和政治发展就有巨大影响。④

他明确指出了科学作为推动社会政治变革权力的运行路径，即生产力的进步—生产关系的变化—政治变革，构成了整个社会政治更替的过程。

---

① 《共产党宣言》，中央编译出版社 2005 年版，第 31 页。
② ［德］威廉·李卜克内西：《回忆马克思恩格斯》，胡尧之等译，人民出版社 1957 年版，第 100 页。
③ ［英］J. D. 贝尔纳：《历史上的科学》，伍况甫译，科学出版社 1959 年版，第 685 页。
④ ［英］J. D. 贝尔纳：《历史上的科学》，伍况甫译，科学出版社 1959 年版，第 26 页。

科学与社会发展历史的平行考察也说明了这一点。近代科学史上"哥白尼—牛顿革命"标志着近代科学的建立,它为第一次技术革命提供了思想和社会基础。此时数学和力学的发展与应用,使造船技术有了进步,促进了环球航行和美洲新大陆的发现,开辟了海外市场,刺激了生产的发展,从而加速了资本的积累,引起了生产关系的变化,最终使个体手工业演变为合作生产的工厂手工业。工厂手工业提高了劳动社会化的程度,促进了生产力的迅速发展,引起了以机器发明为特点的第一次技术革命,使工厂手工业进入机器大工业,产生了工厂制度,使资本主义的生产关系得以进一步确立。封建所有制关系由于不适应已经发展和形成的生产方式而被打破,不得不被资产阶级的政治统治取代。正如马克思所指出,"蒸汽、电力和自动走锭纺纱机甚至是比巴尔贝斯、拉斯拜尔和布朗基诸位公民更危险万分的革命家"①。在科学推动政治变革的路径中,生产力的进步是最根本、最基础的一环。在生产力诸要素中,无论是劳动者素质提高,生产工具革新还是劳动对象的扩展都离不开科学的发展。的确,作为科学"它起初是引起技术变革、不自觉地为经济和社会变革开路,后来它就成为社会变革本身的更加自觉的和直接的动力了"②。

4. 作为观念的支配力量

从人类社会发展的过程来看,在不同的历史时期,都存在着与统治阶级相适应的思想观念和意识形态。"科学的理论永远也不是绝对的、永恒的观念。它们是统治阶级初起时的思想体系的不可分离的部分,而且是被维持和发展得适合统治阶级的利益的。"③ 实际上,科学总是被这些思想观念和意识形态包围着,并与之相互作用,同时也起着冲破旧思想确立新观念的作用。它对人的观念和意识形态的影响甚至比其在物质层面上的影响更加复杂。伴随着科学技术的发展,人们有了自己独特的价值取向和世界观,不断去追求新鲜刺激的事物,并且人们通过科技的手

---

① 《马克思恩格斯文集》第 2 卷,人民出版社 2009 年版,第 579 页。
② [英] J. D. 贝尔纳:《科学的社会功能》,陈体芳译,商务印书馆 1995 年版,第 511 页。
③ [英] J. D. 贝尔纳:《科学与社会》,刘若水译,生活·读书·新知三联书店 1956 年版,第 94 页。原载 [英] J. D. 贝尔纳《马克思与科学》,伦敦:劳伦斯和维夏特出版公司 1952 年版。

段接收到了更多的信息，冲破了原有的僵化保守的思想禁锢，使人们获得了更加多元化的价值理念和更加自由的行动选择。

翻开科学与社会的历史，我们发现古今一辙，科学的革命无不牵涉着思想观念和意识形态的变革。在古代，希腊学者毕达哥拉斯"万物皆数"的理论，导致了"天定和谐"的宇宙信仰，也对后来的柏拉图主义以至于整个欧洲中世纪的思想意识产生了深刻的影响；德谟克利特的"原子论"，以及伊壁鸠鲁继承发展了的偏斜运动理论，解决了存在与本质之间的矛盾，体现了打破奴隶主贵族专制统治，追求自由和民主的精神，放射出了灿烂的思想启蒙之光。

近代牛顿的自然定律，表明了对权威的怀疑和对放任主义的信仰，至今这些观念仍然是资产阶级自由主义的哲学基础。"它所反映的是人们已经建立了一种遵循法律而不是权力主义的政府。"① 而达尔文进化论的自然淘汰和生存竞争理论，为资本主义时代的自由竞争提供了思想基础。19世纪科学理论不断丰富和发展，星云假说、地质演变理论、元素周期律、细胞学说、能量守恒和转化定律、达尔文进化论、电磁理论等各个领域中的成就冲破了机械唯物主义的自然观念，为物质普遍运动和联系的辩证唯物主义观念的确立奠定了基础。进入20世纪后，随着相对论、量子力学、分子生物学、信息论、系统论、控制论、耗散结构理论、突变结构理论、混沌理论、协同理论等一系列具有深远意义的重大科学发现，使人们的物质观念、运动观念、时空观念、质能观念等都发生了根本的变化，极大地巩固和发展了辩证唯物主义，丰富了其表现形式。的确，"科学思想的扩展对人类思想观念的全部形式的改造已成了一个决定性的因素"②。然而，科学对思想观念的影响以及形成一种意识形态并不是一蹴而就的。科学革命往往先从思想观念上突破，但此时只是在个别科学家和思想家中进行，待到经过理论的竞争取得确立之后，这种作为科学理论基底的思想观念才得到扩展，特别是科学理论作为方法取得物质上的成就，并应用于社会之后，进一步形成了一定的社会意识形态。

---

① ［英］J. D. 贝尔纳：《历史上的科学》，伍况甫译，科学出版社1959年版，第685页。
② ［英］J. D. 贝尔纳：《历史上的科学》，伍况甫译，科学出版社1959年版，第3页。

由此可见，科学不仅在物质方式这一条路上影响了社会，"科学诸观念已经深重地影响了所有其他人类思想和动作，哲学的和政治的，乃至宗教的和艺术的"①。最终成了支配人的思想观念，推动精神变革的力量。

二 作为权力的异化

科学和技术是人类智慧的结晶，当它以权力的形式展现在人的面前时，实现并确证了人的主体性地位。但是随着这一力量的不断膨胀，科学作为一种被异化了的权力也逐渐显露了出来。虽说科学把人类从蒙昧状态带到了文明的境地，但在某种意义上科学也正在成为摧毁这一文明的"幕后黑手"。"环境污染，生态失衡，消费异化，资源枯竭，人性压抑……强烈地感受到科学技术是一把双刃剑，一方面，科学技术作为人类理性的最高成就的确为人类的生存带来了前所未有的改善，另一方面，科学技术的发展已超出人类所控制的范围，成为政治统治的工具，成为不道德和无人性的攻击工具，攻击着自然和人性，造成一架吞噬人类灵魂的机器。"② 科学作为一种权力正在发生着异化，并最终表现为一种异己的力量。

第一，科学作为权力的异化现象造成了自然界的生态破坏、社会的物欲横流。科学逐步成为支配自然的力量这样一个过程，实质上是人的主体性地位不断得到表征和强化的过程，显示的是人类对自身权益意识的自觉。在人类认识和改造自然的过程中，作为人类生存实践的环境和对象的客观自然，成了人类一切实践活动的承受者。为了争取更大的生存空间，获取更多的生活资料，人类不断认识和改造自然，并一次次获得成功，加固了人类的主体地位。人类因自为属性的巨大力量而自豪，却忽视了自身固有自然属性的一面。因此人类在不断成功地达到自己阶段性目的的同时，自然在某些方面也在逐渐积累一种对人敌意的、对抗性的力量。虽然从目前来看，人类所受到的自然奴役已经大大减轻，但

---

① ［英］J. D. 贝尔纳：《历史上的科学》，伍况甫译，科学出版社1959年版，第685页。
② 步蓬勃：《走向幸福：人与自然的双重解放》，博士学位论文，东北师范大学，2014年，第134页。

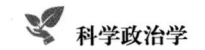

我们面前却也不断出现着前所未有的敌人，如更加严重的自然灾害、新的瘟疫等。更具嘲讽意味的是，我们似乎通过科学技术的应用，不断使敌人更新换代而进一步壮大了。如医疗技术和药物的使用，细菌抗药性的增强，不断衍生出的新种，引发致命性传染疾病；再比如对绿色植被的破坏导致泥石流、山洪暴发；等等。对此，恩格斯早就曾提醒我们：

> 我们决不像征服者统治异族人那样支配自然界，决不像站在自然界之外的人似的去支配自然界——相反，我们连同我们的肉、血和头脑都是属于自然界和存在于自然界之中的；我们对自然界的整个支配作用，就在于我们比其他一切生物强，能够认识和正确运用自然规律。①

的确，随着人类主体性地位的确立，主客二分使我们曾经忘记了主体与客体既对立又具天然同一性的关系。科学技术作为支配自然的权力普遍而过度地发挥，带来了对自然界持久与深重的破坏。运用科学技术所创造出来的人工自然，无度地加入自然的运动中去，必然会使天然自然受到一定的干扰，破坏其原有的生态平衡，使其发生紊乱，甚至使天然自然完全丧失了自我修复的能力。正如恩格斯所言："不要过分陶醉于我们人类对自然界的胜利。对于每一次这样的胜利，自然界都对我们进行报复。"② 的确，科学作为支配自然权力的放荡无度，正在使人类自身的生存面临着危机。

科学肆意发挥支配自然的力量，不仅带来了生态的破坏，也带来了物欲的横流，社会公平与伦理的丧失。人类以科学以及物化的技术为手段改造和支配自然，创造了大量的物质财富。但是，实现物质财富的丰富后，不仅没有达到人类最初的目的，反而在一定程度上把人变成了物和金钱的奴隶。特别是"自资本主义兴起以来，效率和经济利益成为人

---

① 《马克思恩格斯文集》第 9 卷，人民出版社 2009 年版，第 560 页。
② 《马克思恩格斯文集》第 9 卷，人民出版社 2009 年版，第 559—560 页。

类实现其目的的重要途径"①。使人们倾向性地"认为一切价值都要用金钱来衡量,金钱是人成功与否的最后考验"②。而科学技术的不断发展和应用,使其成为一种更快获取财富的"催化剂"。科学的力量在无度的发挥下,演化为人们追求财富和物质享受的手段,最终导致了私欲膨胀,社会物欲横流,公平正义、社会伦理的彻底丧失。

第二,科学可以作为一种权力加深对人的统治。这种统治来自科学强化了政治统治的手段,来自科学技术对政治的僭越,也来自生产力发展过程中的劳动异化。"实际上,科学技术已由原来的认识世界、改造世界(自然)的工具转化为人对人统治的工具或手段,包括统治者实现其政治目的的手段。"③ 从某种程度上讲,科学技术的使用展现了人对人的统治欲望。经济基础决定上层建筑,上层建筑与经济基础相适应。一个时期政治统治的形态与生产力的状况相适应相关联。比如,处在农业社会,政治主体只有大力发展农业以及与之相适应的农业生产力,国家政权才能稳定;处在工业社会进程中的国家尤为突出。"工业社会的政府,只有当它成功地动员、组织和开发适合工业文明的技术的、科学的和机械的生产力时,它才能维持和保护自身,而且这种生产力使整个社会动员起来,凌驾于任何特殊的个人或集团的利益之上。机器的物质的力量超过了个人的力量和任何特殊的个人集团的力量,这一残酷的事实在任何其基本组织是机械过程的组织的社会里,使机器变成了最有效的政治手段。"④ 从而加大了对人的奴役与控制。现代工业社会中的人除了吃饭睡觉之外几乎成了一架机器,成了机械生产线的一部分。他们被严格控制在一定的时间和空间内重复着机械化的简单劳动动作。现代信息化社会中的人,甚至被控制和捆绑得无处可藏。全覆盖的监控几乎使人没有了隐私,普及化的手机像给人们拴上了可控的绳索一般,随时可以牵动人类的行为;其所搭载的海量信息,更使人构筑了电

---

① 乔龙德:《经济与科技一体化的必由之路》,《经济世界》2003 第 5 期。
② 孙正聿:《哲学修养十五讲》,北京大学出版社 2004 年版,第 188 页。
③ 陈振明:《走向一种科学技术政治学理论》,《自然辩证法通讯》1997 年第 2 期。
④ [美]赫伯特·马尔库塞:《单向度的人》,张峰、吕世平译,重庆出版社 1988 年版,第 5 页。

子化的虚拟世界,造成了人与人之间亲情的淡化,人类的心灵成了孤岛。的确,科学技术和社会群众性劳动都体现在物化的机器体系和其他成品当中,并同机器或产品一道构成"主人"的权力,不断加深着对人肉体的统治。

科学作为一种异化的力量,不仅加深了对人的肉体的统治,同时也对人实施了精神观念的控制。物质决定精神。科学在支配自然,并不断创造着物质财富的过程中,必然会深入人的精神领域施加影响。使人由对物的崇拜不得不上升为对科学的崇拜。科学由此控制了人的精神观念,禁锢着人的思想,成为人自身的异己力量。科学具有社会历史性,科学的进步是在知识不断积累的基础上,通过范式转换来实现的,所以科学的进步展现的是一个新范式代替旧范式的过程。

首先,科学的进步要从突破原有范式的传统观念开始。然而,科学通过绑架教育特别是基础教育,来把人的思想观念控制在了机械唯物论的狭小范围内。通过特定的教育模式把这一套传统而死板的意识形态规范、理论灌输给人,使人从小在思想上就受其统治,走不出传统科学观念所限定的围栏,致使人变得缺乏想象力,缺乏批判和质疑的精神。

其次,科学通过在一定范围内支配自然所取得的物质财富的展示,控制着人的精神观念。以至于所形成的逻辑实证主义思潮,对于任何不符合传统科学理念的东西都被看作没有意义的、不合理的,而应该加以剔除。这样一来传统科学几乎逐渐成了控制人们思想的暴君。当年,物理学家汤姆逊(Joseph John Thomsc)极力反对和否认卢瑟福的原子蜕变理论的故事,就很能说明这一问题。① 传统机械论的科学思想对汤姆逊的控制,使其先前的探索精神丧失殆尽,在自身行动上停滞不前,而且对他人的探索活动也形成了阻力。一个时期科学范式对人思想的统治是深远的,在历史上,上述这种例子可以说比比皆是;今日,我们依然需要

---

① 汤姆逊是一位在科学探索中积极奋进的科学家,并且取得了许多的科学成就。但是在其晚年受牛顿科学思想的影响,头脑中充满了经典物理学的僵化思想,他认为科学大厦已经建成,经典物理学已经发展到了"终极理论",因此无须再进行科学探索。当他面对卢瑟福提出的具有里程碑意义的原子"蜕变理论"时,汤姆逊对此进行了极力、顽固的否认,更不要说进行探索了。

发出统筹兼顾、协调发展的呼唤，以抵抗和消解传统科学观对我们思想的控制。

三 科学的伦理责任

科学作为权力曾给我们带来无限的希望，而今这一力量无度地发挥又使我们失望。正如梁启超所言："讴歌科学万能的人，满望着科学成功，黄金时节便指日可待。如今功总算成了，一百年物质的进步，比从前三千年所得还加几倍，我们人类不只没有得到幸福，倒反带来许多灾难。"① 为什么我们指望科学给我们带来希望时，却最终带来了失望呢？为什么科学没有完成拯救人类的神圣使命，反而对我们人类的生存发展施加了相反的作用呢？这是因为"科学在作为权力恩赐给人类的时候，人类在道德上是没有准备的。在道德缓慢演进的过程中，人类还不能适应这种恩赐所带来的巨大责任。在人类还不知道怎样支配自己的时候，他们已经被授予支配大自然的力量了"②。因此，若要从根本上解决科学作为权力的异化问题，就必须从深层次上解决科学伦理责任问题。"由于主体的行为对人和大自然的长远和整体影响很难被人全面了解和预见，故存在一种责任的'绝对命令'，它提供了伦理视野的一种新维度：道德的正确性取决于对长远未来的责任性。"③ 也就是说，由于技术对现实社会的影响力，以及对未来社会影响的难以预见性，使科技责任伦理必将成为新的科技活动的行为规范与准则。

科学对社会的影响是在科学与社会的互动中形成的。互动中最积极的因素就是作为利益相关者的"人"。人作为道德主体，有进行道德选择的自由，所以科学的伦理责任其实就是人的责任。政府作为科学决策的主体、民众作为科学应用的主体、科学技术专家作为科技研发的直接主体都应该对这种异化负有责任。

---

① 梁启超：《梁启超游记：欧游心影录 新大陆游记》，东方出版社2012年版，第15页。
② 爱尔弗雷德·尤因爵士在1932年以主席身份向英国促进科学协会的致辞。转引自［英］J. D. 贝尔纳《科学的社会功能》，陈体芳译，商务印书馆1995年版，第43页。
③ 刘大椿、段伟文：《科技时代伦理问题的新向度》，《新视野》2001年第1期。

（一）科学家的伦理责任

以人的生存发展为基础的科学研究过程，不仅应承载"至真"的追求，更应承载"至善"的责任。"在科学原理实施为技术过程中，科学论述已经不再单纯，除非我们对其历史实际进程决定方式保持清醒，而不是保持无意识状态，忘记或超越它。"[1] 由于科学与技术作为一种力量具有两面性，所以科学家既不能拒绝关乎人类自由与解放的科学事业，又不能让邪恶的一面侵害我们，在二者之间选择的结果就是"科学家需要根据普遍接受的伦理原则进行他们的研究"[2]。只有如此，才能防止致毁性科学研究的进行。

科学的职业化和社会建制化，使科学主体不再仅仅是与科学发现和发明有关的群体了。科学家与政治家、军事家、经济学家一样，应承担起这样一种特定组织形式下的责任，即符合公众安全与福利的社会目的和社会安排的一种责任。科学家拥有更多的专业性知识，对科学研究与发展的后果有更加深刻和较为清楚的认识，比政治家和公众更能对科学的发展及社会影响作出预测。科学家在社会中的位置与其智慧本身就决定了他们必须承担起一种特殊的伦理责任。如波普尔（Karl Popper）在谈及科学家的道德责任时所说："知识上的预见创造了责任，尽可能预见他的工作的非故意的结果，并且从一开始就提醒我们应当避免哪些结果，这是科学家应该肩负的一个特殊责任。"[3] 他们必须从人类的整体利益出发，对自己所进行的研究与发展的内容进行反思、预测和评估。同时在不涉及国家安全的情况下，保证研究与发展的社会透明度，这是现代社会契约关系的要求所决定的，是对纳税人公民合法权利的一种保障。"缺乏透明度意味着违反契约"[4]，意味着科学家没有达到科学社会契约的基

---

[1] Jean-Jacques Salomon, *Science and Politics*, London: The Macmillan Press Ltd, 1973, p. 172.

[2] Mark B. Brown, David H. Guston, "Science Democracy and the Right to Research", *Science and Engineering Ethics*, 2009, Vol. 15, No. 3, May 2009, p. 354.

[3] [英] 卡尔·波普尔：《走向进化的知识论》，李本正、范景中译，中国美术学院出版社2001年版，第11页。

[4] Jean-Jacques Salomon, "Science Technology and Democracy", *Minerva*, Vol. 38, No. 1, March 2000, p. 43.

本要求。科学家"有责任从幕后走向前台,向人们预示在科学的'潘多拉盒子'打开的时候,给人类带来的会是什么"①。主动向公众说明科技事实的真相以及科学知识可能带来的后果。科学家除了向民众、向社会解释科学可能的后果及危险外,还应该利用自己"专家"的优势做好民众科学普及的工作,为民众参与科学的应用打下基础。科学家向民众传授科学知识、讲解科学方法、传播科学思想来提升他们的科学觉悟,培养他们的科学精神,唤起民主意识,进而提高整个社会参与科学研究与社会发展治理的能力和积极性。

(二) 政府的伦理责任

世界经济一体化,带来了更激烈的世界经济竞争。经济竞争和国家安全的需要,使"研究组织趋向于越来越集中,变得完全置于国家的直接或间接的控制之下"②。政府对科技发展的影响越来越大,成了重点科技工程、科技政策制定的中心节点和科学研究与发展运行的关键。由于人类借助科技获得了对自然和社会的巨大的支配和改造力量,这种力量不恰当的应用就会使潜在的风险变为现实。因此,当今社会的风险比以往任何时代的风险都大,政治主体作为科技政策和社会治理的中心节点,理所当然地承担着更重的科技伦理责任。科技政策决定着科学研究与发展的方向,因此政治主体在制定科技政策时不仅要考虑经济的、政治的,更要考虑社会的和生态的风险。实质上,就是要考虑人的自由与发展问题。这就要求政府在制定决策时,不仅要主动咨询科学家,还要听取伦理专家等社会学家的意见,提升社会伦理在科学政策中的考量。建立一些科学技术专业性的伦理委员会,并借助这些中介组织制定专业的伦理规约甚至提请确立为国家法律,以加强科技伦理的审查与监督,开展科技风险的治理工作。从而有效地降低科学研究的伦理风险,最大限度地保证科学研究与社会发展指向公众的安全与生活的幸福。

---

① 陈恒六,《从科学家对待原子弹的态度看知识分子的社会责任》,《政治学研究》1987年第6期。
② [法]让·拉特利尔:《科学和技术对文化的挑战》,吕乃基等译,商务印书馆1997年版,第11页。

如今，强调科技的发展与伦理责任之声不绝于耳，然而，只靠人们内心的道德信念去解决科技社会风险的治理问题是远远不够的。"伦理责任的实现不仅依靠内在的道德力量，而且必须将这种力量外化为一种制度安排，这样才能使道德之花结出丰硕的科技'善'果。"① 在科学研究与社会发展的运行中，一方面政策制定的过程大多数实行精英垄断，使其他利益相关主体被排斥在外；另一方面，科学主体中的个别分子，借助与其他利益相关者之间的信息不对称，利用自身话语权，隐瞒科学研究与发展的有关信息，欺骗政治主体和社会公众，以满足一己私利，给社会和公众安全带来了消极的影响。上述两个方面的问题实质上指向一个基础性前提，就是科技政策和决策的制定以及研发走向的社会透明度问题。在民主社会中，这一问题是确认政府是否具有合法性的前提，也是一个合法性政府所必须履行的职责。"如果政府要有合法性，以及公众接受纳税，那么就必须保证公众的知情和意见的畅通。"② 对于如何确保科学研究与社会发展等事务的透明度，如何对上述两类行为问责，如何在公众参与过程中，平衡决策制定者即科技精英与民众之间的话语权，从而维护公众利益，保障纳税人的权益，都有待于有效的制度安排和合理的机制去化解。否则，抑制科学技术作为一种权力的无度发挥，避免社会不良影响，也只能成为一句空话。因此，制定科学、合理、公正的科技政策，完善科技运行和风险治理的机制是政治主体科技伦理责任之关键。

（三）民众的伦理责任

民众作为科技利益的享用者，也是科技风险的最终承担者。"事实上，在民主社会中，安全被视为一种权力"③，公众应该享有它。面对日益严峻的科技社会风险，民众参与科技政策和决策的制定，抑制社会风险是科技伦理责任的应有之意。当今的科技伦理责任已不仅仅是科学家

---

① 王健：《现代技术伦理规约》，东北大学出版社 2007 年版，第 173 页。
② Jean-Jacques Salomon, "Science Technology and Democracy", *Minerva*, Vol. 38, No. 1, March 2000, p. 43.
③ Jean-Jacques Salomon, "Science Technology and Democracy", *Minerva*, Vol. 38, No. 1, March 2000, p. 42.

和政治家的责任,因为,公众的价值偏好和消费倾向也会给科技活动带来巨大的影响。除此之外,当科技与官僚资本政治紧密结合,官僚资本和科技买办的利益无限膨胀时,公众利益和话语被超常压缩,社会会变得异常疯狂。因此,科技活动的"游戏规则和平衡自由与安全相关的决策不应该关起门来解决"①,而应有社会公众的共同参与。从这个意义上说,有关科技政策与决策问题就变成了一个社会问题,它必须诉诸社会公众,而不容许与世隔绝,更不容许成为局部小圈子内策划的问题。贝尔纳一针见血地指出,"科学已十分重要,不当听任科学家们和政客们来处理,而要科学造福而不作孽,就必须由全民参加"②。

公众的责任在于,其一,监督和检验科学主体的行为是否符合社会伦理规范、科技事务及行为是否具有社会透明度;监督促使政治主体,建立制度完善机制,确保民众安全与福祉。比如要求政府配置科技顾问和公民组织的代言人,达到平衡话语权的目的。其二,利用自身隐性经验知识或地方性知识,补充专家知识。根据对长期生活地及项目实施地的全面了解以及生活中丰厚的经验,补充专家对实施项目环境条件可能认知的不足,确保工程项目的长治久安与公众利益。其三,珍视公民权利,提高参与能力。包括科技事务在内"民主社会要求决策被宣传被讨论"③,公民参与公众事务和决策,是民主社会公民所具有的基本权利和责任。所以公众参与科技政策和决策的讨论制定是履行其应尽的责任和义务,同时在实践中提高自身的参与能力。由于科学技术与异质要素相互作用的复杂社会系统所共生,其未来演进具有不可完全预测性。所以,对于科技事务的社会治理也只有在参与的实践中不断自反学习,才能提高治理效果,最大限度地确保社会安全。正如萨洛蒙一语中的,"唯一的安全也只能是一种相对的安全,它在于日常判断力的理智练习"④。民众

---

① Jean-Jacques Salomon, "Science Technology and Democracy", *Minerva*, Vol. 38, No. 1, March 2000, p. 42.
② [英] J. D. 贝尔纳:《历史上的科学》,伍况甫译,科学出版社1959年版,第718页。
③ Jean-Jacques Salomon, "Science Technology and Democracy", *Minerva*, Vol. 38, No. 1, March 2000, p. 44.
④ Jean-Jacques Salomon, "Science Technology and Democracy", *Minerva*, Vol. 38, No. 1, March 2000, p. 41.

主动走进"科学咖啡馆",走进"科学商店"与专家面对面交流感知和困惑;通过网络平台、参与论坛对当前的科学技术问题进行探讨,加深了解。总之,"新的负有责任的居民要知道他在世界上的位置,并且和他人联合一起依照他们对科学功能的理解行动起来"①,才能尽到其应尽的科技伦理责任。

第三节　科学自由与民主策略

自由的探寻精神决定了科学实践似乎完全渗透了民主精神。②

——萨洛蒙

自由研究权作为一种更一般的公民自由探究权的特定实例,应该被所有的公民所享有。③

——马克·B. 布朗、古斯顿

一　科学自由的历史合理性

从古至今,自由都是人类追求的理想。人的自由与解放随着人类的社会实践而不断展开,因此自由也就具有了人的"类"的存在的特性。人的"类"存在的特性决定了"自由"不是个人天马行空的为所欲为,而更像是"太极"一样阴阳结合,即为所欲为的阳与秩序和规则的阴相结合,达到自由与秩序的相统一。

而关于科学的自由从社会学角度来考察,主要源于公民自由表达思想的权利,这一权利的前提就是公民探究的自由。随着对自然探究的不断深入,自然探究专业化的形成,使得公民不得不委托专业的科学家来行使自由探究的权利。因此科学的自由也就具有了社会性。科学的自由

---

① J. D. Bernal, *The Freedom of Necessity*, London: Routledge and Kegan Paul Ltd, 1949, p. 161.
② Jean-Jacques Salomon, "Science Technology and Democracy", *Minerva*, Vol. 38, No. 1, March 2000, p. 33.
③ Mark B. Brown and David H. Guston, "Science Democracy and the Right to Research", *Science and Engineering Ethics*, Vol. 15, No. 3, May 2009, p. 359.

主要指科学家思考的自由和探索行动的自由。贝尔纳认为科学的自由"主要指每一个人都可以决定要去发现什么,去判断为了有所发现采取什么方法最好,而且还能够取得研究手段并有从事研究的时间"①。这一论断表明科学自由不仅指科研人员在科研活动中的思想自由,而且指这一活动本身的自由。首先研究人员要根据各种现实条件,自主地选择研究课题,并在研究过程中独立思考,以得出科学的观点和结论。这是研究人员在从事科学研究活动中的思想自由。其次,研究人员可以采用不同的研究方法,持有和表达不同的学术观点,进行学术交流。这是指研究人员具有行动上的自由。

作为人类生存实践的重要内容或中介手段的科学活动,谈论它的自由必然要从人类的生存实践谈起。在人类的生存实践过程中,为了摆脱自然和社会的奴役寻求自由与解放,展开了对自然与社会运行规律进行不断探索的科学实践活动。这一实践活动的目的就是揭示被自然与社会现象遮蔽了的客观存在,因此它需要抵抗外力对客观事实的曲解,努力追求真理,以便为人的生存和发展服务。可见,科学实践活动从一开始就被注入了"自由"的特性,自由是科学发展完善的基础,是实现科学繁荣的根本条件,科学只有充分享有自由才能确保科学的真理性,然而这一自由必须以确保人类安全和福利为前提基础。科学的自由是科学赖以存在的基础,是科学的生命。

> 没有一种人类活动比科学更加依赖于维护自身的自由。对于其他职业来说,自由是一种外加的优越,而对于科学,自由是其生存的必要。对于贸易或其他工作即使失去了任何发展的机会,它还能够继续存在;而对于科学,如果不退化为玄学和神秘主义的东西,不断地自由发展才是其本质。②

这种自由是早期科学得以迅速发展的重要因素之一,从早期个人自由式

---

① [英] J. D. 贝尔纳:《科学的社会功能》,陈体芳译,商务印书馆1995年版,第184页。
② J. D. Bernal, *The Freedom of Necessity*, London: Routledge and Kegan Paul Ltd, 1949, p. 124.

的探索到现代大科学时代的众人合作，这种科学自由依然被保留。这是因为，人类生存实践过程中的科学探究源自人类的好奇心，好奇心不是外界强加的，而是科学家面对自然现象的一种心智反应。人类面对斑斓而复杂或是险象环生的自然现象，首先表现出惊诧、疑惑进而好奇，激发起探究的欲望。科学家就是这个探究者中的典型代表。在这种好奇心的驱动下，科学家的实践活动本身具有了一种价值创造性与精神超越性，它往往会给科学带来新的发现，会给从事科学研究的人带来一种特殊的心理体验与感受，带来创造的喜悦与幸福。这其实就是科学主体获得自由的一种表现。实际上科学探究活动就是"使科学家得到乐趣并且满足他天生的好奇心，发现外面世界并对它有全面了解，而且还把这种了解用来解决人类福利的问题"[1]。即使是体现科学家社会责任的具有国家目标指向的科研活动，也离不开好奇心和探索精神的作用。"心理上预先存在的天生好奇心就是用于这一目的的。科学利用好奇心，需要好奇心。"[2] 好奇心驱使人去求知，正如爱因斯坦在科学发现中的体验："我没有特殊的天赋，我只有强烈的好奇心。人类对万物天然地怀有好奇心。这就像我们喜欢我们的感觉，追求感知的纯粹乐趣，而不仅仅是为了满足日常需要。"[3] 好奇心激发科学家探索的热情，从而在学术中产生想法和灵感，这种热情发自自由心灵的本性。也就是说"自由智慧的自由发挥是由他们的好奇心所决定的"[4]。时至今日，各国政治主体为了发展科学技术，保护科学探索的动力源头，维持科学技术的可持续发展，特别有意识地支持和保护这种科学研究的好奇心。英国保存至今的研究委员会体制就是为了对科学家好奇心驱动的研究进行支持。[5] 中国政府亦不例外，支持科学家在国家需求和科学前沿的结合上开展科学研究，尊重科学家独特的创造精神，鼓励他们进行好奇心驱动的研究。

---

[1] ［英］J. D. 贝尔纳：《科学的社会功能》，陈体芳译，商务印书馆1995年版，第150页。

[2] ［英］J. D. 贝尔纳：《科学的社会功能》，陈体芳译，商务印书馆1995年版，第151页。

[3] ［美］艾丽斯·卡拉普赖斯编：《新爱因斯坦语录》（上），范岱年译，上海科技教育出版社2008年版，第17页。

[4] Jean-Jacques Salomon, "Science Technology and Democracy", *Minerva*, Vol. 38, No. 1, March 2000, p. 38.

[5] 参见 Tom Wilkie, *British Science and Politics science*, Basil Blackwell Ltd, 1991, p. 3.

科学自由是主体认识客体的规律性所必需的一种活动方式。科研主体需要在一个相当自由的氛围中才能进行创造性活动。这也决定了科学研究系统必然是一个相对独立的系统,具有一定的独立性和自主性。说到底,政治权力也不能决定科学研究的形式和内容,"通往真理的途径和真理本身一样不受政治的阻挠;进一步来讲,真理都有自己的权威性,尤其是当其有关科学的时候,其权威性是政治权力无法否认的"[1]。

人类自诞生之日起,为了满足自身生存发展的需要,摆脱自然的奴役,获得自由与解放,就开始了对自然的认识活动。那么,在人类争取自由与解放的实践过程中,也就赋予了科学实践活动自由的品格。自然界运动变化的规律具有自身不以人的意志为转移的客观性。这就决定了主体对客体自身客观规律进行探索和揭示的过程中,要力排外界为探索活动所设置的障碍和人为的干扰,以避免对探索活动产生误导,造成认识偏差或错误。萨洛蒙深刻地指出:

> 科学研究事业,诸如方法、内容及成果都不能屈从权力的命令。……对科学家的干涉就像命令他们见所不能见、不解所悟,与其所追求的背道而驰。真理本身就能挽救科学,因为科学所追求的真理不可能被所谓权威驳倒。[2]

因此为了维护科学自身的真理性,科学发展的历史也几乎成了科学对抗宗教教义、官方学说、陈旧的"正统"观念的历史,成为争取科学自由的历史。它有力地说明了科学的自由不是谁的恩赐而是科学活动的本质要求,是人类社会所必须给予认可的东西。

纵观历史,科学发展的伟大时期也是经济和政治自由发展的伟大时期。希腊科学的兴起并不是一个神秘的现象,在那里首次提出了有关民主的理想。而古典科学的衰退,却缘于亚历山大和罗马人的军事、财阀对思想冒险和自由探索的压制。正如萨洛蒙所指出:

---

[1] Jean-Jacques Salomon, *Science and Politics*, The Macmillan Press Ltd, 1973, p. 75.
[2] Jean-Jacques Salomon, *Science and Politics*, The Macmillan Press Ltd, 1973, p. 73.

科学政治学

极小的干涉和掌控，绝对权威的威胁，一种价值到另一种价值的转变，外部权威势力、官僚主义对学术权威的入侵，客观异化等，对科学研究都是一种威胁。①

对于近代科学，更是伴随着反对宗教神权的文艺复兴运动而产生，在各个领域内逐渐打破神权与封建势力的压迫与束缚，进而发展壮大。思想解放的运动经常是在政治领域与科学领域相继展开，科学活动的兴盛曾出现在17世纪英国推翻封建专制君主制的"光荣革命"②中，那时科学活动的自由得以确立。1660年成立的英国皇家学会就是享有思想和行动自由的第一个民主机构，在自然知识的探索和积累上取得了巨大的成功。然而随着乔治领导下的商业和地产寡头政治的建立，使科学逐步衰落。到了18世纪末，科学重新出现在另一些领域，伯明翰、曼彻斯特、格拉斯哥和利兹等地区的新兴的工厂主中，也出现在法国大革命中的先行者中。与此同时，作为对特权和专制的抨击，被称为"民主思想圣经"的大百科全书出现了。19世纪科学研究的职业化和社会建制化得以确立，科学的自主性得到了最大的保障，德国新人文主义的教育改革，把科学研究与教学相结合，设立导师制和教席制，德国成为科学自由的乐园，使科学进入又一个繁盛期。在这一时期涌现了爱因斯坦、玻尔、欧姆、高斯、李比希、霍夫曼等一大批顶尖科学家，创立了细胞学说、相对论、量子力学等重大科学理论和学说，为现代科学的建立奠定了基础，为人类作出了巨大贡献。20世纪的美国继承了英国科学的传统和德国科学的体制，创造了自由而优越的科研环境，引领了世界科学技术发展的潮流。萨洛蒙曾感慨道："仅仅读《双螺旋》就能知道从20世纪20年代田园诗般的时代以来，科学发展得有多快。"③

通过对科学历史的考察，真切地告诉了我们这样一个历史事实：没有自由就不会有科学。然而，现代科学职业化和大科学时代的来临，虽

---

① Jean-Jacques Salomon, *Science and Politics*, The Macmillan Press Ltd, 1973, p. 74.
② 1688年，英国资产阶级和新贵族发动的推翻詹姆斯二世的统治、防止天主教复辟的非暴力政变。这场革命未有流血，因此历史学家将其称为"光荣革命"。
③ Jean-Jacques Salomon, *Science and Politics*, The Macmillan Press Ltd, 1973, p. 183.

然在一定程度上确保了科学的自主性。但我们也洞察到,"科学研究越来越职业化,成为国家政府或生产部门一个必要的组成部分。然而就在科学带来物质上的便利的同时,其地位的变化正在不断严重地威胁着它的自由,并因此威胁到它的生存"[1]。因为官僚主义者的干涉,往往使科学活动的组织管理形成僵硬的机械模式,束缚科学家的思想和行动的自由,破坏科学的求实与效率。贝尔纳指出:

> 科研总是探索未知的事物,它的价值不是按所费时间衡量的,而是按所想出来和试验出来的新设想的数量衡量的。用计时钟记录上下班钟点的有规则的作息时间,加上每年两个星期的假期,并不能帮助人们的独创性思考。……科学家的工作时间极不规律。有时可能连续几个星期,每天都要工作十六或二十四小时;在其他场合中,耗于实验室的全部时间都白费了。参加联欢会或者去爬山反而会取得最好的效果。[2]

基于科学自由而研究活动无定式的特点,如果组织和"管理方法有害于每个科学家工作的最充分和最自由的发展的话,任何大规模科学组织,不论如何周密地加以设想和管理,都不会有丝毫价值"[3]。即便是到了大科学时代科学自由也必不可少。只不过"我们需要的是一种组织,能运用从合作行动方面吸取的那些最大利益,同时保存原属科学未经组织的旧时代的种种好处"[4],以最佳效率探索自然。当人类为摆脱自然的奴役,对自然不断加以认识和把握其自然规律的情况下,人类自身会得到不断的升华,表现为超越"必需"和在一定范围内扬弃"外在的目的",体现了人自身本质力量的外化,不断向自由王国迈进。"事实上,

---

[1] J. D. Bernal, *The Freedom of Necessity*, London: Routledge and Kegan Paul Ltd, 1949, p. 126.
[2] [英] J. D. 贝尔纳:《科学的社会功能》,陈体芳译,商务印书馆1995年版,第168—169页。
[3] [英] J. D. 贝尔纳:《科学的社会功能》,陈体芳译,商务印书馆1995年版,第365页。
[4] [英] J. D. 贝尔纳:《历史上的科学》,伍况甫译,科学出版社1959年版,第714页。

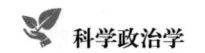

自由王国只是在必要性和外在目的规定要做的劳动终止的地方才开始。"①

因此,综合我们上述对科学自由的论述和分析,可以回答科学自由合理性的根据究竟在哪里。首先,科学的自由是探索自然客观本质的要求,是追求主体和客体一致性的必要条件。在人类没有完全认识和把握自然规律之前,对科学自由的强调就是对人类自由的尊重。从科学发展的历史看,其内在逻辑决定了其自主和自由发展的特性。其次,科学活动的自由是实现科研效率的重要条件。政治对科学活动的干预常常违背了科学活动的内在规律和特征,使从事自由探索的科学家难以感到自足而影响效率,甚至使科学事业面临夭折或死亡。再次,科学家在科学活动中的机遇和灵感等都需要自由的氛围。创造性想象力的发挥需要一种自由宽松的环境。最后,自由是科学发展完善的基础,是实现科学繁荣的根本条件,正如李克强总理强调的:"创新需要自由的空间。没有科研人员自主意识,很难有发明创造,创新之树也难以常青。"② 自由更被视为科学的灵魂,被视为科学家们不可剥夺的天赋权利。的确,一些国家明确把公民自由探究的权利视为一项基本的政治权利,而科学研究被看作公民自由探究的一种集中委托形式。古斯顿分析认为,"对于一种宪法性质自由研究的权利,大多数的理由都将研究看作一种学术自由的要素,一种自由表达的前提或者一种表达行为的形式"③。

二 思想自由与行为自由的统一

从科学家个体角度来讲,科学研究自由首先是科学研究者的思想自由,思想自由亦称精神自由、意志自由、观点自由、见解自由,是独立地进行思维和判断的自由。正像康德所言:"不能把你自己仅仅成为供别人使用的手段,对他们来说,你自己同样是一个目的。"④ 正是因为人的意志自由使人具有了人格,自由成为人的本质,使得人区别于一般的动物

---

① 《马克思恩格斯文集》第 7 卷,人民出版社 2009 年版,第 928 页。
② 李克强在国家科技战略座谈会上的讲话,2015 年 7 月 27 日。
③ Mark B. Brown and David H. Guston, "Science Democracy and the Right to Research", *Science and Engineering Ethics*, Vol. 15, No. 3, May 2009, p. 355.
④ [德]康德:《法的形而上学原理》,沈叔平译,商务印书馆 1991 年版,第 48 页。

和他物。科学活动是科学家所进行的社会实践活动。突出了科学家——人的实践活动。所以科学思想的自由也是亘古不变的人之所以为人的自由。通过对思想自由的本质认识,从科学的内部和外部对影响科学家思想自由的因素进行研究,会发现在科学内部旧有的科学传统对思想的自由极易产生影响,从而妨碍科学的进步。主要是由于"老传统的压力束缚并挫伤了活泼的思想"①。另外,从科学的外部作历史的考察,我们也会发现,历次科学的发展都是由社会政治领域的思想解放开始的。思想的自由是科学发展的首要条件。正如上文所述,从古典科学到近代以及现代科学发展的重要历史阶段和事实,就足以支撑关于科学思想自由的诉求。即便是当代已经进入了大科学时代,也必须依然葆有思想自由的空间。

思想的自由是不可剥夺、不可限制、不能放弃的绝对的自由。贝尔纳提出警示:随着科学的职业化,科学家逐渐转变为靠领取薪酬而维持生活的一般职员,这也使他们处于一种微妙的危险境地。为了生活,他们必须想办法讨得老板或领导的欢心,而按照老板或领导的喜好去研究和发现一些东西,把自身和整个人类抛在脑后。对于一些根本性的社会重要问题,"大多数的科学家不关心这些或不敢说一个字。这种被迫的统一性所带来的影响,如果再继续延续超过一代人的话,很可能彻底地将科学中的创造精神扑灭,科学也将堕落成为毫无生命可言的信条和技术公式组成的集合"②。可见,思想自由的剥夺和压制会使科学发展失去前提和动力。

科学的思想自由进一步延伸,必然要涉及科学家行为的自由。一般认为,科学的自由存在于人们的思想自由之中。联合国教科文组织采纳的人类基因组和人权宣言第12条指出:"对于知识进步所必要的研究自由是思想自由的一部分。"③ 德国哲学家康德也指出,意志自由必须表现为具体的行为选择自由,否则就会流于空洞的意志自由。"科学家在用大脑思考的同时,还要使用他的双手和仪器装置"④ 来印证或执行他的思

---

① [英] J. D. 贝尔纳:《科学的社会功能》,陈体芳译,商务印书馆1995年版,第442页。
② J. D. Bernal, *The Freedom of Necessity*, London: Routledge and Kegan Paul Ltd, 1949, p. 126.
③ Mark B. Brown and David H. Guston, "Science Democracy and the Right to Research", *Science and Engineering Ethics*, Vol. 15, No. 3, May 2009, p. 359.
④ J. D. Bernal, *The Freedom of Necessity*, London: Routledge and Kegan Paul Ltd, 1949, p. 127.

想。因此,"应该把现代科学自由看作行动的自由而不仅是思想的自由"①。思想自由是行为的基础,要想实现真正的思想自由,只有通过创造性的实践活动,才能实现真正的思想自由;思想自由,只能通过语言和行为来表达,实践是自由实现的途径,因此,科学自由只有通过科学实践活动才能实现。

官僚集权专制的管理,必然压制科学家的行为自由。企业或利益集团与科学家之间的雇佣关系,强化了政治权力对科学的干预和限制,这种情况极易衍生官僚主义的科研管理方式,形成对科学自由的扼杀。这是因为科学和其他社会事业不同,它是同不断变化的新事物而不是同已成的旧事物打交道的。在其他社会活动领域,我们似乎可以事先决定能去做什么,以及按照怎样的步骤去做。在科学方面却并非如此,探索性的事业所具有的不确定性,常常使科学家保持在一种灵活应变、积极尝试的状态中。所以,简单照搬企业或行政机关那套机械的管理方式,来对科学事业进行管理,是注定要失败的。把科学置于行政官僚的直接支配之下,尽管可能会带来经费的充裕,也必然会被扭曲或夭折。贝尔纳指出,"科研经费充沛的好处由于相应发展了官僚主义而丧失遗尽。科研人员自己支配时间和假期的自由也同样受到很大的限制……甚至连参加科学会议或科学讲演的机会也受到相当的限制"②,说明科学家行为自由的限制使科学研究工作受到相当大的损失。

为了保证科学家从事研究的行为自由,科学组织或社会应该为科学家的自由流动提供便利,确保他们能够自由选择工作的地方和服务的机构,甚至允许他们在各实验室之间自由地转换工作岗位。这是因为科学职业比其他任何职业都更需要行为的自由。如果对科学家的探索行为无理限制,或强迫科学家去做有违他自身意愿的事,所获得的收益或研究效率与科学家充满激情地自愿去做所得的结果相比要低得多,甚至为零。作为一名科学家,贝尔纳认为:

---

① [英] J. D. 贝尔纳:《科学的社会功能》,陈体芳译,商务印书馆1995年版,第435页。
② [英] J. D. 贝尔纳:《科学的社会功能》,陈体芳译,商务印书馆1995年版,第172页。

除非你能观察你所喜欢的，做你喜欢的实验，与你喜欢的人讨论问题，否则你不可能发现自然是如何发展的以及学会如何去掌控它的发展，换句话说，你不可能当好一个科学家。[1]

我们能得出这样的结论：科学研究无限制的思想自由，只有通过科学研究者具体的选题行为、研究行为、表达和交流学术思想的行为才能够得以实现，没有具体的行为自由，思想自由便是空想，同时没有绝对的思想自由，行为自由便是无稽之谈。所以从个体意义上来讲，科学研究自由是思想自由与行为自由的统一。

三 内在自由与外在自由的统一

"自由"在科学活动中表现为人们认识客观世界、把握客观规律所坚持的一种精神、信念、理想与价值尺度。科学无国界，具有国际性，这个判断也正表明了科学自由本质的普世性特征。人的自由是"现实的人"生存实践活动的一种历史展开，而"人不仅仅是自然存在物，而且是人的自然存在物，就是说，是自为地存在着的存在物，因而是类存在物"[2]。人的"类"特性，反映着人的对象性存在，一方面他是自然存在物，另一方面本质地是社会存在物；它表征着人与自然的关系，以及人与人之间的关系。那么，作为人类社会实践活动之一的科学活动，其自由研究的权力也必然具有"类"的存在特性。也就是说，科学的自由应蕴含在人与自然、人与人的关系中，或者说蕴含在科学与自然、科学与社会的关系中。

首先，科学的内在自由主要是指科学的研究与探索本身不应受到外界强加的干扰。它涉及了上面所说的科学家思想上的自由和行动上的自由。马克思所称赞的那种只有不畏艰难险阻的人，才能在科学的道路上勇攀高峰，指的就是这种性质的科学自由。从马克思的观点出发，我们可以发现，这种性质的科学自由闪烁着更多理性主义的光芒，揭示了科

---

[1] J. D. Bernal, *The Freedom of Necessity*, London: Routledge and Kegan Paul Ltd, 1949, p. 130.
[2] 《马克思恩格斯全集》第 3 卷，人民出版社 2002 年版，第 326 页。

学活动追求真理性的特征，而不只是为稻粱谋。科学活动"只因人本自由，为自己的生存而生存，不为别人的生存而生存，所有我们认取哲学为唯一的自由学术而加深探索，这正是为学术自身而成立的唯一学术"①。科学活动之所以能够摆脱世俗功利主义的纠缠，这与科学追求真理的自由本性密不可分。

  然而，科学自由的本性蕴含在"现实的人"的类的存在或对象性存在当中。我们可以这样认为，在民主社会中，作为一项基本的政治权力，每个公民都有自由探究的权力。这种权力既可以是面对公共管理事物，也可以是面对自然现象和社会事件。然而，面对自然与社会复杂现象与事物的专业探究，力所不及的一般公民通过政府授权委托专业科学家来进行。因此，科学家的"自由研究权作为一种更一般的公民自由探究权的特定实例，应该被所有的公民所享有"②。这就决定了科学自由不是绝对的，自由自主的科学研究活动更不是孤立的和封闭的，必然要受到社会秩序的制约。卢梭的名言："人是生而自由的，但却无往不在枷锁之中。"③ 不仅仅向我们道出了人们对于自由的渴望和对专制的反抗，也从另一层面表达了人作为社会的产物，生活在社会之中，必然要受到社会的制约。"海德格尔也曾从人是被抛入一个特殊的社会环境的命题出发，指出了人所处的社会环境具有先在的、历史性与等级结构性的特点，并认为这个特点往往会决定人对于自由的不同理解。"④ 真正意义上的科学自由是从人类社会文明秩序的规范出发，与人类自由解放与全面发展的价值相统一的一种权力，以及以此为前提，自由探究客观对象的内在奥秘和揭示自然秩序所激发的内在激情，导致主体精神的腾跃状态和顽强的意志力。人类文明史表明，"动物只是按照它所属的那个种的尺度和需要来构造，而人却懂得按照任何一个种的尺度来进行生产，并且懂得处

---

  ① ［古希腊］亚里士多德：《形而上学》，吴寿彭译，商务印书馆1959年版，第5页。

  ② Mark B. Brown and David H. Guston, "Science Democracy and the Right to Research", *Science and Engineering Ethics*, Vol. 15, No. 3, May 2009, p. 359.

  ③ ［法］卢梭：《社会契约论》，何兆武译，商务印书馆2003年版，第4页。

  ④ ［英］拉卡托斯：《科学研究纲领方法论》，兰征译，上海译文出版社1986年版，第46页。

处都把固有的尺度运用于对象；因此，人也按照美的规律来构造"①。那么，忽视人的"类"的存在特性，破坏社会秩序影响他人自由与安全的绝对的科学自由必然受到社会的谴责、反对和抑制，以期达到科学自由与社会秩序相统一。

科学研究不仅仅包括研究主体，还包括了研究客体。如果从客体来看科学内在的自由，仍然是需要与外在的自由相统一的。如果说了解和掌握客观对象的规律为主体的任务，那么相应的，主体的活动则会受到客观对象规律的影响和限制。要达到科学探究成功的目的，不仅仅要使主体的活动得到充分的自由，而且还要保持主体活动与客观规律达到一定的和谐，即主体的活动要受到客观规律的制约，在客观规律的许可范围之内。对于掌握科学的主体人来说，认识对象的本质特征，并掌握其内在的规律性，这并不意味着要改变规律，而是要对规律进行充分的认识，使规律为造福人类而服务，所以要确保科学研究与对象的规律保持一种高度的一致性，既要探寻认识掌握规律，又要确保科学研究过程的自由。爱因斯坦曾称这种性质的科学自由，是人的一种最高品质，认为它将使人对规律的和谐感到一种狂喜的惊奇②，会对宇宙的秩序怀有尊敬的赞赏心情。科学探究活动的起止均在于客观对象本身。所以，从客体方面认识科学自由，不难发现科学的自由需要与外在的客观规律相统一。

从科学自由的本质来看，它不能超越人类社会的伦理规约，偏离人类文明的价值取向；它必须受到普遍法则的制约和价值取向的规范，同人类的文明自由达到一种和谐统一的状态；它绝对不是肆意妄为、天马行空的自由。拿人类基因研究来说，联合国教科文组织就曾明确指出："这样的研究应该充分尊重人类尊严、自由和人类权力，以及禁止所有的基于基因特征歧视的形式。"③ 如果科学自由的发展与人类生存发展的法则和文明价值的规范背道而驰，那么它给人类带来的将不再是一种福音，

---

① 《马克思恩格斯文集》第 1 卷，人民出版社 2009 年版，第 163 页。
② 参见［美］艾丽斯·卡拉普赖斯编《新爱因斯坦语录》（下），范岱年译，上海科技教育出版社 2008 年版，第 205 页。
③ Mark B. Brown and David H. Guston, "Science Democracy and the Right to Research", *Science and Engineering Ethics*, Vol. 15, No. 3, May 2009, p. 358.

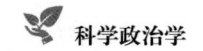

而是一种灾难。因此，古斯顿研究了美国宪法与自由研究的权利的关系，特别指出两点：

第一，自由研究的权利似乎有一定的宪法基础；第二，自由研究的权利不是绝对的，而要受到不同程度的审查和利益的权衡——简而言之，它从属于政治。①

人们期盼发挥政府职能，审查调节科学的自由，使之与社会文明进步相协调。只有科学的自由与人类的文明相统一，使其在遵循人类社会文明秩序与规范的前提下，自由向前飞奔，并带动人类社会进步与发展，才能说我们有效地驾驭了科学技术这匹野马，达到了科学内在自由与外在秩序的统一。

四 自由与责任的统一

科学自由与社会责任相统一，是科学内在自由与外在自由统一性的逻辑要求，是现实的人的生存实践的进一步深化。要达到科学内在自由与外在自由的统一，科学的自由就必须是在人类文明进步，真、善、美的价值目标导引下的责任担当，绝不是少数人的一种游戏。如何"平衡科学自由与安全一直以来都是科学辩论的主题"②。因为福利和安全，是公众的一项基本权利，社会有责任最大限度地给予保障。因此，"科学家生活在其中的大事件对他们自身思想上的影响，以及他们越来越见重要的参加和负责而对他们个人招致的物质问题和道德问题，都必须多加重视"③。

自由意味着责任。科学家的意志自由是道德责任的基础，建立在意志自由基础上的行为自由是其社会责任的前提。科学家发挥其自由意志的同时，就决定了要关注社会、关心民生。然而当科学被不当使用，不

---

① Mark B. Brown and David H. Guston, "Science Democracy and the Right to Research", *Science and Engineering Ethics*, Vol. 15, No. 3, May 2009, p. 356.
② Jean-Jacques Salomon, "Science Technology and Democracy", *Minerva*, Vol. 38, No. 1, March 2000, p. 42.
③ [英] J. D. 贝尔纳：《历史上的科学》，伍况甫译，科学出版社1959年版，第408页。

断造成灾难的时候，科学家最盛行的反应是从自己的良知上除去各种不愉快的事情，这个过程本身就意味着把他们的科学兴趣转移到更抽象的，即所谓的更纯粹的科学方面上去。某些科学家越来越坚持科学的纯粹性和自由性。实际上，"对于'纯'科学家他们就像新生儿一样纯净，而这样的联系只可能属于另一个星球"①。这是因为"科学作为与手工艺术和生产有区别的自由活动，已经和现代世界说再见了"②。科学作为一种社会公共事业，对社会和民众不断产生着深远的影响，进而"社会认识到科学探索的自由不是一种绝对权力，科学家需要根据普遍接受的伦理原则进行他们的研究"③。联合国教科文组织所采纳的人类基因与人权宣言曾对人类基因研究所遵循的原则进行了规定，明确了研究责任，"即为了维护人权、维护基本的自由和人类尊严，以及保护公众健康"④。

实际上，科学家不关注社会而忽视科学与社会的利害关系，无条件地主张"科学自由"是一种心理逃避和不负责任的推诿。伴随着科学的社会影响日益深重，"今天我们几乎走到这样一步，要科学预先证明自己的清白无辜"⑤。以确保科学在人类自由解放与全面发展的价值导引下健康发展。"虽然主张研究权力可能会帮助保护科学家在追求一个特定的线性研究的决策中免受公众干扰，但是它不能证明这种正在考虑中的研究在实际当中是值得追求的。"⑥要科学预先证明自己的清白，实际上就是要对科学的社会影响进行预测和评估。从实践中来看，从预警性评估，到建构性评估，再到科学的预期治理，始终不能离开科学家的参与。他们参与科学潜在社会功能的预测、保持活动的社会知情等。总之，"在今

---

① Jean-Jacques Salomon, "Science Technology and Democracy", *Minerva*, Vol. 38, No. 1, March 2000, p. 40.

② Jean-Jacques Salomon, *Science and Politics*, London: The Macmillan Press Ltd, 1973, p. 154.

③ Mark B. Brown and David H. Guston, "Science Democracy and the Right to Research", *Science and Engineering Ethics*, Vol. 15, No. 3, May 2009, p. 354.

④ Mark B. Brown and David H. Guston, "Science Democracy and the Right to Research", *Science and Engineering Ethics*, Vol. 15, No. 3, May 2009, p. 359.

⑤ Jean-Jacques Salomon, "Crisis of science, crisis of society, *Science and Public Policy*", Vol. 4, No. 5, October 1977, p. 419.

⑥ Mark B. Brown and David H. Guston, "Science Democracy and the Right to Research", *Science and Engineering Ethics*, Vol. 15, No. 3, May 2009, p. 364.

日的世界里，科学家的道义责任是难于卸脱的"①。这种责任要求科学家的视野从科学自身扩展到社会。贝尔纳曾指出："科学活动的整个周期并不因为有了一个发现就算完成了。只有当这个发现作为一个观念、作为一种实际应用，被当代社会充分吸收的时候，这个周期才算完成。"② 科学家的思维不能仅仅停留在实验室，还应该延伸到整个社会，思考科学继续存在并不断发展的理由，思考科学与社会的关系。"科学撇开社会，就会从一种生动的、跟人类其他一切活动密切联系的体系变成对宇宙的和谐抱冷漠静观态度的东西。"③ 科学家在发挥自由意志的基础上，必须把视野扩展到社会，承担起社会的责任。这是因为"科学家的工作是重要的，一旦被误用或滥用，就会十分危险。爱因斯坦四十年前第一次提出的形式上极为简单的质能关系式就是原子弹的直系祖先"④。原子弹的威力与毁灭性想必每个人都很清楚，所以，任何科学家在目前认为只要能进行科研就行的想法，是一种极其短浅的思想。正如爱因斯坦所警示大家的：

> 如果你们想使你们一生的工作有益于人类，那么，你们只懂得应用科学本身是不够的。关心人的本身，应当始终成为一切技术上奋斗的主要目标；关心怎样组织人的劳动和产品分配这样一些尚未解决的重大问题，用以保证我们科学思想的成果会造福于人类，而不致成为祸害。⑤

在建制化大科学时代，科学只有得到社会公众的广泛认可，才能最大限度地保有科学的自由。也就是说，科学家主张和维护科学自由的权力，依赖于科学家履行他的相应的社会义务情况。"除非科学家开始明确地认识到自己是社会中的一部分，以社会成员身份进行其权力的主张，

---

① [英] J. D. 贝尔纳：《历史上的科学》，伍况甫译，科学出版社1959年版，第5页。
② [英] J. D. 贝尔纳：《科学的社会功能》，陈体芳译，商务印书馆1995年版，第434页。
③ [英] J. D. 贝尔纳：《科学与社会》，刘若水译，生活·读书·新知三联书店1955年第1版，第183页。
④ J. D. Bernal, *The Freedom of Necessity*, London: Routledge and Kegan Paul Ltd, 1949, p. 132.
⑤ [美] 爱因斯坦：《爱因斯坦文集》第3卷，许良英等译，商务印书馆1979年版，第73页。

否则非科学家没有理由认可他们渴望的自治和公共资金的支持。"①

五 科学自由的民主策略

当今社会,科学与政治的结合不可逆转,但我们必须清楚,科学与政治分属不同主体具有不同特性。科学活动的目的是揭示客观真理,而政治活动是一种权力运作,是调节社会利益关系的。"一个机构的目的越接近真理,他越应该自由和自治。其目的越接近权力,越应该遵从民主的决定。"② 这就意味着如果让科学组织生机勃勃地发展就必须采取科学自由的民主策略。科学发展的历史也反复证明自由比专制更有利于科学发展,"同样的科学在独裁中被阻碍进步,然而在民主氛围中却能蓬勃发展"③。萨洛蒙进一步旗帜鲜明地宣称,"我们可以毫不犹豫地得出科学只能在民主体系健全的社会发展的结论"④。只有科学组织与管理的民主策略,才能抓住科学的灵魂,保有科学的自由。

现代科学研究的生产方式已经发生了深刻变化,个人封闭独立的研究活动不仅效率低下,而且变得不再可能。没有其他科学工作者以及不同学科的积极协作,很难将科学继续进一步向前推进。但是"这种协作必须足以保持早期自由的基本特点。必须让科学家们为了一个共同目标自愿结合起来"⑤。也就是说,在科学工作中,人们相互协作并不是因为上级权威的强迫,也不是因为他们盲目地追随某一上天指派的领袖,而是因为他们认识到,只有在这种自愿的合作中,每一个人才能找到自己的目标。科学实践表明,科学自由是组织的一种有效形式。但"组织这样一支队伍再没有其他的途径,而任何靠上级权威的指令来进行配合的企图,都必定会破坏他们之间合作的有效性"⑥。有效的科学组织形式,

---

① Mark B. Brown and David H. Guston, "Science Democracy and the Right to Research", *Science and Engineering Ethics*, Vol. 15, No. 3, May 2009, p. 359.
② Jean-Jacques Salomon, *Science and Politics*, London: The Macmillan Press Ltd, 1973, p. 169.
③ Jean-Jacques Salomon, "Science Technology and Democracy", *Minerva*, Vol. 38, No. 1, March 2000, p. 34.
④ Jean-Jacques Salomon, *Science and Politics*, London: The Macmillan Press Ltd, 1973, pp. 74–75.
⑤ [英] J. D. 贝尔纳:《科学的社会功能》,陈体芳译,商务印书馆1995年版,第367页。
⑥ [英] 迈克尔·博兰尼:《自由的逻辑》,冯银江等译,吉林人民出版社2002年版,第37页。

是科学家在这个组织中为了一个共同的美好目的自觉自愿地协作。贝尔纳指出：

> 科学家要想真正地感到自由，他们必须合作而不是相互斗争，必须成为社会秩序的一部分；但是这必须是他们自己感觉到的而不是别人强加的。秩序和民主一样都是保障科学自由的一个根本因素。①

部分科学家极力反对把科学组织起来，主张绝对的个人自由。实际上产生这种观点的部分原因，是因为面对科学的滥用、误用所造成的灾难，科学家所要追求的一种心理解脱。然而若要使科学面向公众的安全与福利，就有必要对科学进行合理的安排和有效的组织。也有不少科学家可能会担心科学自由受到限制，并因此使科学遭受官僚组织的扼杀，所以他们对组织化的科学进行抵触和反对。面对这一问题，贝尔纳旗帜鲜明地提出了科学自由的民主策略。"如果科学事业能保持以民主形式表达的民主精神作为它的主要核心，没有一个科学组织会失去科学的实际进步中所固有的团体精神和追求知识争取造福人类的渴望。"② 至于科学家反对科学的组织与管理，主要是源于现行组织与管理的形式，既不利于保护科学自由，也不利于维护社会秩序。贝尔纳进一步分析认为，"任何新的科学事业组织形式，假如既要生气勃勃又要有成效，就必须具有民主原则，因为这个原则能保证各种资历的科学工作者都能充分地参与管理工作"③。最后，他进一步对人们的忧虑和担心给出破解之法："如果我们能既保证民主组织，又保证人们享有个人进行研究的权利，人们就会感觉到这种担心是没有依据的。"④

从科学组织的外部来看，民主是一种干预和控制方式。大科学时代，科学几乎完全依赖国家和企业集团的财力，因此也必将受到外部组织干预和控制的影响。正如萨洛蒙所描述的"通过它日益增长的对不属于学

---

① J. D. Bernal, *The Freedom of Necessity*, London：Routledge and Kegan Paul Ltd, 1949, p. 134.
② ［英］J. D. 贝尔纳：《科学的社会功能》，陈体芳译，商务印书馆1995年版，第436页。
③ ［英］J. D. 贝尔纳：《科学的社会功能》，陈体芳译，商务印书馆1995年版，第184页。
④ ［英］J. D. 贝尔纳：《科学的社会功能》，陈体芳译，商务印书馆1995年版，第380页。

术界的机构的依赖，科学学术框架内的传统的自治地位越来越受到挑战了"①。如果是在一个缺乏外部民主的环境中，获得资助的科学家和他们的机构必然会感到一种压力甚至窒息，所以在不能挣脱的情况下，普遍采取卑躬屈膝的态度，"大多数有激进思想的教授，一旦觉得自己的观点可能妨碍他们有助于取得心爱的研究项目经费，就不敢贸然发表意见了"②，甚至是看着皇帝不穿衣服也要"理智地""恭敬地"赞颂衣服的美丽。可见外部民主的丧失直接导致科学自由的泯灭，进而导致科学夭亡。

从科学组织内部来看，民主表现为科学活动的一种具体决策方式，体现为一种工作作风。科学的民主精神常常体现出一种集体主义、团结协作的精神，它和官僚主义是格格不入的。然而政治或其他利益集团的官僚组织极易和科学内部系统的权力发生联系，外部民主的丧失极易导致科学内部权力的异化。科学系统内部权力的异化是一个自动延续和自动加强的体系，变得越来越同政府和大的财团发生勾连。随着科学界人数的增多和影响的增大，科学的控制权就越来越落到所谓的科学家"精英集团"手中，而"精英独权"又会进一步导致科学组织走向官僚化。科学工作内部的独断专行必然会导致科研效率低下，从而丧失科学自由。"只有一个民主组织才能保证科学事业具有充分活力。"③ 而没有民主的科学组织必然会变成屠宰科学的官僚机构，科学的自由完全丧失，最终导致科学的衰退。

总之，"极小的干涉和掌控，压倒一切的权威，一种价值到另一种价值的转变，权威势力的入侵，学术权威的官僚主义的入侵，客观异化，对科学研究都是一种威胁"④。因为它直接损伤了科学自由的本性。科学的自由只有在民主的条件下才能实现，一个具备民主环境的科研组织机构，"所有属于并且为这个科研机构作出贡献的人，其文章会遭到公众批判，其实验会遭到检查以及他们的结果也会被公开讨论。这种'自由的

---

① Jean-Jacques Salomon, "Science Technology and Democracy", *Minerva*, Vol. 38, No. 1, March 2000, p. 36.
② [英] J. D. 贝尔纳：《科学的社会功能》，陈体芳译，商务印书馆1995年版，第431页。
③ [英] J. D. 贝尔纳：《科学的社会功能》，陈体芳译，商务印书馆1995年版，第378页。
④ Jean-Jacques Salomon, *Science and Politics*, London: The Macmillan Press Ltd, 1973, p. 74.

探寻精神'决定了科学实践似乎完全渗透了民主精神"①。与此同时,"一个人不会因为就知识的一般和特殊性方面表达意见和论断,招致危险或严重的不利后果"②。反而会激发主体自由思想的火花,涌动探索的激情。

综上所述,科学自由的民主策略要求政治对科学的调控不应通过强硬的行政干预方式来进行,而是要通过适当的民主形式作用于科学系统。利用民主方式形成的政策和规划来对科学进行调控的思想,正是自组织理论所主张的,一个复杂开放系统要在一个具备适宜的外部控制参量的情况下,才能达到自组织演化的观点。而自组织演化是在自然界长期演化过程中被证明为最优的演化方式。因此,政治和社会需求可以通过民主方式形成的国家科技政策,从外部对科学进行干预来实现,这样使每一个研究者都能认识到自己在一项共同的事业中发挥着一种自觉的作用,从而维系了科学的自由,并有别于完全的放任自流,"就像蜡烛与激光之间、闲逛与有计划的旅行之间的差别一样"③。

科学自由的本性呼唤着民主,科学自由的民主策略成了实现科学内在自由与外在自由相统一,科学自由与责任相统一的逻辑前提,必将维系着科学的生存与健康发展。

第四节 价值调控与合作确保

科学所带来的风险不再是个人的问题,而是共同的风险,其创造者、利益和方向在很大程度上依靠社会主体的选择。④

——萨洛蒙

---

① Jean-Jacques Salomon, "Science Technology and Democracy", *Minerva*, Vol. 38, No. 1, March 2000, p. 33.
② [美] 爱因斯坦:《爱因斯坦晚年文集》,方在庆等译,北京大学出版社 2009 年版,第 10 页。
③ [英] J. D. 贝尔纳:《科学的社会功能》,陈体芳译,商务印书馆 1995 年版,第 20 页。
④ Jean-Jacques Salomon, *Science and Politics*, London: The Macmillan Press Ltd, 1973, p. 237.

价值作为一个哲学范畴，是指客体所能满足主体需要的程度，反映的是客体所具有的属性与主体需要之间的关系。这一关系揭示了社会实践中主体对客体进行认识并利用的目标导向。价值规则是主体关于利用客体属性以满足需要的基本观点。它反映的总是一定主体所处的社会存在、社会地位，因而也就反映了不同的利益需求，不同的思想立场，进而构成了不同的行为取向。具体到个人来说，价值观体现的是个体思想立场和行动取向，是衡量客体的价值，判断利与害，决定取与舍的内在尺度。那么科学价值实施的政治调控，首先是建立在人的自由解放与全面发展的科学价值观的指导下，具体到一个国家就是利用科学为民造福。然而具体到各个鲜活的不同个体，他们的利益和价值需求又是多元的，甚至相互之间或是与社会秩序之间相冲突，从而背离人的自由解放的终极目的。所以关于科学可能价值的审查、价值目标的确立以及利益相关者的合作确保就显得尤为重要。

一　科学内外价值的统一

科学的本体论基础是人的生存实践，人的自由解放与全面发展是生存实践的历史不断展开的过程。人类何以不断获得自由与解放？是因为我们在实践中不断探索发现和积累了对自然和社会的正确认识，不断把握自然和社会的运行规律，即追求科学的真理价值。人类对自然和社会的正确认识进一步作用于实践客体，与自然界和社会进一步发生关系，从而推进人的自由解放与全面发展。在科学实践过程中，对客观本质真理的价值追求、提炼和掌握的一般方式方法，形成的无私利性、有条理的质疑批判等独特的精神气质和自我规范反映了科学的内在价值；科学活动作用于社会政治、经济、军事、人的精神和观念等反映的是科学的外在价值。很显然，科学活动作为人类生存实践的重要活动，它的内在价值与外在价值具有统一性。

经过科学与社会历史的考察，贝尔纳曾经对科学作出了全面的概括，"科学可作为一种建制，一种方法，一种积累的知识传统，一种维持或发展生产的主要因素，一种构成我们的诸信仰和对宇宙和人类的诸态度的最强大势力之一"①。这一全面、具体而深刻的概括，体现了科学价值的内在和外在的统一性。科学作为一种方法、一种积累知识传统的论断，很显然属于对科学内在价值的认识。科学在它的发展过程中能够呈现一些基本的方法，这些方法对人们的科学实践活动有明确的指导作用。在探索大自然的科学实践活动中运用一定的科学方法，能使我们的行动更加具有有效性和科学性。作为一种积累的知识传统，为科学研究活动提供了基本范式，进行了行为规范。它发挥着定向聚焦的作用，使科学家在一定的学科视域内，遵循知识传统解决疑难问题，不断进行知识的量的积累，为科学的重大突破作着准备。

关于科学作为一种社会建制、一种生产要素、一种构成我们信仰和对宇宙及人类的诸态度的最有利因素之一的论断，准确而全面地表明了对科学外在价值的判断，反映了科学的精神价值、物质价值以及政治价值。而这些外在价值的实现是建立在以科学反映客观本质的真理价值基础之上的。

科学的精神价值反映在科学对人的思想观念和精神信仰的影响上，并通过社会观念的作用来影响和推动人类文明的进步。重大科学理论的建立往往能够影响人们的世界观、思维方式等。爱因斯坦相对论的建立，打破了人们头脑中的绝对时空观念，树立了与测量者相关的相对的时空观念。这当中所揭示的高速微观领域物质运动规律，给人一种更为深邃的世界图景和观念；科学的物质价值主要表现为经济价值，即它对社会经济发展的推动作用。科学通过科学技术社会这一链条对经济产生影响，改变着生产力结构。科学来自人的社会生存实践，并融入生产劳动。科学作为一种生产要素，深深地渗入社会生产之中。甚至"科学的产生和发展一开始就是由生产决定的"②。恩格斯的这句话，深刻揭示了科学作为生产要素与社会生产活动的密切联系，明确了工业生产和技术的进步对科学的需要；科学的政治价值反映了科学对政治权力的影响，同时社会政治对科学的利益诉求深深镶嵌在社会建制之中。在这里，"政府需要

---

① [英] J. D. 贝尔纳：《历史上的科学》，伍况甫译，科学出版社1959年版，第6页。
② 《马克思恩格斯文集》第9卷，人民出版社2009年版，第427页。

调动科学资源，并迅速由理论转化为实际应用，这意味着政治家要依靠科学家，不仅仅是因为科学家开始和政治事业息息相关，更因为科学在某种程度上决定了政治决策者的方式和方法"①。一句话，"科学为权力服务，成为政治决定的伙伴。权力利用科学，成为了科学命运的合作者"②。

随着科学职业化的逐步深入，科学共同体形成了一个利用专有符号描绘着神秘世界的特殊专业群体的形象，"为科学而科学"的传统在科学共同体内部开始形成。科学的恶用和滥用给人类带来的灾难，更使得科学家坚信"为科学而科学"能够使自己从内心的谴责当中逃离出来。

"为科学而科学"是一种理想主义的科学观，这种科学观把科学孤立于社会之中，认为科学只在于观照真理，不观照社会现实，它的功能仅在于描绘一幅与经验事实完全相吻合的自然图景。它所强调的科学揭示客观真理的价值，当然是十分重要的，但是当它失去了人的生存实践的本体基础，也便成了乌托邦式的遐想。萨洛蒙深刻地指出：

> 从实践层面新知识贡献于人类解放的目标。另外，如果只把它看成一种专业工作，它还被认为具有真理的典范价值……具有道德层面的典范价值，在令人钦佩而高尚的无私利性这一特征下，科学是有用的，不只是作为一种产品，而是与人类目标相结合的创作物。③

这一认识与贝尔纳不谋而合。贝尔纳曾精练地表达了科学价值内外统一的观点，认为科学家从事科学研究活动的一个重要价值目标，就是发现外面世界并对它有全面的了解，"而且还把这种了解用来解决人类福利的问题"④。他用更加纯朴的话语告诉大家，始终牢记科学不仅要努力揭示客观世界的本质规律，更要服务于人的自由和解放的目标，如果它再具有一些实用价值的话就更加完美。

必须指出，在当今科技社会风险愈益严重的情况下，我们仅仅为科

---

① Jean-Jacques Salomon, *Science and Politics*, London: The Macmillan Press Ltd, 1973, p. 148.
② Jean-Jacques Salomon, *Science and Politics*, London: The Macmillan Press Ltd, 1973, p. xvii.
③ Jean-Jacques Salomon, *Science and Politics*, London: The Macmillan Press Ltd, 1973, p. 154.
④ ［英］J. D. 贝尔纳：《科学的社会功能》，陈体芳译，商务印书馆1995年版，第150页。

学而科学并不是完全有益的。美国著名的社会科学家巴伯在《科学与社会秩序》中，提及如下例子：在一次对某个科学家群体进行民意调查时，大多数科学家表示他们绝不会抑制一种发现，无论它有何种后果。[①] 这意味着对科学家来说，在他们眼前只有客观存在，而没有什么价值判断，没有善没有恶，也没有目标。如果这样，科学家的"知识产生出来不再是被人类思想、反思、探究和讨论，以便启发他们对世界的看法和在世界中的行动的，而是用于储存在资料库里供非人的强大实体操纵的东西"[②]。为了把科学家揭示客观真理的知识造福人类，我们一方面要大力发展科学，另一方面需要加强对科学的调控。这种调控首先源于对科学可能功能的认识，即潜在价值的审查。而这项工作除科学家以外没有人能够胜任，因为只有他们才最了解科学可能的功用。"如果我们不知道我们行动的后果，就可以声称对行动免除责任的话，这种对知识的不了解的伪装是没有道理的。我们不得不去做的是把它们的功能找出来。"[③] 因为社会建制化的大科学时代，科学风险的承担者已不是科学家自己，而是社会全体。那么，"作为集体实践活动的现代科学，不单是基于科学的真理价值，也不仅是为了应用，而是科学家的对科学真理和人类的双重忠诚"[④]。

二 科学价值可能性审查

人类在生存实践的过程中作为主体性存在，在于他能够首先认识自己的需求，然后努力通过自身实践使需求达到暂时性满足。在上述自身实践过程中，人把自身意识之外的东西当作进行认识和发生作用的对象（客体）来对待，并在认识和作用过程中对其进行了不断的加工和重塑，以满足个人需要。由于人的"类"的特性，同时也必然会对他人和社会

[①] 参见[美]伯纳德·巴伯《科学与社会秩序》，顾昕等译，生活·读书·新知三联书店1991年版，第245页。

[②] [法]埃德加·莫兰：《复杂思想：自觉的科学》，陈一壮译，北京大学出版社2001年版，第89页。

[③] J. D. Bernal, *The Freedom of Necessity*, London: Routledge and Kegan Paul Ltd, 1949, p. 160.

[④] Jean-Jacques Salomon, *Science and Politics*, London: The Macmillan Press Ltd, 1973, p. 211.

产生深重的影响。也就是说，科学既可以给人类带来肯定性价值，即充分满足主体需要的各种建设性功能，但也可能产生否定性价值，即科学成果中所蕴含的对主体支配、奴役和否定等的异己破坏性作用。所以，我们首先应对科学的可能性价值进行审查。正如苏联科学家谢苗诺夫所认为的，一个科学家不能对他工作的成果究竟对人类有用还是有害漠不关心，也不能对科学应用的后果究竟使人们情况变好还是变坏采取漠不关心的态度。"科学既然兼起建设和破坏的作用，我们就不能不对它的社会功能进行考察。"①

随着科学活动从深度和广度上的不断扩展，科学给人类带来的灾难也越来越多，使人们对科学以及科学的应用产生了疑惑。萨洛蒙指出："对科学应用的怀疑使人们产生了'技术评估'的想法……它被看作通过预测并消除不利结果来掌控科学应用进程的机制。"② 他所说的"评估""预测"就是要找出科学可能的社会功能，并就可能产生的不良社会影响逐一进行排查。他认为，这"无疑就是要对技术进行审查和评价。……不仅是技术，科学也要站在庭审席上接受审查"③。萨洛蒙的声音表达了社会公众对科学进行新的审视的要求，是对"负责任研究"的一种强烈的呼唤。"研究活动为了负责任就需要开放，接受外部的审查。"④ 这种要求是基于对科学与社会关系的认识，使我们把目光从科学本身转向科学与社会的关系上来。我们再也不能只把科学看成一种远离社会和文化环境的客观知识体系。"我们应该首先将科学看作是一种社会活动，一种社会建制，它是由作为道德载体的人来实现的。因此，科学工作者在科学研究中无论是选题，进行研究或者关于研究成果的应用都要做出价值判断的，都不能是价值无涉的，不能采取超然的态度。"⑤ 实际上，科学所负载的功利性价值在与主体发生作用之前更多地表现为一种潜在性的东西，

---

① [英] J. D. 贝尔纳：《科学的社会功能》，陈体芳译，商务印书馆1995年版，第34页。
② Jean-Jacques Salomon, *Science and Politics*, London: The Macmillan Press Ltd, 1973, p. 243.
③ Jean-Jacques Salomon, "Crisis of science, crisis of society", *Science and Public Policy*, Vol. 4, No. 5, October 1977, p. 419.
④ Bernd Carsten Stahl, "Responsible research and innovation", *Science and Public Policy*, Vol. 40, No. 6, September 2013, p. 3.
⑤ 张华夏：《科学本身不是价值中立的吗？》，《自然辩证法研究》1995年第7期。

也就是科学可能的功用。这种潜在的价值实际上被内在地规定着。而科学与社会相关主体发生关系之后,这种潜在的价值就转化为了现实的价值。那么,我们对科学可能的潜在价值的审查,必须从研究分析科学对社会可能的影响入手,逐一进行盘查。"科学家不再仅仅对同行或科学真理负责,他必须在社会特殊法庭前申辩以进行科学潜在价值的可能性审查,然后才能决定能否得到社会支持和如何控制它的使用等问题。"① 很显然,这种审查使科学家具有了更多的社会担当。"科学家们首次不得不照普通社会学上的而不只是特殊学院派的一种形相,来盘查它们的种种活动。"② 这种"盘查"也就是要对科学进行可能性的价值审查。

科学潜在价值具有多种可能性,这就决定了实际价值有多种表现。不同主体的利益需求,最终决定科学的不同价值表现。那么,要求对科学可能性价值审查的目的,就是力求使主体在选择、发现或创造客体可能满足自身需要的社会形式时,力图排除那些包含本质上否定因素的"需要",而保留那些在认识和实践意义上有利于人类自身发展和社会进步的需要。的确,"今天我们几乎走到这样一步,要科学预先证明自己的清白无辜"③。要做到这一点,科学家就需要协同和帮助民众认识科学潜在的可能性价值,肩负起审查科学的潜在功能的使命。因为"除非公民和他们选出的机构更加清楚地理解科学在平时和战时的实际功能,和科学经过适当组织以后所可能起的作用,就无法把科学的建设性方面和破坏性方面区别开来"④。贝尔纳认为,"如果我们不知道我们行动的后果,就可以声称对行动免除责任的话,这种对知识的不了解的伪装是没有道理的。我们不得不先做的是把它们的功能找出来"⑤。显然,科学可能性价值审查已经超越了科学主体的本能范围,这种以理性的反思为特征,表现了主体更高的社会责任和自觉的能动性。这是科学家的一种特别的

---

① Jean-Jacques Salomon, *Science and Politics*, London: The Macmillan Press Ltd, 1973, p. 94.
② [英] J. D. 贝尔纳:《历史上的科学》伍况甫译,科学出版社1959年版,第711页。
③ Jean-Jacques Salomon, "Crisis of science, crisis of society", *Science and Public Policy*, Vol. 4, No. 5, October 1977, p. 419.
④ [英] J. D. 贝尔纳:《科学的社会功能》,陈体芳译,商务印书馆1995年版,第273页。
⑤ J. D. Bernal, *The Freedom of Necessity*, London: Routledge and Kegan Paul Ltd, 1949, p. 160.

责任，同时也是社会对科学家提出的一种要求，要求他们肩负着"一种特别责任来指出，当运用科学有疏忽或错误时，将会引起一些社会有害的结果"①。所以对科学可能性价值进行审查，是主体站在社会和人类幸福的立场上，对客体满足主体需要可能性的多方位、多层次的考察和预测，以便于在科学活动中确立合理的价值目标，防范对科学的滥用。

三　科学价值目标的确立

人的需要和愿望不断地为其自身的探索行动提供动力。因此，可以把科学看作取得必需的知识以满足某一特定需要的方法之一。无论是既成的或酝酿中的科学成果要为人类服务，总要充当客体而同主体发生价值联系。但是，某一种现实的或构想中的科学成果究竟能否充当客体而同主体建立价值关系，首先不在于客体具有或将具有哪些属性或功能，而在于这些属性或功能是否符合主体的迫切需要。相对于客体所能提供的属性和功能而言，主体的需要居于主动的、逻辑在先的地位，这反映了科学活动的目的性和能动性。所以站在一个时代前列的科学家，必须善于把先前的社会关系发展过程所引起的新的社会需要指明出来，并积极地满足这种活动的需要。

科学可能性价值的审查是主体对于主客体间可能价值关系的预测，但还不是推动科学活动最终的明确目标。人们也不可能只满足于可能价值形式的预测，而必定要追求并创造现实的、具体的和确定的价值。只有把价值的可能性具体化为科学活动所追求的合理的价值目标，科学才具有了实践意义。人的一切社会实践活动，其终极目标就是人的自由与全面发展，科学作为人类社会实践活动的重要内容，其价值体现就在于满足人的生存和发展、自由和解放的需要。一句话，科学应为人类的自由解放与全面发展服务。这一作为哲学范畴的科学价值，反映的是诸多不同内容的价值要素的共同指向，只有经过由统一观念聚焦的各种价值要素的价值实现，才能最终实现为人的全面发展服务的科学价值。因此，正确树立价值目标具有深远的意义。"科学意识到自己的目标，就能在长

---

① ［英］J. D. 贝尔纳：《历史上的科学》，伍况甫译，科学出版社1959年版，第717页。

远中变成改造社会的主要力量。由于它所蕴藏的巨大力量，它能够最终地支配其他力量。"① 反之，如果不明白科学的意义和目标，科学就可能沦为社会进步的阻碍力量。对科学价值目标的确立一般有三个基本原则。一是社会合理性原则。鉴于科学属性和功能对不同的主体有着二重性，也就是应用主体的价值取向不同，很难有固定不变的具体目标标准。科学家应当从对人类进步高度负责的社会责任感出发，在确定科学活动的目标时应使科学最大限度地满足人们追求真理、正义与自由的需要，并符合人类进步所公认的伦理准则和道德规范。只有这样，才能竭力制止科学成果的不道德以至于反人类的应用，引导科学走向建设而不是毁灭。实际上，科学对人类生活的影响不论是利是害，已不再有人怀疑，而对于科学研究的合理性审查和确认才是问题的关键。贝尔纳一语中的："现在的问题毋宁是在于寻求方法来指引科学走向建设而不走向毁灭。但这一问题，比我们正讨论着的各门特种科学中任何问题，都更重要得多。"② 不难看出，这一合理性原则是首要的前提性原则，具有决定性意义。

二是条件原则。随着人类生存实践活动的不断展开，科学研究活动的深入延伸，更加显示出向微观高速和宏观高速领域拓展的征候，需要研究解决的更多的是复杂性多体问题。因此研究所需条件诸如仪器设备的配置、人才的选拔和培养、实验室的组织、经费的筹措等也就更加复杂和苛刻。科学作为一种基本的社会实践活动，一种社会建制，科学活动离不开社会的支持和社会各方的配合、参与。只有当科学界同社会力量配合起来，科学才能实现其真正的价值目标。科学价值目标确立时必须考虑其现实性、条件性和可行性，否则价值目标的确认也就失去意义。条件原则在科学价值目标确立过程中发挥基础性作用，因为在不具备条件的情况下即便个人天赋异禀也难逃失败的命运。英国数学家查尔斯·巴贝奇，现代计算机发明的先驱之一，可编程计算机的发明者。他年仅20岁时就发明制造了世界上第一台差分机，可谓风光无限，但他也为此

---

① ［英］J. D. 贝尔纳：《科学的社会功能》，陈体芳译，商务印书馆1995年版，第544页。
② ［英］J. D. 贝尔纳：《历史上的科学》，伍况甫译，科学出版社1959年版，第405页。

付出了十年的艰辛光阴。之后英国政府看到巴贝奇研究成果的重要价值，与其签订协议制造第二台差分机。但这次幸运女神未曾降临，英国政府和巴贝奇都失算了，时间过去了二十年，项目也没有完成。因为所需零件工艺烦琐，二十年之久才仅仅完成了半数的零件，科学之花未能如期绽放。最终，巴贝奇不得不把全部设计图纸和已完成的部分零件摆放在伦敦皇家学院博物馆供人观赏，无奈中透着辛酸。与此同时，在科学技术如此发达的今天，科学活动的外延不断扩大，社会公众作为科学利益的相关者参与到科学活动当中，他们对科学可能的社会功能认识的程度也必将成为条件原则中的重要因素。

三是系统原则。科学是社会中的科学，它与社会发生着广泛的联系。科学活动是包括价值主体、价值客体及其与之联系的中间各环节的一个动态系统。科学价值主体多元，价值需求千差万别，甚至相悖。"从主客体关系来看，客体对主体呈现出正负两方面的价值，而且正负两方面的价值既可能同时存在，也可能不同时存在，相互转化，相互牵制。"[1]

这使得科学价值关系呈现出一种多层次、多维度的复杂关系。科学价值目标的确立也不仅是科学家的事，它还要涉及不同的价值主体。因此，在进行科学价值目标的确立时，必须以人的自由解放与全面发展为最高、最根本的价值尺度和目标调节原则，从科学与社会、人与自然、人与人等关系角度，对科学作系统的多维度分析和考量，以对具体的价值目标进行确认。不仅如此，还要对科学与自然、科学与社会的关系作动态的发展分析，使科学既满足当代社会的价值需求，又不损害子孙后代的利益，不危及未来社会的发展。在科学价值目标的确认过程中，把握系统原则，就是要摒弃只对个体或个别群体有利，但对社会整体有害，影响社会健康可持续发展的价值选择；就是要确立对民众有利，对社会有益，对未来充满幸福期盼的科学价值目标。贝尔纳认为，合理地确认科学价值目标，使科学能够最大限度地为人类谋福利，只有当科学界同一切能够理解它的功能的、志同道合的社会力量配合起来的时候，才能做到这一点。

---

[1] 孙广华：《从系统观看科学价值评价》，《系统辩证学学报》2000年第2期。

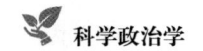

四 "合作"确保价值目标

科学价值目标的确认过程，实际上也是伴随着问题陈述和利益转译[①]的过程，从而为一个共同的利益目标形成一个行动者网络。在这一网络中，政府作为决策的制定者，也是价值目标实施的委托方；当下社会被人们称为风险社会，价值目标实施的代理者必然是利益相关行动者网络。因此，价值目标驱动下的科研活动必然是一种合作确保的"生产"活动。在传统的观念中科学的委托代理关系只是发生在政治与科学家之间。这一观念的提出基于两点，一是这种"科学的社会契约部分地建立在常常被称做自主的科学共同体或自我调节的科学共同体这一前提之上。二是，在这一制度安排下，科学共同体能够产出政治共同体所期待的技术方面以及其他方面的利益"[②]。也就是说，传统委托代理的契约关系是以完全的科学自主性为前提的，理想地认为科学研究的成果自然会导致民众生活条件的不断改善，自然会带来人的自由与解放。当人们陶醉在这一幻想之时，危机悄然而至，而且来势汹汹。

实际上科学的危机主要来自对科学的恶用、滥用和误用，表现为"科学愈是有成效，愈是很少回答有关人的生存意义问题；它付出的愈多，为人道主义服务的就愈少"[③]。科学的危机并不是新的事情，它承袭了人类社会经历过的灾难。第一次世界大战期间敌我双方毒气瓦斯的使用。第二次世界大战以来，无论是在军事还是民事范围内，发生的令人恐慌的事件不胜枚举，如："曼哈顿方案""阿拉莫果尔多"第一次核爆炸、日本广岛和长崎的核爆炸、高科技犯罪等。这种危机自第二次世界大战末期开始表现的愈益严重，还不仅是因为科学的恶用所造成的可怕影响，更是因为科学的滥用和误用所导致的意想不到的负面效应，如环

---

① "利益转译"是拉图尔关于行动者网络理论中的概念，主要是指把倡议者（如研究者）自身的利益转换成其他人的利益。通过组织动员和说服吸纳、锁定并固化利益相关者，形成利益趋向一致的行动者网络。

② [美]大卫·古斯顿：《在政治与科学之间——确保科学研究的诚信与产出率》，龚旭译，科学出版社 2011 年版，第 78 页。

③ Jean-Jacques Salomon, "Crisis of science, crisis of society", *Science and Public Policy*, Vol. 4, No. 5, October 1977, p. 419.

境污染、生态破坏、资源枯竭、人类的抗药性增强,等等。特别是随着大科学时代的到来,"科学所带来的风险不再是个人的问题,而是共同的风险,其创造者、利益和方向在很大程度上依靠社会主体的选择"[①]。在这种背景下,以实现人的自由解放与全面发展为调节原则,对科学研究的创新进行社会干预势在必行。

政府是整个国家科学研究创新活动正常运转不可或缺的重要部分,首先在项目和工程决策中,它要利用学术精英协同利益相关者对具体的科学研究创新活动进行伦理道德和社会价值上的评估,对其社会应用前景作出初步预测,拒绝开展那些对社会有弊无利或者弊大于利的研究活动;对于应用前景尚不明朗的科研项目,适当推迟或禁止社会应用,避免科学成果对正常社会秩序产生不良影响。由此可见,政府对科学研究创新活动一般会采取两种行动,一是对特定科学研究创新活动提供支持,二是通过某些手段来限制某些技术的发展。这两种传统的干预方式主要基于面向科技精英的科学技术创新活动的咨询,然而正像科学社会学家巴伯所指出的那样,科学研究的创新活动的社会影响仅仅依靠科学技术专家也是难以全面准确预测而得到控制的。因为"科学是一种累积性结构,每一位研究者为之添砖加瓦,其总体经常以某些方式被综合并且被利用,对于这些方式,任何单个的科学家个人都不能预见到"[②]。这就使我们陷入了一个困境:支持和促进某一特定科学研究创新活动,未来还会充满风险;在活动初期或实验室阶段本可以进行控制,而我们又不能全面准确预见未来风险,所以没有足够的理由对创新活动的进展加以控制。但是,当特定的科学研究创新活动逐步成熟,与社会利益集团相关联走出实验室之时,成果的不断扩散和广泛的社会影响,以及相关利益集团对特定创新活动的实际掌控,使得国家对它的控制变得代价高昂。"毫不夸张地说,今天我们到达了一个'巨科学'的时代,科学产生了无比巨大的力量。但是,必须注意到,科学家们被完全剥夺了对这些从实

[①] Jean-Jacques Salomon, *Science and Politics*, London: The Macmillan Press Ltd, 1973, p. 237.
[②] [美]伯纳德·巴伯:《科学与社会秩序》,顾昕译,生活·读书·新知三联书店 1991 年版,第 268 页。

验室里产生出来的力量的控制权；这些力量被集中在企业的领导人和国家的当权者的手中。"①

科学研究的创新活动在最初美好的动机驱使下不断地历史地展开，但这一历史活动所产生的客观效果并不总是与动机相一致，"因为任何一个人的愿望都会受到任何另一个人的妨碍，而最后出现的结果就是谁都没有希望过的事物"②。科学研究活动也不例外，科学研究的结果以及对未来影响的预测具有内在不确定性。这种未来的不确定性是与研究创新问题以及他们试图解决和防范的社会风险耦合在一起的。这表明科研活动和由它引发的创新是一个不断展开的历史性过程，从决策—实验室理论研究—产品研发创新（小试、中间试验、工业化试验）—生产和管理—公众消费—再回到实验室。创新的不同发展阶段，活跃着不同的创新主体，他们的伦理责任既有联系又有区别。因此，对创新的伦理规约应随创新的过程进展而有所不同，不断展开。"以人体胚胎实验为例，人体胚胎在什么情况下才只是可以用做实验的'技术物'，而不是不能随意处置的生命体？这必须依据技术过程对'技术产品'阶段性质的规定性的认识。"③

我们从科学研究创新的过程性来观察、审视和反思主客体的辩证关系，才可能最大限度地解决或降低科技创新所带来的社会风险。全程关注、利益相关者多元参与、形成的过程性和开放性伦理规约，"意旨去塑造、维护、发展、协调和调整现有的新兴的研究以及创新过程，从一个负责任的角度去保证令人满意的和可接受的结果"④。

现代科学技术创新的过程性伦理规约是通过阶段性开展伦理评价和伦理选择，对结果的形成与扩散进行约束。这一过程中所涉及的不同主体以及利益相关者的互动发挥着重要的作用。在对利益相关者的分析过程中，人们往往把目光集中在创新过程中的一个或相邻主体上，实际上

---

① ［法］埃德加·莫兰：《复杂思想：自觉的科学》，陈一壮译，北京大学出版社2001年版，第95页。
② 《马克思恩格斯文集》第10卷，人民出版社2009年版，第592—593页。
③ 王健：《现代技术伦理规约的困境及其消解》，《华中科技大学学报》（社会科学版）2006年第4期。
④ Bernd Carsten Stahl, "Responsible research and innovation", *Science and Public Policy*, Vol. 40, No. 6, September 2013, p. 1.

是以科学家、工程技术专家为主，忽视了作为科学技术创新的享用者和最终消费者的社会公众。然而，科学技术社会风险之苦让人们认识到，科学技术专家除了对科学的功能以及可能的社会影响有所预测外，也不能完全尽到对科学研究的创新活动合理控制的责任。"必须清楚一点，科技监管不能完全交给科技专家。专家们不能对于争议有决定权，因为影响不单单是科技上的，而是与价值观念和社会利益紧密相连。"① 现代科学技术创新的过程性伦理规约不能没有公众的参与。"参与的概念意味着任何技术专家阶层的行为都会遭到公民或个人团体的检查。"② 萨洛蒙深刻地指出，在发挥科学技术专家提供专业信息的基础上，"政策制定者必须权衡信息和做出决策，接受公众的裁定"③。这样的科学研究创新活动才是对政府、社会、公众负责任的创新活动。这也意味着社会倡导的负责任的研究创新，必然要求有更加广泛的社会反思和参与，包括不同利益者的参与，研究人员和研究组织者以及社会公民和政策制定者的参与。为此，美国学者古斯顿在"负责的研究"基础上进一步提出了"预期治理"的概念。他认为对科学社会风险的防范应强调三种能力，一是面向未来的预见能力，二是参与能力，三是整合社会力量的能力。对科学社会风险的"'治理'不能混同于政府的统治，与此相反，'治理'包括范围广泛的行动，既有公共行动（如监管），也有私人行动（制定行为规范），还有公共部门和私人部门联合采取的行动（如职业许可与标准制定）"④。以此期盼着不断消解科学的社会危机，书写新的健康的科学社会的历史。正如马克思深刻指出的：

> 历史是这样创造的：最终的结果总是从许多单个的意志的相互

---

① Jean-Jacques Salomon, "Science Technology and Democracy", *Minerva*, Vol. 38, No. 1, March 2000, p. 50.
② Jean-Jacques Salomon, "Science Technology and Democracy", *Minerva*, Vol. 38, No. 1, March 2000, p. 46.
③ Jean-Jacques Salomon, "Science Technology and Democracy", *Minerva*, Vol. 38, No. 1, March 2000, p. 38.
④ ［美］大卫·古斯顿：《在政治与科学之间——确保科学研究的诚信与产出率》，龚旭译，科学出版社2011年版，序 PXI。

冲突中产生出来的……这样就有无数互相交错的力量，有无数个力的平行四边形，由此就产生出一个合力，即历史结果，而这个结果又可以看作一个作为整体的、不自觉地和不自主地起着作用的力量的产物。①

当代复杂的科学社会关系，决定了科学研究的创新是一种利益相关者多元参与的合作生产，通过互动、商榷和谈判对每一阶段的科学研究创新进行合法性确认以规避社会风险，达到对科学研究活动进行有效治理的目的。如此，"治理的诸方面得以建立的前提是，社会行动具有去中心化的、网络化的愿景"②。只有这样才是真正的多元参与合作生产。政府为此应在制度和政策上予以保障，搭建合作生产的平台。防范治理科学技术风险不是"乌托邦的梦呓"，一种"空中楼阁"式的理论空想，而是特定时期伟大的社会实践，也只有在实践中提高"预期治理"的能力，使科学知识的生产由精英生产走向政策背景下的合作生产，以此达到合作，才能确保合理的科学价值目标实现。

第五节　知识消费与合作生产

由于进行科学研究是为了造福于整个人类，这就需要最有效地协调各个人的工作。③

——贝尔纳

知识的合作生产并非指科学知识的非理性社会建构，而主要指通过对知识演进过程的合理把握，从而解决在知识生产过程中的诚信与效率的治理问题，以及对知识扩散所带来社会风险的防控等。

---

① 《马克思恩格斯文集》第10卷，人民出版社2009年版，第592页。
② ［美］大卫·古斯顿：《在政治与科学之间——确保科学研究的诚信与产出率》，龚旭译，科学出版社2011年版，序PXI。
③ ［英］J. D. 贝尔纳：《历史上的科学》，伍况甫译，科学出版社1959年版，第360页。

一 生产关系和方式的转变

（一）委托代理关系的出现

近代以来,科学发生了深刻的变革,使其成了以生产知识为特征的社会劳动。而这一变化首先带来的是科研生产关系的转变。在古代,科学活动中人与人的关系,并不属于生产关系的范畴,那时的科学活动仅仅是少数人的活动,还不具备科学劳动的品格。这种活动通常仅限于天文观察、制定历法等有限的知识范围内。这种科学活动中人与人的关系,大量表现为后一代人对前一辈人研究成果的继承和发展关系。到了近代,科学活动社会化,一个科研课题,往往吸引众多人员同时参与或研究。因此科学活动中人与人的关系除了原来的新老继承关系外,还增加了众多的同时代的参与者,形成了他们之间的交流、碰撞、兼并、分裂、竞争、协同等复杂的学术关系。在资本主义生产方式确立之前,科研领域内人与人的关系,都是统治阶级内部的分工关系,只有统治阶级内部的少数人才能进行自由的科学研究。[①] 然而随着科学变成了致富的手段,资本与科研活动热烈拥抱,实现了对科学劳动产品的资本主义占有,进而实现了对科学劳动资料的资本主义占有,直至把科学家变成了被雇佣来进行知识生产的普通劳动者。由此,原来属于统治阶级一部分的研究者被分离出来成为从事脑力劳动的无产阶级劳动者。[②] 他们的劳动也更加专业化。

综上,有必要对科学建制化的历史发展作一个粗线条的梳理。的确,在19世纪末以前相当长的一段时间里,科技活动基本上是少数科学家在家庭实验室中从事的个人性质的研究,国家和政府对科技活动虽然很早就有着某种程度的介入,但基本上采取放任的态度。至20世纪初科学获得了巨大发展,从事科技活动、以科学为职业的人数急剧增长,科学迅速形成了一种社会建制。据贝尔纳考察,当时世界上大约有25万男女实

---

① 参见赵红州、蒋国华《在科学交叉处探索科学——从科学学到科学计量学》,红旗出版社2002年版,第172页。原载《科学技术与辩证法》1988年第5期,第4页。

② 参见《马克思恩格斯全集》第22卷,人民出版社1995年版,第487页。

实在在地靠科学工作为生，其中大约有五万名科学家以做研究工作为主。这些人当中绝大多数是工业界和政府机关的雇佣人员，仅有少部分是学术团体中人。所以，"今天科学出现为有自己的权力的一种建制，它有自己的传统和纪律，自己的专业工作者，以及自己的基金"①。更重要的是社会的工业、农业、医学、政治，尤其是军事方面，越来越需要科学的协助，甚至可以说，军事的发展完全依赖科学。科学的社会建制及社会各方面对科学的需要和科学对社会的依赖，使它显然已变成国家或其他利益集团按照明确的目标导向给予支持的一种事业。

实际上，近代以来科学与政治作为不同的主体出现，并不代表政治与科学的关系疏离，而是表明科学与政治双方都具有对方所不能及的强大的功能。政治主体为了身后的利益群体的安全和福利，掌握并行使资源的分配权力，调节利益分配；科学主体在建制化科学的语境下，按照自身的传统和规范，使用着符号化的语言描述着自然世界，揭示着现象背后的奥秘，不断推出与自然抗衡或攫取物质利益的原理，继而物化为人工自然。这是政治主体自身所不能及的，而科学主体从事上述活动所需的各种资源也是自身内部难以解决的，它必须依赖政治为其提供一定的帮助。这说明，科学主体与政治主体只有更加紧密地联系，才能够相互补充，弥补不足，各得其所。这种联系就是一种委托与代理之间的契约式的联系。

> 委托代理理论指有授权发生的一种经济的交易，在其中，委托方是对大量资源具有处置和分配权的行动者，但依靠自己并不能实现其利益。例如，有大量资金但不具备合适的技能。因此他需要寻找一个能够接受适当的资源并愿意为他的未来利益而工作的代理人。②

政治主体为了完成自己的职责，通过对科学的职业化，雇佣科学家

---

① ［英］J. D. 贝尔纳：《历史上的科学》，伍况甫译，科学出版社1959年版，第687页。
② Laurens Klerkx, Cees Leeuwis, "Delegation of authority in research funding to networks: experiences with a multiple goal boundary organization", *Science and Public Policy*, Vol. 35, No. 3, April 2008, p. 184.

从事知识生产,并进一步为具体研究项目进行资金授权,授予科学家使用资金进行知识生产的权力。政治主体"通过委托授权的方式实现委托人的'自我延伸'"[①],以此来获取作为公共产品的科技成果;科学主体为了生活、社会认可和学术权力愿意接受政治主体授予的资金,并为政治目标而工作。也就是说在这一委托代理关系中,"双边的利益通过资源的交换来获得:委托方获得了自身力所不及的事情,代理方获得资金、社会认可等酬报"[②]。

(二) 个体向集体合作方式转变

另外一个变化即科学的生产方式已经由个人消遣转变为众人合作的有目的的活动。具体而言,科研由传统的"经验型"试错与改错转向"实验型"试错与改错。[③] 这种"实验型"试错和改错本身构成了一种目的性行为,它是一种有意识的"设计"活动。作为一种理性的设计活动,"实验型"试错与改错往往只有具备了某种特定能力的人才能完成。依靠实验或试验来进行的工业研究活动的迅速发展使其改变了原来的传统方式。例如,1920年到1950年,整个资本主义世界用于工业研究的资金增加了约五十倍,其中费用的绝大部分用在了昂贵的仪器和众多的佐证人员上。[④] 这足以说明"实验型"试错和改错的科学活动,必定会发展为众人合作的有目的的不断深入的研究活动。随着研究的深入和视野的拓展,解决科学技术问题所需的不同手段之间的借鉴更加频繁,不同学科的协作更加密切,科学技术活动出现了大科学特征,即所涉学科范围广,耗费资金量大,需要人数众多的集体合作生产。

同时,这种集体合作生产还必将扩大到公众的参与。因为当今科学作为一个专门的职业出现,不再依附于其他活动,它所要求的资金、时

---

① Dietmar Braunand and David H. Guston, "Principal-agent theory and research policy: an introduction", *Science and Public Policy*, Vol. 30, No. 5, October 2003, p. 303.
② Dietmar Braunand and David H. Guston, "Principal-agent theory and research policy: an introduction", *Science and Public Policy*, Vol. 30, No. 5, October 2003, p. 304.
③ 参见李正风《科学与政治的结合:必然性与复杂性》,《科学学研究》2006年第6期。
④ 参见[英] J. D. 贝尔纳《历史上的科学》,伍况甫译,科学出版社1959年版,第698—699页。

间、人力和材料等投入也就失去了转嫁的可能，因此它需要成本，这种成本与科学研究本身固有的不确定性结合起来，就意味着风险。而大科学所导致的物质和经费需要的激增，使科学知识的生产在资源上更加依赖于社会的供给、国家的支持，而且随着科学知识生产的技术和成本的不断攀升，这就意味着更大的风险。这种变化使得委托与代理的生产关系更加重要，而对这无言契约的维护也日益严峻。

从委托代理理论出发来分析问题，我们发现在知识生产过程中，核心的问题是能否准确合理地授权。由于科学知识生产的高度专业化，政治与科学双方存在着信息的高度不对称，这对于准确合理授权、确保代表公众的政治意志的实现始终是一个难题。对此布劳恩（Braun，2003）进行了大量的观察和研究，提出化解疑难应关注的若干基本问题[①]：第一需要解决的是"响应问题"，即是否让科学家去做了政治主体想要的东西；第二是解决逆向选择的问题，是否选择了最佳的科学家；第三是解决道德风险问题，确保科学家尽最大努力去解决授权给他们的问题和任务，避免欺骗行为；第四是解决政策制定和调整问题，比如优先权的设置问题等。知道自己在项目治理中该做些什么。对于响应问题，在基础层面和日常的跟踪管理过程中，特别对于时间跨度大的项目，由于处在异质多元的复杂社会系统中，其演进的方向经常受到各种因素的影响，研究活动是否响应了政治意志等目标冲突问题会变得特别突出。在研究项目确立之前的前契约阶段，是选择有能力接受授权的代理人阶段，即是否能够选择最能胜任的科学家。此阶段逆向选择的问题与之尤其相关。在项目确立后的后契约阶段，鉴于契约双方各自利益最大化的偏好，道德风险问题会随之凸显。因此，如何确保代表公众利益的政治意志的实现，防止欺骗，防范社会风险等问题就摆在了眼前。

上述只是从委托方的观点出发来阐释的难题，在现行的契约语境下，从代理人（研究人员等）的角度出发同样也会发现一些问题，如资源供

[①] 参见 Laurens Klerkx, Cees Leeuwis, "Delegation of authority in research funding to networks: experiences with a multiple goal boundary organization", *Science and Public Policy*, Vol. 35, No. 3, April 2008, p. 184。

给的不连续性，代理人个人才能、个人目标与委托人的需要不相适应和不合适，令人沮丧的工作条件以及绩效标准，等等，这些问题同样会影响知识生产的求实和效率。

然而，我们利用委托代理理论作为分析工具，虽然透彻地揭示了建制化时代，科学知识生产的生产关系和应关注的问题，但作为解决委托代理的实践中的难题终未开出良方。古斯顿的有机边界组织的构想对解决上述问题给予了重要的启示。有机边界组织镶嵌并骑跨在科学与政治的边界之上，它既是政治的代理方，也是科学的委托方，既是科学的代理方，又是政治的委托方。它以双重身份提供了一个供双方对话、协商谈判和学习反思的平台或空间，以实现双边共赢。有学者把委托代理过程中存在的基本问题描述成对研究进行治理的场域。基础层面的日常跟踪管理过程，被称为政策场域；前契约阶段，被称为选择场域；后契约阶段，被称为控制场域。实际上，"这些场域就是不同行动者之间协商谈判的现场"①。更有甚者，为了吸纳更广泛的公众参与，关注不同利益相关者所具有的认识，以便更好地规避逆向选择的风险和社会危害，建立多个或多重有机边界组织（中介组织）。从委托代理的关系上看，它的结构已经得到了拓展，超越了双边委托代理关系，多边关系更加引人关注。那么基于与社会复杂系统各要素相互作用，并对有机共生的科学与技术的认识，对其生产与管理的授权，已经从一般公共管理的契约授权转向向行动者网络授权。"这一网络除了政府和研究者还包括例如用户这样的第三方。"② 因为公众作为纳税人，科学技术事业的这种风险归根到底由公众来承担，所以公众作为最大用户群体，知情并参与到知识的生产中来，已成必然。科学技术知识的生产方式已经和必将转变为包括公众在内的集体生产方式上来。

---

① 布劳恩特别强调，这些区域就是不同行动者之间协商谈判的现场。研究的资助和治理政策以及对应的授权模式和行动者的结构，对所发生的协商和谈判类型有一定影响。见 Laurens Klerkx, Cees Leeuwis, "Delegation of authority in research funding to networks: experiences with a multiple goal boundary organization", *Science and Public Policy*, Vol. 35, No. 3, April 2008, p. 184.

② Laurens Klerkx, Cees Leeuwis, "Delegation of authority in research funding to networks: experiences with a multiple goal boundary organization", *Science and Public Policy*, Vol. 35, No. 3, April 2008, p. 184.

二 组织规划与产品消费

（一）产品消费

从社会学的角度看待科学和社会的契约关系，这只不过是有关规划在将来交换过程中的当事人之间的各种关系。这里的交换主要是指科学技术成果作为社会公共产品的一种社会学意义上的公众消费。它所涉及的主要是消费者和消费去向，一是科学家以此知识为基础进行深入的知识生产；二是技术专家以此为基本原理，对知识进行物化，开发新的技术产品；三是产业集团依据新的知识进行技术产品的生产，以满足民众的需要；四是政府为了民众安全与福祉，用于国防、军事、民众健康、教育等民生工程；五是用于民众素养的提高和自由与全面发展。上述种种归根到底指向民众生存与发展的消费方向。

这种消费方向主要是依据科学所具有的功能，使其为人民大众谋安全、谋福利，即"消除可以预防的人类祸患；开辟可以满足社会需要的新的活动领域"[①]。贝尔纳认为，现在的人类所拥有的科学知识以及在此基础上的各种技术，早已能够为民众提供一种过得去的生活标准，而且随着科学和技术的发展，民众生活标准还应得到继续提高。他极力反对科学技术与民众的隔绝，而被少数精英或财团占有，要求科学技术知识回归民众。他借用列奥弥尔的观点连续发问：

> 我们真的可以肯定我们的发明完全属于自己吗？我们真的可以肯定公众对它们毫无权利，它们也丝毫不属于公众吗？我们大家是不是应该争取为社会的共同福利作出贡献？[②]

很明显，贝尔纳将科学技术知识用于满足民众的生活需要及社会福利作为首要任务。

科学技术知识为民众谋福利，也有赖于进一步发挥民众的能动作用。

---

① [英] J. D. 贝尔纳：《科学的社会功能》，陈体芳译，商务印书馆1995年版，第507页。
② [英] J. D. 贝尔纳：《科学的社会功能》，陈体芳译，商务印书馆1995年版，第228页。

提高民众的科学素养，消除愚昧，是发挥其能动作用的重要基础，更是科学技术走进民众、消费于民的一个重要方面。当今科学技术既是财富又是风险，它不再是与民众无关的事情，而是与民众息息相关。所以如果民众能够联系日常生活的直接经验，把科学具有何种社会意义，它为人类提供何种方式的力量，人类可以对科学派发何种用场以及人类在实际上已经给科学派发何种用场都能做到心中有数的话，那么一定能进行有效的监督和参与，确保科学技术为民造福。反之，科学和民众隔离，民众缺乏对科学技术的认知，其结果对双方都不利。贝尔纳认为：

> 对普通大众之所以不利是因为：他们生活在一个日益人为的世界中，却逐渐地越来越不认识制约着自己生活的机制。说到底，在干旱或疾病等自然现象面前一筹莫展、一无所知的野蛮人同任何在技术进步引起的失业和科学化战争等人为灾难面前无能为力的现代人是没有多大区别的，他们两者都面对着不可知的可怕的灾难，而又无法理解它们。①

而对科学技术不利，是因为民众缺乏对科学技术的认知，"就不可能期望他们向科学家提供他们的工作所需的支援，来换取他们的工作可能为人类带来的好处"②。这一好处基本上可以用民众的基本生活需要来概括，主要指生理需要和社会需要。像对于食品、住所、健康和娱乐等的基本生理需求，还有就是对于提供这些生理需要的手段的需要。比如生产性事业、运输和交通以及文明社会的整个行政管理、经济和政治机构，等等。因此，我们不仅要尽可能地消除和预防可能的灾祸，"还必须期望创造出新的美好的事物，更美好的、更积极的和更和谐的个人和社会生活方式"③。这就需要我们像研究自然界那样，下功夫研究科学技术与人类社会，去发现社会需要的意义和方向，从而宏观规划和组织指导科学技术研发的方向。

---

① ［英］J. D. 贝尔纳：《科学的社会功能》，陈体芳译，商务印书馆1995年版，第144页。
② ［英］J. D. 贝尔纳：《科学的社会功能》，陈体芳译，商务印书馆1995年版，第144页。
③ ［英］J. D. 贝尔纳：《科学的社会功能》，陈体芳译，商务印书馆1995年版，第545页。

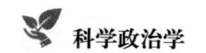

（二）组织规划

为了使科学技术知识的生产与国家目标协调一致，更高效地用于公共安全与民众福利，我们有必要制定一个宏观规划，以便于"在科学本身的自主性需要与社会对科学成果的渴望之间进行有效调整"[①]。有无科学技术知识生产的规划，用贝尔纳的话来形容就像蜡烛与激光之间、闲逛与有计划的旅行之间的差别一样。那么，这个规划的意义也就不言而喻了。"实际上除非在某种程度上对科学工作加以规划，否则科学工作就无法进展。虽然我们的确不知道自己可能发现些什么，我们首先应该知道到哪里去找寻。"[②] 相关的规划可依据公共安全与民众福利的消费需要来制定。

根据科学技术发展的趋向和科学技术知识生产方式的变化，特别强调科学技术规划的两个地带，一个是受阻地带，一个是交叉地带。现代科学技术的探索表现出两种发展趋势：一个是学科高度分化，另一个是解决问题所需知识的综合化趋势。随着对自然界认识的不断深入，一个诸多要素相互纠缠有机共生的复杂自然体系展现在我们面前。自然界所展示新问题的复杂性与我们学科的高度分化不相适应，往往暴露出单一学科的内部缺陷，使得我们在面对新的问题时，一筹莫展，探索常常受阻。这些受阻地带，正是需要我们全面组织规划的领域。为此召集本学科以及相关学科，甚至看似无关学科的科学家一起研究需要解决的问题。因为"恰恰是在科学观察看来无效或者得出相互矛盾的结果的领域，我们有最大的理由怀疑原来的理论是否有某种内在的缺陷，因此我们也有最大的理由去组织新的突破以深入这些未知的领域"[③]。同时，它提示我们要关注学科交叉地带，不断扩大生产战线。贝尔纳指出，在纯科学世界中，各学科之间仍然存在着许多未经探索的领域。物理化学和生物化学的巨大成就就是填补这种空白的生动例子。生理学和心理学之间以及心理学、社会学和经济学之间的空白大体上还没有填补上。任何完善的规划都应对这些情况加以特别考虑，而且要把现有资源配置到这些领域

[①] Jean-Jacques Salomon, *Science and Politics*, London: The Macmillan Press Ltd, 1973, p. 96.
[②] ［英］J. D. 贝尔纳：《科学的社会功能》，陈体芳译，商务印书馆1995年版，第437页。
[③] ［英］J. D. 贝尔纳：《科学的社会功能》，陈体芳译，商务印书馆1995年版，第439页。

中来，以进行高效的知识生产。

另外，需要特别强调的是规划的可变性、灵活性。科学、技术是"科学技术—社会"复杂系统中的要素，它与社会系统及其他要素相互纠缠，有机共生，在科学、技术内部以及与外部社会要素的纠缠中不断改变着演进的路径。萨洛蒙认为，就科学技术而言，细小的变化和差异就可能决定着计划的成败。"严格地讲，没有任何发现或发明是被准确预测，必然出现的。"① 各个学科之间以及与社会要素之间的复杂关系，决定了科学研究所具有的不完全可预测性。与之相应，科学技术规划应该是一个不完全确定的计划，任何机械僵硬的规划必然会导致极大的资源浪费。贝尔纳曾举例，当人们执行一段时间的计划之后，再次聚在一起把不同学科发展前景进行汇聚和分析时，发现原来的侧重点可能会被完全改变。他认为，"即便只是为了促使大家向这一共同事业前进一步，也还是值得尝试编制一个计划的。任何这类规划的第一个要求将是灵活性。刻板地执行预定规划对于科学是再有害也不过了"②。科学工作领域中包含太多出乎意料的因素，无法在事前估计出会有何种新发现，或者可能得出何种成果来。那么，"在研发探究中，寻找所有有力的赌注，挑选最一流的科学家，配备卓有成效的实验室，促动竞争，同时保持开拓创新应有的活力和灵活性远比精确地目标定位和时间安排要重要得多"③。保持规划的灵活性是适应科学技术不完全可预测性的唯一办法，我们可以制定较长期的宏观指导性规划，同时，在此指导下制定短期的学科规划，并不断地对它们进行审视、检查和修订。

有了一个总的科学技术规划，科学技术知识生产的组织工作就有了一个大致的目标。一个研究群体不论管理如何优秀，如果不同一个总的规划联系起来，那它既不能对科学的内部发展作出充分贡献，也不能对科学的应用作出充分贡献。科学活动的组织工作，从宏观层面涉及各学

---

① Jean-Jacques Salomon, *Science and Politics*, London: The Macmillan Press Ltd, 1973, p. 100.
② [英] J. D. 贝尔纳：《科学的社会功能》，陈体芳译，商务印书馆1995年版，第438页。
③ Jean-Jacques Salomon, *Science and Politics*, London: The Macmillan Press Ltd, 1973, p. 103. (转引自 Charles J. Hitch and Roland N. Mckean, *The Economics of Defense in the Nuclear Age*, London: Cambridge University Press, 2014, p. 245.)

科之间、基础理论与应用研究及实际部门之间、研究部门之间以及与高等学校之间的联合和组织。但对于具体的组织形式,由于科学知识的生产是一种不断成长和发展的社会活动,因此就不应该是固定不变的,而应是有伸缩性可改变的,具有灵活性。但不管采取何种组织形式,有一个问题应当始终引起我们的关注——如何使整体组织起来的需要和个人要求自由的需要调和起来。因为,科学技术知识的生产最积极、最本质的因素是科学技术专家,假如组织管理方式有损于每个科学技术专家最充分和自由的发挥,无论多么精细的组织规划,多么严密的管理,都毫无价值,甚至适得其反。贝尔纳认为,对科学的组织工作要起作用,"就不能而且也不可能是不加考虑地从企业或者政府机关硬搬过来的那种组织形式。把科学置于这种纪律和常规的束缚之下,科学就肯定会夭折"[①]。为此他提出,要以民主精神为核心进行科研的组织工作。

科学技术活动的组织工作,不单单是科学技术专家或某一研究机构内部自己的事,它是一项具体的社会实践活动。一个科研组织内部效率在很大程度上取决于他同其他科研组织以及同国家和经济部门配合的有效程度。因此,科学界与社会的行政和经济机构之间应该有特别密切的组织上的联系。这种联系和沟通有利于解决科学技术主体与政治主体之间的信息不对称,以便于科学技术活动的有效组织。而正是由于双方存在的信息不对称和各自的特性差异,这种联系也会时常遭受扭曲和异化,使科学技术活动的组织变得机械和生硬,从而丧失活力甚至夭折。为此贝尔纳把目光聚焦在科学与政治的边界上,提出了有能力的联络官,即"行政科学家"和"科学行政人员"的概念[②],具有现实意义。这一点和

[①] [英]J. D. 贝尔纳:《科学的社会功能》,陈体芳译,商务印书馆1995年版,第435页。

[②] 在目前条件下,行政人员和企业家普遍对科学事务茫然无知,科学家们也不知道如何处理国家事务或企业管理工作。我们将不得不面临下述两难选择:其一,科学可能由一些有效能的行政官员管理,他们为了保证科学有充足的维持经费,不惜窒息和损害科学的内部发展;其二,把科学交给不善于处理行政工作的无权势的科学家去掌管,因而使科学继续处于半饥饿和涣散的状态。这个问题并非无解,如果解决它,首先要把多得多的普通科学知识普及到人民中去,特别是行政官员和企业家中间去。其次,要把广泛得多的关于公众事务的知识纳入培养科学家的教育内容中去。这样才会产生有能力的联络官员:行政科学家和科学行政人员。([英]J. D. 贝尔纳:《科学的社会功能》,陈体芳译,商务印书馆1995年版,第361页)

古斯顿建立科学与政治之间有机边界组织的构想不谋而合。① 这样为委托与代理利益链条中的利益相关者提供了一个交流、协商、谈判、辩护的边界空间,确保科学有效的组织合作。

三 生产要素与合作生产

(一) 知识生产要素

现代科学知识的生产是一种受到社会伦理规约规范和约束的生产活动,目的是达到科学内部自由与外部社会秩序相统一的境界。科技政策作为对科学技术进行调控的重要参量,理所当然地成为科学知识生产的要素之一。进一步从作为科学政治学研究纲领之一的"公众参与民主调控"的角度出发,公众也毫无疑问地被视为重要的生产要素。单从科学技术的自身来看,科学生产的过程是科学家进行创造性活动的过程,这一过程必须具备人力资源、资金、设备以及充分的资料、信息等生产要素。我国科学学专家赵红州认为,科研生产力是由规模宏大的科学家队伍、充足的资金、先进的实验技术装备、高效的图书—情报网络系统及合理的科学劳动结构所提供的巨大的集体力量。这是构成科研生产力的基本要素,它们是科学研究所必备的基本因素和前提条件。② 当然,这其中最主要的是人和资金,有了人和充足的资金,设备、信息资料和交流就不难解决。

科学知识的生产主要是如何把这些要素组织和协调好。因为,科研这种创造性活动的组织管理不仅比墨守成规的工业和行政难以预料,就是与复杂的教学活动相比也更为新颖和更难以把握。所以,任何想要给科研提供更大的支援和更多发展机会的措施,都要考虑它是否会影响科研工作者的自由或限制科研工作者想象力的发挥,最后来权衡其利害得失。贝尔纳明确指出,要经常记住这样两个主要的考虑。一是科学归根结底由个人来进行,所以首先要注意到各个科研工作者的需要条件。二

---

① 参见 David H. Guston, *Between Politics and Science: Assuring the Integrity and Productivity of Research*, London: Cambridge University Press, 2000, p. 179。
② 参见赵红州《科学能力学引论》,科学出版社 1984 年版,第 67 页。

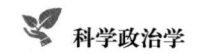

是由于进行科学研究旨在造福于整个人类,这就需要最有效地协调各个人的工作,使其能更好地服务于国家目标。做到这两点,"理想的办法是使每一个人都能在一种组织形式里尽其所能,这个组织形式要能使他的工作成果发挥最大的社会功用"①。这个组织形式就是要构建一个开放的对话与互动的平台,进行知识的合作生产。

1. 专业人才与公众

现代科学知识的生产,不仅离不开专业人才,而且更应该有公众的参与。公众既是知识产品重要的消费者,也是知识生产的重要参与者。进行科学知识的生产,科研专业人才是根本性的资源。贝尔纳认为,加强科学事业与其他经济、社会问题是不同的。在他看来,只要对经济资源或原始的人力加以利用,物质产品就会成倍增长,相比较而言,科学事业的发展是一个缓慢的过程,它取决于是否有人才,即智力和经验均高于一般人的人才。科学事业发展的程度还来源于高质量的人才而并非仅仅由资金决定。为此对科学工作者需要特殊照顾,首先要使他们的职业有保证,这样才有充分的研究时间和适当的社会地位,其次要免除他们的后顾之忧,而不被其他事情拖累,由此才能使他们集中精力从事科研工作,以便产出高水平成果。的确,没有梧桐树引不来金凤凰,专业人才需要适于生存和发展的土壤。科学工作者的职业保障包括两层含义。首先是基本生活的保障,吃、住、行、医疗、子女教育、老人赡养等;其次,更为重要的是学术思想的自由和行动的自由。思想的自由表明了一个宽松而浓厚的学术氛围,自身能够在思想的交流与碰撞中不断得到升华,行动的自由表明一个科研活动的基本物质条件保障。

在对专业人才的选择和利用上,坚持广开才路,人尽其才。对专业人才的具体的委托授权重点考虑个人兴趣和目标,是否与委托方政治意志相适应的问题。同时不拘一格,敞开科学工作的大门。"人才就在那里;只等人去使用"②,必须消除一切建立在经济地位基础上的限制,为

---

① [英] J. D. 贝尔纳:《科学的社会功能》,陈体芳译,商务印书馆1995年版,第360—361页。

② [英] J. D. 贝尔纳:《科学的社会功能》,陈体芳译,商务印书馆1995年版,第423页。

人们发挥自己的聪明才智提供充分机会。胡锦涛同志在2003年全国人才工作会议上强调，要牢固树立人人都可以成才的观念，把品德、知识、能力和业绩作为衡量人才的主要标准，不唯学历，不唯职称，不唯资历，不唯身份。当然，这样不唯学历、广开门路选人才，并不是说教育不重要，恰恰相反，真正发展科学必须从教育做起，应使科学渗透到整个教育结构中去。只有当科学能够渗透到整个教育中去，而且再通过教育渗透到人们的整个人生观中去，人们才有可能合理地选择科学为其终身职业。有了一定量可供遴选的人，人们的一般科学知识又得到提升，就可以增加进入科学界工作者的人数总量，同时还有效提升了从事科学工作的能力标准。为此，贝尔纳强调，不仅要在教育的每一个阶段提高对科学的重视程度，而且还要对现行的教学方法进行彻底的改革，使学生能以某种方式亲身参与科学发现的过程，以便了解现有科学知识的全貌，为其参加科学实践打下良好基础。

我们仅仅谈论科学专业人才是远远不够的，科学专业人才当然会带动科学的发展。但是，我们的关注点更应该是整个人类社会的进步，为此我们就很有必要谈论社会公众。现代科学技术知识的生产突现了公众参与的重要性，公众作为知识生产过程中重要的人力资源出现。

首先，是公众所具有的地方性知识可以与专家所具有的专业知识形成有益的互补。从科学到技术再到工程的研究与开发活动，一般是一定时空范围内的具体实践，它与自然条件和环境、经济社会和文化以及历史状况密切相关，其中所涉及的地方性知识是作为专业的工程技术人才不具备的。如果忽略了这一点，具体的科学技术与工程的实践就不能与具体的环境和条件相适应，势必导致失败。国内外水库大坝建设的许多失败的案例反复证实了此观点。我们曾经提到过的英国坎布里亚羊事件则是有力证据。官方报道由于切尔诺贝利核电站泄漏，遗留沉积所导致的辐射污染影响到位于英国西北部的坎布里亚地区的羊群。科学家以放射性元素铯在黏土碱性土壤中的活动性质为依据，为政府提供决策、提供支持，但是当地的牧羊人知道这里的土壤不是黏土，而是酸性土壤。这个错误经过多年研究和民众参与的争议，才完全显露了出来，但由于政策的失误给当地牧场主带来了巨大的损失。公众对科学技术与工程的实施所作出的反应是具有内省性的。而这一事件的解决却拖延了如此之久的时间，反映出科学面对公众表现为内省的缺失。公众的参与以及合理的制度安排会增强科学技术工程实践的自身内省性，使公众的地方性知识和专家所具有的专业知识形成互补之势。

其次，既然科学技术与工程是社会中的实践活动，我们就不能孤立地去看待它，而应在"科学技术与工程—社会"大的复杂系统中来考察，科学技术与工程应该是与系统以及相关异质要素有机共生的关系，这些异质要素就包括利益相关者的公众。在这一系统中不应再是纯粹的工具性理性发挥作用，而应渗透着价值理性。正像我们在科研生产方式的转变一节中所描述的那样，当下科学技术与工程研究已经进入"大科学"时代，涉及人员众多，所耗资金巨大，蕴含风险极高，这一风险的主要承担者就是公众；科学技术与工程研究作为公众的利益资源，在资本和政治利益的角逐中往往偏离方向，同时给社会带来风险，公众的福利与安全遭到侵害。社会公众作为"科学技术与工程—社会"这一复杂系统中重要的异质要素，参与其中成为知识生产的重要资源是科学技术与工程社会实践的应有之义。

2. 经费分配与利益转译

研究事业资金的筹集与分配是政治对科学技术与研发进行组织的基本起点。研究资金分配的过程就是政治与科学委托代理契约关系形成的过程。这一过程经历了不同中心节点的利益转译。首先，国家制定符合实际的科技发展的宏观规划，并开展有效的宣传和解读，以政治主体为中心进行国家目标和利益的转译。国家科技发展宏观规划，若要得以实施，最为基础性的问题就是要引起各个科学技术共同体和广大公众的注意，激发他们的兴趣。换言之，只有通过剖析科学技术与社会发展急需解决或长远战略性问题，并提出初步的宏观构想，来吸引人们的关注，才能使他们更多地成为解决问题的行动者。在剖析问题的基础上进一步分析问题的利益相关性，通过宣传等手段影响相关利益群体或行动者的形成，以围绕国家目标构建利益相关行动者联盟体系。有了上述问题化和权益化过程作为基础，才有了利益相关者积极广泛的参与。政府有关部门或委托中介机构因此可以正式进行规划的实施，一般会采取接受自由申请，通过招投标途径，以专家咨询、同行评议，甚至经过听证会、共识会议的形式，决定资源的分配，最终实现具体行动者的成功摄入和激活。与此同时，自下而上的具体项目申请、论证、获批过程，又可视为以申请者为中心节点面向规划制定者或支持者和参与者的利益转移过程，旨在形成利益一致的行动者合作网络。

以上是资源分配的基本原理和过程，表述并非全面，我们还需关注资金筹集与分配过程中的诸多细节问题。比如在上述描述的由上至下的资源分配过程中，还蕴含着一个自下而上的利益转译过程，即项目申请与批准，也可以称为资金的筹集。自下而上来看，科研经费的筹措更多地取决于科学事业所处的社会的经济结构。贝尔纳认为理想的安排是，"由科学组织本身的财务部门和包括工业、农业和社会服务行业在内的国民经济代表联合协商确定科学预算。这样，就可以一方面它根据科学部门自己估计的科学内部发展的需要，另一方面根据社会急需的某一应用项目所要求的某一门学科特别发展的需要，把两者加以平衡，然后决定科学经费金额及其分配办法"[①]。科研经费的筹措和增长同人们是否自觉认识到社会需要或国家目标密切相关。据此，科学界和国民经济等方面的社会代表协商交流十分必要。如果能很好地认识到科学技术自身发展的需要和总的趋势并且能同时认识到现实及发展着的社会需要，那么在此基础上的经费筹措与分配，将极大地推动科学与社会发展的实际进程。

一个有组织的科学部门的发展速度应是稳定的、连续的，并且是不断提高的，同时也应兼具灵活性的特点。所以贝尔纳认为科学经费的筹措需要灵活性和可靠性。由于科学研究本身的不可预料性以及各学科间关系的复杂性，任何僵硬的科学规划都是不适合的。科学的总经费及各个学科的经费分配往往在较短的时间内有相当大的变化，僵硬和固定的经费管理会给科研生产造成极大的浪费和困难。要么是一时没有经费进行新的或重要的研究工作，要么是一时经费多余而浪费掉。"科学经费的这种多变性质，使适用于其他政府机关的经费管理办法变得十分有害。"[②]

---

① ［英］J.D. 贝尔纳：《科学的社会功能》，陈体芳译，商务印书馆1995年版，第420页。
② ［英］J.D. 贝尔纳：《科学的社会功能》，陈体芳译，商务印书馆1995年版，第420页。

若用政府机关的经费管理办法来管理科研经费，往往会出现下述情况，一方面，科研取得新的进展情况下急需经费但得不到新的资金注入，抑或需要有稳定的经费投入的长期科学项目因突然削减经费，致使大量已经完成的工作全部报废。另一方面，在没有特殊需要时，或者事实上也没有人手来进行必要的工作时，却可能收到大笔经费。对于科研经费的开支不应外加太多的限制，因为，"科学开支的特点不同于正常生产企业的开支。科学费用的任何一笔金额可能是浪费掉了，但是总的说来，整个科学的收益会抵补这笔费用，其比例要比任何其他形式支出的收益的比例大……所以，从长远看来，对科研费用不加限制也许是经济的"①。实际上，科研经费筹措的主要矛盾还是经费筹措不足，其解决的根本办法是组织好科学生产。"一旦把科学很好地组织起来，使大众能迅速而直接地受益，它的价值就会变得十分显著，把国民收入的百分之一、二拨给科学事业使用也就不会遇上什么困难了。"②

（二）知识合作生产

正如本章开头所讲，知识的合作生产并非指科学知识的非理性社会建构，而主要指对知识演进过程中诚信与效率的治理、社会风险的防控等方面的合理把握。在此过程中，作为科学研究系统外部控制参量的政策性知识尤为重要。下面主要以政策性知识生产为主展开论述。

1. 利益转译与中心节点的转换

研究项目申请过程是一个以项目倡导或申请者为关节点的自下而上的利益转译过程。首先在国家宏观目标之下，选择某一领域需要解决的问题，然后实施论证、宣传和说服工作，阐明这一问题的解决给相关领域或行业所带来的利益以及其他社会效益等，从而进一步说明对国家目标的影响程度。民众安全与福祉的目标的成功实现，将影响政治及代表机构的公信力。实质上，这一过程首先是通过问题化，使申请者与利益相关者结成利益联盟，然后通过进一步的分工、论证、沟通和交流，确定和固化利益相关行动者的角色，完成由权益化到行动者（参与者）的

---

① ［英］J. D. 贝尔纳：《科学的社会功能》，陈体芳译，商务印书馆1995年版，第425页。
② ［英］J. D. 贝尔纳：《科学的社会功能》，陈体芳译，商务印书馆1995年版，第434页。

摄入过程。待项目获得审批后,申请者完成了行动者网络的建构和对同盟者的激活过程,自身成了行动者网络节点的中枢。

项目治理应在项目早期被嵌入,倡导者或发起人是政策制定者或其代理人。他以确保公众安全和福利为目标原则,针对具体项目提出如何规范演进的路线,防范不良影响等政策知识的需求问题。以此进行利益转译,激发潜在的利益相关者,必要时甚至可采取说服或市场化购买的方式吸收其他利益群体,共同建立转译链接,进而对自然科学家、社会科学家、其他利益相关者以及公众进行有效的整合。这是一个新的行动者网络与上述行动者网络的抗衡过程。政策制定者或其代理人首先通过文献分析和案例研究,走访科学家,访谈实验室,初步描绘项目研究与发展的可能路径以及潜在的社会影响,提出关于如何规范和防范这种影响的政策知识主张。同时通过媒体、论坛、街道专栏、公民会议、互联网等各种渠道把初步的政策知识主张传达给社会公众,进行广泛的交流和前期预警,进一步摄入并固化知识合作生产网络的行动者,并使他们在此阶段开展交流和反思性学习。实现公众安全与福利为价值取向的利益转译与链接,中心节点由作为项目申请人的科技专家向项目治理发起人进行转换。

2. 政策性知识生产的质量控制

实现高质量的合作生产取决于决策性知识生产的质量。杨辉、尚智丛认为,公共知识的质量取决它与合理性、共有性、合法性的符合程度。决策性知识的合理性,要求自身具有逻辑的完备性和经验现象的可检验性,在操作上可以以公共认可为标准施加验证。从上述利益转译与中心节点转化中可以看出,项目治理中的公共知识形成所依据的事实"至少涵盖自然事实和社会事实两个维度"[1],对自然事实的认识涉及科学与技术方面的知识;对社会事实的认识涉及政治、经济、法律、人文等方面的知识。那么,对事实的判断也就形成了多重维度。因此,决策性公共知识的生产不能依据某一维度的事实判断,"而应当建立在对决策相关事

---

[1] 杨辉、尚智丛:《科技决策中的公共知识生产》,《自然辩证法研究》2014 年第 9 期。

实的多维度的共识性理解之上"①。

为此,在实现中心节点的转换之后,项目治理的发起人结合正式的公民共识会议、议会辩论、听证会等形式对政策知识主张进行评估、修正和选择,完成决策性知识的合理性论证。由于科学知识生产的专业化特点,对于合理性论证越来越需要中心节点发挥中枢和组织作用,作出合理的程序和制度安排。论证参与的专家不仅包括自然科学家、技术专家、社会科学家和人文学者、社会管理专家,更有公众利益群体的代言专家。公众利益群体代言专家的出现,是纠正科技专家、中心节点成员(决策者)、公众、个人团体天然力量失衡的有效措施。它使得对待公众参与由礼貌的拍手变为真诚而热烈的鼓掌。因为在自然条件下,权力会自然依附于财富和科技专家,此时公众参与的"合作关系就意味着公众群体参与决策时有足够的财政资源去组织自己并雇用称职的科学、法律或其他顾问,然后由决策者考虑他们的意见"②。萨洛蒙列举了1975年美国圣地亚哥天然气和电力公司在南加州建立一个热发电站的事例,进而说明知识生产网络中心节点发挥的重要作用。首先政府要求该公司建设热电站前需成立一个委员会,并邀请当地居民作为主要成员参与其中,讨论诸如热电站选址等问题。为此政府还为该委员会提供技术顾问和资金支持。委员会旨在通过召开公众听证会,将公众对于修建热电站的意见反馈给政府,使政府在作出决策时有所采纳。由此真正呈现了公众和决策者、科学家并肩作战之势。在正式开辟的知识生产的空间内,专家客观的数据证明与严谨的逻辑推理报告、企业富于宣传性的辩护、一般民众本土化的经验知识与中心节点成员带有强烈价值导向的政策知识相互论辩、批判,不断调整各自观点,逐步在共识价值标准的导向下进行整合。这一过程实质上是政策知识合理性的论证过程,也是知识生产质量监控的关键环节。

鉴于科学技术研究与发展项目在社会系统中具有不断演化的特征,

---

① 杨辉、尚智丛:《科技决策中的公共知识生产》,《自然辩证法研究》2014年第9期。
② Jean-Jacques Salomon, "Science Technology and Democracy", *Minerva*, Vol. 38, No. 1, March 2000, p. 49.

来自不同行动者的多维度事实判断的统一性必然具有暂时性，因此政策性知识的生产并非一劳永逸，是具有动态性的。知识的合理性检验也将伴随着科学技术研究与发展项目的演化和治理而不断展开。这就决定政策性知识必须作为公共性知识而出现，随时保证公众的获取、审视和批判，以便达成新的事实判断的统一性，创造新知识。事实上，完成了上述决策性知识主张的公众普遍认可，也就经受了政治合法性的检验，公众的普遍认可程度越高，它的合法性就越强。直到被政治主体或代理者采纳之后也就完成了政治合法性的确认。

公共问责制度是知识生产质量的必要保障。政策性知识生产的质量决定了项目治理的质量和效果。政策性知识生产的质量不高或出现失误就会给社会和公众造成难以估量的损失，为了保障知识生产的质量，必须建立知识生产的公共问责制度。民主社会权力与责任具有统一性，拥有公民所赋予的权力就必须接受民众的问责。在科学技术知识合作生产的体系中，拥有公共权力的政府机构或其代理人和拥有知识权力的专家应当成为被问责的重点。

首先，拥有公共权力的政府机构或其代理人，在科技宏观规划的制定和执行的行动者网络中处于中心节点的位置，并拥有资源的分配权力。不仅如此，在后续的具体项目治理及科学技术合作生产过程中，它依然处于中心节点的位置发挥着重要的枢纽作用。对它的问责，范围可从国家科技宏观规划的制定到具体的执行与治理，涵盖整个科学技术知识生产的委托代理与合作生产的整个过程，覆盖科学技术与社会整个系统。

其次，拥有知识权力的专家是科学技术知识生产代理者也是主力军，在知识的合作生产中发挥着重要作用。由于专业性特点导致的专家与社会之间信息的不对称，知识生产过程的欺诈时有发生，话语霸权或已成常态。这种样态极易导致民众安全与福祉等国家目标的迷失，造成生产效率低下，埋下社会风险的隐患。对知识专家的问责包括专家诚信、提供的事实判断与国家目标的关联性、知识生产的社会透明度、知识生产的合法性等问题。

对上述二者问责的主体，理论上讲是社会公众，但在实际操作中，对前者主要是其上级行政部门或委托人；对于后者从实际操作上，则特别强调科学技术知识生产的复杂性，一般应由类似政治与科学技术活动的有机边界组织，像科学技术社会伦理委员会等政府委托授权的中介组织来完成调查、辩论、认证、问责这样一个过程。

第四章 理论困境和实践疑难

在世界科学经过田园诗般的时光后,我们迎来了一段暴风雨般的历史;不幸的是,我们也经历了科技的暴风雨。[1]

——萨洛蒙

科学政治学研究纲领明确显示科学具有社会历史性、宏观可调控性。这是由于作为调控基础的科学学具有的历史主义宏观整体论特性所决定的。也就是说,只有把科学作为一个整体或把一个学科作为整体来进行研究时,其宏观运行规律性才能被把握,并以此指导对科学的调控。然而,鲜活的科学活动又是由个体或个别群体,在局域内的阶段性工作,表现出个体、微观和阶段性特征。很显然,在宏观整体论的研究纲领的指导下,政治调控具体的个别科学活动,必然存在着一定的理论困境,并进而导致实践上的疑难。形成科学的政治化或行政化倾向,甚至导致科学的灾难。

第一节 整体论工程与个性化实践

一 调控科学的社会语境

政治对科学的调控,产生于社会建制化科学的大背景之下。科学建制作为社会政治体制的组成部分深深镶嵌在整个社会构架中,使得"科学植根于政治之中再也无法逃脱"[2]。对于一个缺乏有效自组织的科学系

---

[1] Jean-Jacques Salomon, *Science and Politics*, London: The Macmillan Press Ltd, 1973, p. xviii.
[2] Jean-Jacques Salomon, *Science and Politics*, London: The Macmillan Press Ltd, 1973, p. 48.

统而言，政治调控为其自组织演进提供了适宜的条件和环境，成为有效的推动者；对于一个基础环境和条件比较差的社会，即科学在各个方面缺乏足够影响力的社会，有且只有政治调控才能确保科学以一种较为合适的方式发展，从而有助于解决具体科学研究中各自为政的混乱状态。

特别是处于完全自由经济社会中的科学技术被资本绑架，把持在少数人手中，成为剥削欺诈、掠夺财富的手段。联系到战争的血腥、给民众带来的深重苦难和贫困，使人们不得不对科学重新进行审视、责难和反对。那种自古典以来，认为由于科学自身的精神和规范，把科学进步自然而然地等同于社会进步的乐观主义态度，开始被一种怀疑和批判的态度取代。萨洛蒙指出：

> 在科学和许多有害的东西不无联系的情况下，科学不再只和社会进步的画面连在一起了。不久前，科学活动可以繁荣发展，不会被指责有破坏性的效果，或者作为产生这一结果的帮凶。今天我们几乎走到了这样一步，要科学预先证明自己的无辜。[①]

的确，当科学危机所导致的社会危机事件不断出现在人们面前时，要求对科学进行干预，以避免造成破坏性结果的声音不绝如缕，这种声音发端于学术界的先锋思潮。首先，世界性的资本主义经济危机导致放任的自由主义观念在经济领域受到了挑战，干预经济学跃然而出。干预经济理论极佳的影响效应赢得了社会各界的普遍承认。依赖"看不见的手"实施无为而治的观点被希望通过权力干预维护社会利益的新观点取代。其次，社会主义苏维埃政权的建立，以及电气化的成功规划和实施，为政治调控科学提供了"模板"。在上述因素的共同影响下，政治调控科学的思想应运而生，逐步演化为具有历史主义特征的政治调控科学的理论纲领。

科学政治学思想和理论的终极目的是要"同时性"地解决"科学的

[①] Jean-Jacques Salomon, "Crisis of science, crisis of society", *Science and Public Policy*, Vol. 4, No. 5, October 1977, p. 419.

繁荣生长"和"科学为人类服务"问题。处于前范式阶段的科学政治学,把达到此目的的希望全部依托在了一种新的政治制度——社会主义制度,但前范式阶段的科学政治学只对科学与政治的一般性原则进行了论述,并未对科学与政治的契约关系以及政治调控科学的作用机制或模型作出具体的研究阐释。在科学政治学前范式阶段,科学的滥用和误用,以及深陷蒙昧主义的危险境地,使科学"头悬达摩克利斯之剑",时时处于"危机"之中。与此同时,人民苏维埃政权的诞生就像漫漫黑夜里的一盏明灯,令人激动不已。不可避免的,许多学者有意或无意地把刚刚诞生的苏联模式当作了研究的一个型范,渗透到了其思想研究的方方面面。在那个时代,他们满怀希望地认为刚刚诞生的苏联模式就是解决科学与政治关系的良方妙药,而忽视了对理论体系化的阐释和发展以及对实践问题所进行的具体研究。

通过对科学的历史考察,我们认为科学是社会要素之一,处于政治文化和社会意识形态、生产实践的包围之中,是社会中的一个子系统。科学实践的社会性因此而凸显出来,科学对社会条件的依赖也就不证自明。这就为实现对科学的合理干预奠定了学理基础。前文科学政治学研究纲领中提及的科学的社会历史性,也就表明政治调控科学具有了两面性,一是它顺应历史发展的需要,具有开创性;另外,它又会不可避免地表现出历史的局限性,必将在理论与实践中得到丰富和发展。只有在理论的指导下,在实践中不断冲出雾障,努力破解困境,科学政治学的生命力才能永葆青春,灿烂绽放。

二 整体性世界与局域性实践

科学政治学整合了科学学和科学社会学,为政治调控科学提供了理论指导和依据。科学政治学研究纲领中的"科学的社会历史性"告诉我们,要想把握科学的今天,掌控科学的未来,就需要认真梳理科学与社会发展的历史,以便对科学发展的模式和规律进行充分的认识。而科学学就是试图以科学本身为研究对象进行研究,从而发现科学发展演进的规律,以便为政治调控科学提供依据。它把科学作为一个整体,视为社会系统中的一个子系统,研究科学系统的组织结构和社会功能,探索科

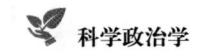

学发展的规律、特征和总趋势，期望通过社会其他要素来实现对科学的调控。很显然它具有历史主义和整体论的特征。

毫无疑问，自然界是整体生成论的。从现有的宇宙大爆炸理论来看，这个物质世界源于137亿年前，由一个致密炽热的奇点一次大爆炸后膨胀形成。宇宙被赋予了一段从热到冷的演化史。在这期间，宇宙体系在不断地膨胀，如同一次规模巨大的爆炸，使物质密度由致密朝着稀疏的方向演化。爆炸之初，物质主要以基本粒子的形态存在，诸如中子、质子、光子和中微子等。爆炸之后，宇宙体系持续扩张膨胀，导致相应的温度和密度迅速下降。温度的下降又促成原子、原子核以及分子的形成，三者又很快复合成为通常的气体。随着温度降低，气体开始凝聚并逐渐形成星云。星云逐步凝聚经过吸引、碰撞和旋转渐进演化为恒星和星系，最终经过一系列的演化，形成了我们眼前的宇宙。由此可见，第一，宇宙中各个物质实体，源于一个不断膨胀的整体性宇宙实体，宇宙整体先于部分实体；部分实体由整体化的宇宙生成。第二，物质世界的部分实体与整体化宇宙不可分割，对于整体世界那种分割性、碎片化的认识是具有片面性的。在这里，"整体与部分不是组成关系，部分是整体生成的，其前提是先有整体，然后才会有部分，即'万物都在万物中'，部分只是体现整体的一个场所"①。简而言之，这个自然界是一个整体（系统）生成论的有机世界。

那么，就存在不可忽视整体性的两个方面：（1）整体功能是可以大于或小于部分之和的；（2）仅通过将整体分解为一个个部分来考察了解远远不够，因为整体被分解之后，其部分之间的联系和作用便不复存在。

然而，科学活动的本体论基础是人类的生存实践，科学作为展现在人类面前的自然图景，是随着人类的生存实践不断深入而展开的，依据人类对自然世界的认识程度而变化的。人类对自然界总的认识经历了由泛灵论的有机整体性世界到由碎片化实体而构成，遵循因果关系论、还原论的机械实体性世界，再到部分与整体共生的有机整体论世界等形态的变化。其实，这也恰恰反映了人类的基本认识规律——由浅入深，由

---

① 段伟文：《整体论研究：哲学与科学的反思》，《中国人民大学学报》2007年第5期。

第四章　理论困境和实践疑难

宏观低速逐步到微观高速，再到宇观、胀观高速领域。这和人类努力摆脱自然奴役寻求自由解放的历史性展开过程相符合，并由自由与解放的程度所决定。卡尔·波普尔认为，"全体意义上的整体不可能当作科学研究的对象或者任何其他活动的对象"①。我们不可能一次或一下子较为全面准确地把握世界整体，必然是通过捕获自然映射之光亮，认识自然界这个多面体的一个局部或侧面，然后不断地积累和补充，有时甚至要归并或是推翻，使认识更加全面。面对一个复杂性的整体化世界，我们有时可能会借助一些自然现象猜测到它的整体化特征，但绝不可能一下子认识清楚。仅凭整体性的猜测，在我们认识能力和手段所不及的情况下，难免会陷入整体存在论与认识论的鸿沟所带来的困境之中，难以自拔。

我国古代，虽然最早猜测到了自然世界的整体性存在，如阴阳五行说等以一概全的理论，但却不是复杂性系统科学的诞生之地，更不是近代科学的发源地。"出现此问题的一个重要原因恐怕在于对观念性的理论的神圣化，结果导致了以鲜活的现象比附具有无限解释力的理论，而不是从行动的效果反观知识的有限性并寻求更佳的可实现性。这种刻舟求剑、削足适履的做法所导致的思想惰性无疑是值得反省的。"② 的确，从近代科学到现代科学，包括复杂性系统科学的理论发展，正是从捕获和解释鲜活的自然现象，并不断"从行动的效果反观知识的有限性并寻求更佳的可实现性"中获得认识上的突破的。复杂性系统的认识经由朴素辩证自然观之后，在机械自然观指导下，经过深刻而片面的分析、归纳与综合，使自然之光更多地照射到我们身上；正是随着对自然认识的不断深入，机械自然观下明确的因果决定论、还原论等受到挑战，人类才逐步地洞察到眼前这个自然界"是系统整体的诞生（涌现）、生长与完成的过程，以及各层次复杂网络的生长，整体结构与模式。……这里只有大整体与小整体、大世界与小世界的区别，从微观、宏观至宇观、胀观，它们都是息息相通、处处关联、层层嵌套的"③。使人类的认识回归到复

---

① ［英］卡尔·波普尔：《历史主义贫困论》，何林、赵平译，中国社会科学出版社1998年版，第69页。
② 段伟文：《科学方法的整体论嬗变》，《中国人民大学学报》2007年第3期。
③ 李曙华：《当代科学的规范转换——从还原论到生成整体论》，《哲学研究》2006年第11期。

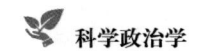

杂性科学的辩证有机整体论上来。

美国科学史学家韦斯特福尔（R. S. Westfall）总结道："17世纪实际上没有哪一种科学工作不受到机械论哲学的影响，而且，离开了机械论哲学，大部分的工作就无法被理解。"① 从哥白尼天体运行论，到开普勒行星运动三定律的观察推算，再到伽利略的斜面实验、自由落体定律及惯性定律，到牛顿的万有引力，特别是由牛顿完成的天上与地下运动的综合，最终建立了经典力学体系，这一切无不与机械论相联系。在被誉为开辟了科学发展新天地和新时代的牛顿经典力学体系建立后，其机械论的思想和方法在其他学科和领域也产生了深远的影响，并促成了科学的全面繁荣。然而，值得注意的也在于此，即以牛顿力学为主的机械论思想和方法已经成了近代科学发展的固定模式。从18世纪到19世纪，近乎全部的自然科学家都遵从这一模式去开展各自的研究活动。甚至在20世纪之初，被誉为原子物理之父的卢瑟福还在用牛顿机械的思维方式构造模型来探究原子结构。

从科学认识实践的微观角度来看，科学研究唯有依靠科学家的独立思考才能实现。然而这种认识，即认为科学只有在自由之中才能够繁荣昌盛的观念，似乎与科学作为普遍性的系统知识这种公认的界定相抵触。在科学实践的语境之中，如果科学被认为是整体论的系统知识，又何以靠那些不受任何集中指导的个体所增添的东西而进一步丰富呢？实践中依靠每个科学家的自在自为而进行的科学研究系统，它的结构可以类比于由有序生长的正常细胞构成的一个有机体的组织系统。通过诸多科学家各自的实践活动而推动整体科学的进步，"在许多方面可比之于从单一的微观生殖细胞成长为高等有机体。通过胚胎发育的过程，每个细胞追求自己的生命。同时每个细胞又在调整自己的生长，以符合其相邻细胞的生长，结果是出现了和谐结构的聚集体"②。这个过程其实是科学家自主而自然的交流和作用过程，通过信息的交流和反馈，使得自己的研究

---

① ［英］理查德·S. 韦斯特福尔：《近代科学的建构：机械论与力学》，彭万华译，复旦大学出版社2000年版，第43页。

② ［英］迈克尔·博兰尼：《自由的逻辑》，冯银江、李雪茹译，吉林人民出版社2002年版，第96页。

第四章　理论困境和实践疑难

路线得到调整,在不断变化的现实条件下达到最原始的预期研究目的。科学研究实际的状况也近似于拼图,真理图景的碎块散落于"自然界"各处。"每个科学家依从自己的直觉,独立追求一项任务,即寻找雕像的一块碎片,使之符合由旁人拼合的部分。"① 要想符合由旁人拼合的部分,意味着必须进行交流、碰撞和竞争。在交流、碰撞和竞争中自由的科学家协同起来,共同揭示客观的自然图景。

不可否认,19 世纪和 20 世纪科学的进一步发展冲击着机械论自然观,但是,它没有终结这种自然观。相反,从科学发展的历史及其未来展望看,机械论自然观仍将在科学研究中发挥重大作用。分子生物学的诞生和发展,基因技术的进步,生物学上的还原主义的贯彻,比较充分地说明了这一点。而且,即使 20 世纪创立的相对论、量子力学的一部分也含有这种机械自然观的成分。②

历史给我们留下了这样一条轨迹,即在机械构成论哲学的主导下,科学认识不断丰富乃至深化,并最终打破束缚,窥见了自然世界的整体性特征,为有机整体论哲学奠定了基础。机械论自然观主导下的构成论与还原论指导了人类的探索实践活动,反映了人类一定历史时期的认识能力和水平,符合由简单到复杂、由低级到高级的认知发展规律。面对展现在人们面前宏观低速的整体性世界,把它初步拆分为比较容易了解的简单低层次事物后,再去加以认识,这十分符合人类的认识规律。但也因此必然留给我们一系列参差不齐的学科方向。在一个学科方向或领域内部,追随在学术权威周围的,是一群有着共同信念,信奉着一套核心理论,依照着一定的方法和手段进行认识自然和破解难题活动的一个"学术部落"。现实的科学实践活动最终展示给我们的是一个个活生生的"学术部落",整体化的科学形成了分科而治和局域化、个体化实践的局面。

---

① [英]迈克尔·博兰尼:《自由的逻辑》,冯银江、李雪茹译,吉林人民出版社 2002 年版,第 96—97 页。
② 肖显静:《从机械论到整体论:科学发展和环境保护的必然要求》,《中国人民大学学报》2007 年第 3 期。

三 整体论工程与个体化实践

实际上，政治调控科学是一个整体论基础上的社会工程，正如卡尔·波普尔所言，总体论的社会工程从来就不是私人的，而是具有公共性质的。它的目的在于按照一种明确的计划或蓝图重新塑造"社会整体"①，抑或是"科学整体"。

科学整体化社会工程能否实施，关键在于是否存在一个指导和管理工程的蓝图。按照卡尔·波普尔的话说就是在没有对各种"零件"充分认识的情况下，"物理机器"是否可以事先用蓝图的办法设计成功，甚至是否能随之设计整个生产工厂？答案是否定的！发展中的科学，存在一个很特殊的性质。那就是，科学通常不能一目了然地显现它的不完整——即便它的大部分或许还不完善的情况下也是如此。19世纪末之前的物理学，虽然还没有量子力学和相对论，也不曾注意到电子和放射性，那时大家却依然认为它本质上是完整的；不仅一般民众，当时的科学权威们也是这么认为的。如果试图表现科学的成长，我们必须想象有这样一座自然雕像，将它拼合起来时，每个相继的阶段都显示出完整性。并且是，每块相继的碎片添加上去，都会造成有意义的改变。

事实上，不会有哪个特殊组织，哪怕是由一些著名人士组成的科学家委员会，能够精确预测未来的科学发展。苏联没有在科学与政治具体运行的机制上进行更多的关注和研究，但却在调控的强度上极大地僭越了科学发展的本来需要。从而在一方面，使得具有明确现实需求的科学或技术，通过国家组织计划取得成功；但在另一方面，从总体上讲，科学与政治摩擦交锋，旷日持久，严重降低了科学研究的效率。苏联沃尔根院士代表官方于1933年的一次讲话即可印证此观点。他说："除了某些早已在科学院工作的同志以外，许多同志也许都不能想象，为了把科学工作的计划这个简单的思想运用到科学院中来，曾经要求我们进行了怎么样的斗争，作了多少努力，进行了多少谈话，科学院的共产党员和

---

① [英]卡尔·波普尔：《历史主义贫困论》，何林、赵平译，中国社会科学出版社1998年版，第60页。

靠近它们的非党人士在这件事情中付出了多少劳动。"① 由此可见，政治干预下的科学规划和组织实施在苏联进行得相当不顺畅，并时时处于矛盾和冲突状态之中，究其原因还是对政治调控科学整体论工程的认识不足，实施不当，导致了实践上的困境。

对于上文提及的那种能够"预测"科学未来发展的委员会，爱因斯坦充满遗憾但又不失幽默地说："如果科学需要苏共中央委员会来决定，还要我们这些科学家干什么呢？"② 自然而然，其所计划和分配的问题，有些也就无所谓科学价值了。这些问题或者缺乏独创性，或者没有付诸实施的可能（无论是现实的还是理论的可能性）。因为，能够有效推进科学进展的具体问题以及所涉及的方方面面，只有通过对科学家自身的探索才有可能被揭示出来。科学家毕生沉醉于所耕耘的特殊领域，从而才有可能发现少数能付诸实施且真正具有价值的问题。取得上述这种能力，或者说取得这种能力的准备工作，亦即法国科学社会学家皮埃尔·布尔迪厄先所说的"入场费"。而自然科学研究的过程中，入场费通常都是比较高的。之前所述的那些盲目性之中十分重要的一点，就是在各门学科面前，他们没有消耗任何入场费，也就不可能取得入场资格，也就是我们通常所说的"外行领导不了内行"（由于学术部落的形成，存在隔行如隔山的现象）。因此，预测和机械计划指导下的科学整体化工程，必然会陷入实践困境。

20世纪60年代后，这种整体论的社会工程不断受到挑战。美国科学哲学家库恩认为，宏观地讨论科学革命而脱离鲜活的具体科学内容是不可能做到的。由于各门具体科学在逻辑上自成体系且存在着相互的差异，所以肖娜认为：

> 当各门科学同样作为一个社会要素时，在不同的科学家共同体之间与其他社会要素如政治、经济的联系程度是有差异的。不能想

---

① ［苏］科尼亚捷夫、柯里左夫编：《苏联科学院简史》，中国科学院对外联络局译，科学技术出版社1959年版，第94页。

② 郭世贞：《自然·方法·科学》，内蒙古人民出版社1988年版，第35页。

象，作为整体的科学在增进社会福利时，各门具体科学能够各自一同地起作用。同样的，也不能设想宏观调控科学在对科学本身作出整体的改造时，能够同样地改造各门具体科学。①

我们可以借用卡尔·波普尔对物理工程学与总体论工程学之间的类比来进一步阐述政治调控科学的有关问题。即，可以承认物理机器是能够用蓝图的办法设计成功的，甚至随之能够设计整个的生产工厂等。但是，这一切之所以成为可能，只是因为许多零碎的试验都已经实现了。每一部机器都是许多小改进的结果——每一种模型都必须经过试错法，通过无数的小调整，才被"发展"出来。从这个意义上说，正是因为我们有了对零碎的各部分问题的解决，才有了物理机器的整体或整个工厂。社会学家迈克尔·博兰尼（Michael Polanyi）也曾对整体论工程提出责难和质疑，他用拼图游戏与科学研究进行了形象的类比。如同前文所描述的那样，假如有一个很大的拼图，我们想要加快速度而组织一些人共同参与，那应该如何去组织呢？他认为唯一的办法，就是动员尽可能多的助手去完成这同一套相同的拼图，人人发挥各自的主动性，在宽松的气氛中轻松地工作。这样，每个助手都会看到其他每一个人的进展，并可以根据他人拼图完成部分的情形，为自己设定新的问题和方向。每个人完成的任务会与其他人完成的部分紧密吻合在一起。如果有人企图通过运用集中管理的方法来完成，那他就要预先计划完成拼图的各个阶段，这根本就是不可能的事情。集中管理所实现的一切效果，会将所有助手形成一个等级集团，而后再由一个指令中心指导他们的行动，所有人都要等待最高部门下达指令。事实上，除去作为组织最高首脑的那一个人，所有参与者在完成拼图的工作当中都不可能作出任何明显的贡献。② 可想而知，这项工作中相互配合的效果等于零，拼图工作的效率降到了最低。作为类比对象，自然科学研究又何尝不是在努力拼出自然面貌之图呢？

---

① 肖娜：《论贝尔纳学派的科学学》，硕士学位论文，湘潭大学，2001年，第34页。
② 参见［英］迈克尔·博兰尼：《自由的逻辑》，冯银江、李雪茹译，吉林人民出版社2002年版，第38—39页。

在科学发展的历史上，留下浓墨重彩的科学成就大多由自由的"小科学"研究而引发，包括诺贝尔奖的成就也是如此。在相对独立自由的空间内，每一个成熟的科学家都会在其所探求的领域内，最大限度地发挥自己的特殊才能，去发现问题并解开自然这部书的"斯芬克斯之谜"。科学演进过程中的节点上的知识发现，那些除去发现者之外所有人都未曾想到的灵感，便是在这样的情境中迸发出来的。与此同时，科学研究方向得以开拓。而那些开拓者的工作，初看上去都有可能会显得不够健全，有时甚至精奇古怪。科学实践活动的特性表明，政治调控科学并不在于精确的计划和强行实施干预。终极而言，科学运作的责任，在于把国家目标与科学家的能动性结合起来，尊重学术部落和学术个体的创造，并为此营造自由发挥才智的空间，在"无为"中做到"无不为"，"不留痕迹""不留伤害"。这便算作科学政治学对于整体论质疑的初步回应。

四 科学与技术不同系统的差异

（一）科学与技术习惯性地混同

众所周知，自然科学与技术的关系十分密切。人类的实践生存是它们产生的本体论基础，所以它们面向的都是自然界。科学是面向自然回答"是什么"和"为什么"的问题，显然，它的目的是认识自然，揭示自然现象背后的本质规律，探明自然界存在的各种物质；技术则是面向自然告诉我们"怎么去做"的问题，显然它的目的是面向自然，改造和利用自然，进而适应和满足人类生活的需要。科学与技术的历史一直伴随着人类生存发展的历史而赓续展开。在古代，技术领先于科学，并不断把科学知识逗引出来；到了近代，科学开始系统化发展，直至近代后期，科学与技术的关系开始颠倒，科学成为新的技术之源，极大地提高了技术发明的成功概率，推动着技术的发展；今天，科学、技术相互依赖，密切联系，呈现一体化的特征。的确，"时至今日，技术上的进步，总体来说基于科学的发展。科学上的每一个重大突破，不仅都将在一定时间内导致影响人类生活的新技术的出现，还必定极大地丰富我们进一步认识自然的技术手段；新技术的发展又促使我们认识自然的实验手段

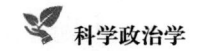

不断增加、不断提高，从而推动自然科学的进一步发展"[①]。

虽然科学与技术的关系日益密切，但二者不能混为一谈。令人遗憾的是，一直以来，国人太过随意地将科学混同于"生产力"，惯于或集体无意识地把"科学和技术"称为"科学技术"，进而简化为"科技"。长此以往，以至于约定俗成，至今积重难返。科学与技术的概念之所以有此类的含混不清，确实也有其存在的原因。首先，在科学和技术之间存在的边界，并不是在所有学科范围内都是天堑，不可逾越，类似在遗传工程和基因治疗的情况中那样，很难说科学和技术在操作实施的过程中哪方所占的比重更大。其次，许多现代建制化的探究活动，把增进科学知识与推进特定领域的技术进步的目标相融合，以至于在科学与技术之间不存在建制的划界。最后，科学转化为技术的速度在加快，给人们留下科学和技术更为紧密的印象，当科学发现不久后便会很快应用于技术，两者之间如此紧密的联系使得很多人认为科学和技术是水平同质的东西。

尽管科学理论都具有潜在的应用价值，可能导致技术上的应用，而每一项新技术又可能为探索新知识提供手段；或者可以说，科学是为了进一步认识自然获取新知而应用和变革技术，而技术则是为了不断地发展和提高从而去获取新知识。但这种联系，并不能填平科学和技术之间的鸿沟。其核心任务是探索新知，关心的是自然知识的增长，而技术并不过多地关心这些，它关心的是利益。虽然在科学与技术活动中科学与技术相互纠缠，但科学与技术的划界还是客观存在的，这种划界不是实然的，而是特性所决定的应然划界。从学理上讲，科学与技术虽有联系但性质不同，绝非如出一辙，而是截然有异的。

（二）两者差异的再思考

李醒民先生曾在《自然辩证法通讯》撰文以"科学和技术异同论"为题，从科学与技术活动所追求的目的、各自具体的研究对象、驱动的取向、探索的过程、各自关注的问题、解决各自问题所采用的方法、需要的思维方式、各自系统构成要素、语言表达、最终结果、评价标准、

[①] 邹承鲁、王志珍：《科学技术不可合二为一》，《科技日报》2003年8月5日。

第四章 理论困境和实践疑难

价值蕴涵、遵循的规范、职业社会建制、社会影响、历史沿革、各自的演进17个方面分析了科学与技术的不同特点。陈昌曙教授也曾从10个方面揭示了科学与技术之间原则和本质性上的不同。① 邦格也曾经以列表的形式，详举了科学和技术之间的某些联系与不同。② 上述学者的分析和论述可称细致全面，在此不再赘述。这里主要想从预见性上多着些笔墨，进行分析比较，从而揭示整体论调控的疑难。

现代技术大多以明确的科学原理作为依据，在市场需求的驱动下诞生。而明确的科学原理和市场需求，是技术预见的两个关键要素。所以技术创造和发明已经摆脱了"黑箱式"的探索，使得技术上的发展在相当的程度上可以预见，也完全是可以规划的。在作出比较详细、周密的规划之后，就可以有的放矢地组织实施。相比科学探索而言，它的偶然性较少，但成功率较高。美国的曼哈顿计划和登月计划，中国的两弹一星工程都是很好的例证。中华人民共和国成立初期，在物质条件极为恶劣的情况下，缜密地规划，成功实施了"两弹一星"的计划。当时被称为"两弹一星"科学规划，实则为技术工程规划。同样，20世纪80年代四位中科院院士王大珩、王淦昌、杨嘉墀和陈芳允联名提出了关于跟踪世界战略性高技术发展的建议。在他们的倡议下制定的发展高技术规划，在总体上也同样顺利实现。这说明，对于国际上已经实现的技术，我们通过合理规划、组织力量是可以获得的。更进一步说，要实现国际上还从未实现的技术，在确定基本的科学原理之后，同样是可以进行合理规划和实施的；而特别对于那些包含科学上尚未解决的问题的技术，就更加需要注重对技术的规划，推动科学原理的探求，合力实施技术规划。

科学探索面对的是完全未知的领域，目标常常不甚明了。从惯用的主要方法上看，离不开观察、实验、归纳演绎；在路径方面，一般是观察、联想、猜测和比较，建立模型，进行验证。此过程还时常伴随着灵感和顿悟的发生。可以说，科学活动的目的是追求理性、揭示规律，但

---

① 参见陈昌曙《技术哲学引论》，科学出版社1999年版，第168页。
② 参见邦格《科学技术的价值判断与道德判断》，吴晓江译，《哲学译丛》1993年第3期。

作为这样一个过程却是理性与非理性相互交织的。这就决定了科学实践活动具有探索性极强、路径和结果的不确定性极高的特点，通常而言失败多于成功。有时甚至成功就蕴含于失败之中，原有计划的夭折可能柳暗花明，使科学家发现新的现象和问题，带来意想不到的收获。物理学家伦琴研究克鲁克斯管未获成功，却因此偶然发现了穿透力极强的 X 射线而造福人类。大量的科学史实显示，科学发现的过程，经常伴随着方向和路径的变异，使人射鹿而得马，更有"踏破铁鞋无觅处，得来全不费功夫"的意外惊喜。可见"在这种情势下，你根本无法计划和组织科学研究；即使硬着头皮做出计划，也不过是镜花水月而已，你根本无法在实践中实施"①。在历史上，留下浓墨重彩的诺贝尔奖科学研究成果，大多出自非计划自由探索的小科学研究。

> 科学史表明，伟大的科学成就并不是通过组织和计划取得的；新思想发源于某一个人的心中。因此，学者个人的研究自由是科学进步的首要条件。除了在某些有意识的领域，如天文学、气象学、地球物理学、植物地理学中，一个组织对于科学工作来说只是一种蹩脚的工具。②

科学在一定程度上是难以预料和规划的，并不是说根本不应该或根本不可以进行规划和调控。中华人民共和国成立之初，曾进行了一些合理规划，主要是指明应该在哪些方面开展工作。所预见的主攻方向，不过是依据眼前科学发展的态势所作出的认定。由于科学的探索性和不确定性，在之后的科学发展进程中，不可避免地会发生变化，现今所确定的重要方向也可能会随之而变化。我们必须看到，基础研究是不可以进行过于细致的计划和组织的。贝尔纳曾对科学规划的可变性、灵活性作过具体的阐述。他认为，由于科学研究的不可预料性以及各学科间复杂

---

① 李醒民：《科学和技术异同论》，《自然辩证法通讯》2007 年第 1 期。
② [美] 内森、诺登编：《巨人箴言录：爱因斯坦论和平》（下），李醒民译，湖南出版社 1992 年版，第 84 页。

的关系,任何僵硬的规划都会造成极大的浪费,规划应是不确定的计划。不过他认为,为了促使大家面向一个共同事业,也还是值得尝试编制一个计划的。但同时强调,"任何这类规划的要求将是灵活性。刻板地执行预订规划对于科学是再有害也不过了"[①]。科学工作领域中包含太多出乎意料的因素,无法在事前估计出会有何种新发现,或者可能得出何种成果来。解决的办法只有坚持科学规划的灵活性。我们经常说具体情况具体分析,在这里认定的主攻方向也必须随时修正以适应形势的变化。否则,这种对待科学研究的态度本身就是不"科学"的,研究成果的价值何在也就显而易见了。

科学与技术,同为人与自然关系的中介,有着共同的本体论基础,但其性质和特征有着多方面的显著区别。从调控的实践上讲,把二者混同起来,必然会在实际工作中产生偏差,造成伤害。如果笼统地把科学与技术混为一谈,政治调控的强度就不可把握了。科学所需的外部调控强度相对较弱,过强的政治干预会使科学研究迫于压力,在求真的道路上走向歧途;而技术则需要比较明确甚至是较强的干预,若政治调控的缺失则会使既定的技术项目疏于管理,无法按时保质保量完成。之所以会造成这种情况,是因为在科学和技术的研究过程中所需要的自由度是不同的。一言以蔽之,在政治调控中,不可把科学和技术作为一个整体。

五　不同主体心理动机的差异

在科学的庙堂里有许多房舍,住在里面的人真是各式各样,而引导他们到那里去的动机实在也各不相同。有许多人所以爱好科学,是因为科学给他们以超乎常人的智力上的快感,科学是他们自己的特殊娱乐,他们在这种娱乐中寻求生动活泼的经验和雄心壮志的满足;在这座庙堂里,另外还有许多人所以把他们的脑力产物奉献在祭坛上,为的是纯粹功利的目的。如果上帝有位天使跑来把所有属于这两类的人都赶出庙堂,那末聚集在那里的人就会大大减少,但是,仍然还有一些人留在里面,

---

① [英] J. D. 贝尔纳:《科学的社会功能》,陈体芳译,商务印书馆1995年版,第438页。

其中有古人，也有今人。……现在让我们再来看看那些为天使所宠爱的人吧。他们大多数是相当怪癖，沉默寡言和孤独的人，尽管有这些共同特点，实际上他们彼此之间很不一样，不象被赶走的那许多人那样彼此相似。究竟是什么把他们引到这座庙堂里来的呢，这是一个难题，不能笼统地用一句话来回答。

——爱因斯坦在纪念普朗克六十岁生日庆祝会上的讲话（1918年4月）①

科学探索活动最关键、最活跃的因素是科学家研究群体和个体。所以在科学活动的组织和治理中对科学家心理动机的分析、把握和理解也就显得十分必要。科学家从事科学研究活动的心理动机是复杂多样的。数量众多的科学家，心理构成千差万别。即便是聚焦一位科学家，他的心理动机有时也会有所侧重，彰显了不同的层面。而这一切，确实对科学研究的计划与调控构成又一挑战。

（一）心理动机构成

科学家从事科学研究活动的动机包括诸多方面，其中比较常见的有自身内在好奇心和心理的满足、潜在的有用性和生计的需要，等等。亚伯拉罕·马斯洛（Abraham Harold Maslow）认为：

> 像人类的所有成员一样，科学家也被多种需要促动。这些需要是人类共有的，是对食物的需要；对安全、保护以及关心的需要；对群居、感情以及爱的需要；对尊重、地位、身份以及由此而来的自尊的需要；对自我实现会发挥个人所特有的和人类共有的多种潜能的需要。②

最初较多的自然知识出自工匠之手，这些新的自然认知使他们的技艺更加精湛。"从自然遗传的结果看，我们只是为生存而对真正的知识感

---

① ［美］爱因斯坦：《爱因斯坦文集》第1卷，许良英等编译，商务印书馆1976年版，第100—101页。
② ［美］马斯洛：《动机与人格》，许金声等译，华夏出版社1987年版，第1—2页。

兴趣，不可能选择没有应用价值的知识。"① 随着生产资料的积累和闲暇时间的增多，一些人转而成为在好奇心的驱动下，以增进自然知识为目的，其中包括"仰望星空"的哲人和贤士。当资本的触角和知识亲密接触后，把自然知识用于实际目的的愿望，对科学的发展起了很大的作用，职业科学家就此出现。此时，养家糊口、维持生计成为科学家从事科学研究的显性目的，生活有了保障后，科学的自主性也在一定程度上得到了保护。因此，实际上从科学职业化以来，"就大多数人而言，更常见的是所有同时发生作用的动机的各种程度不同的联合，而不是一个单一的原始的最重要的动机。最有把握的设想是：任何科学家的研究工作都不仅是由爱，也是由单纯的好奇所促动的；不仅是由威望，也是为了挣钱的需要促动的，等等"②。我们甚至可以这样看待科学家的心理动机，"一些人的贪心和另一些人的无私在对人类作出贡献这一点上是相同的，至于说每一个发明者从他自己的发现中为自己得到或没得到什么毕竟是一件次要的事情，而且几乎是毫不相干的事情。无论经济上的和其他物质上的报酬有多大，比起纯精神上的收益和很好地做了一件事的心情以及最重要的对真理的沉思，却是微不足道的"③。

在大众对科学动机的了解中，对有用性和功利性动机的认识达到了普遍化的程度。但对于好奇心的驱动以及对自然的热爱和审美等精神方面的驱动知之甚少。在后者驱动下，科学家大多表现出"为知识而知识"的共同行为特征，这一特征也成为部分科学家所崇尚的理想。在此驱动下，科学家内心充满激情，翱翔在自由的天空进行探索，并以无私利的伟大奉献精神为支柱，不畏艰难地探明事物的奥秘，揭示自然的秩序。实际上，"为知识而知识是科学家所崇尚的理想，这不只是流行的问题，而是对知识的理解的问题，反映了科学活动方式的本性"④。爱因斯坦对

---

① H. Mohr, *Lectures on Structure and Significance of Science*, Springe Berlin Heidelberg, 1977, p. 22.
② [美] 马斯洛：《动机与人格》，许金声等译，华夏出版社1987年版，第3页。
③ [美] 乔治·萨顿：《科学史和新人文主义》，陈恒六等译，华夏出版社1989年版，第37页。
④ H. Mohr, *Lectures on Structure and Significance of Science*, Springe Berlin Heidelberg, 1977, p. 21.

此进行了清晰的阐释,他说:"人们总想以最适当的方式来画出一幅简化的和易于领悟的世界图像;于是他就用他的这种宇宙秩序来代替经验的世界,并来征服它。这就是画家、音乐家、诗人、思辨哲学家和自然科学家所做的,他们都按自己的方式去做。各人都把宇宙秩序及其构成作为他的感情生活的支点,以便由此找到在他个人的狭小范围里所不能找到的宁静和安定。"① 爱因斯坦特别强调,强烈的好奇心,揭示和谐的宇宙秩序的渴望,才是科学家强大的毅力和耐力的源头。

上面对心理动机的构成进行了简单的介绍,接下来我们就需要进行深入的分析,知名学者李醒民先生曾经对科学的动机作了多角度、全方位的分析,概括起来主要是,有形和无形的外在心理动机,以及内在心理动机,等等。

(二) 外在心理动机

科学家的外在心理动机主要指外在的一种功利化的刺激,包括有形功利动机和无形功利动机。有形功利动机,主要是把科学作为谋取实实在在的利益的手段,比如,以增进民众的福利、改善个人生活状况、逐利发财为目的而从事的科学研究。这里即便是为了个人利益,只要合理合法,便无可厚非。无形功利动机,主要是指把荣誉、社会认可和他人赏识作为主要目的来进行科学探索。科学家们满怀激情和信心,投入学术场域的竞争中来,强调科学共同体的自我行为规范,注重学术优先权的获得,以积累学术资本,取得学术权力。这一"学术权力"不同于政治权力,它是在公平合理的学术竞争中,所取得的名誉地位的象征,是在大家的认可下而自然形成的。李醒民先生引用莫尔的言论,对此类科学家的活动作了精当的分析。

> 他们首先追求的是人们的赏识。当然,为增进知识做出贡献,这是首要的动机。这不是虚构,不是对科学家的性格主观想象的结果。我认识的许多人,我相信他们当科学家的惟一动机只是对于自

---

① [美] 爱因斯坦:《爱因斯坦文集》第1卷,许良英等编译,商务印书馆1976年版,第101页。

然界的奥秘深感兴趣。其中某些人像我们的科学先辈那样在极其不利的条件下工作,在院校或研究机关中艰苦奋斗,对收入、家庭、行政职位和虚名毫不在乎。然而,说到底,他们都十分计较是否得到人们的赏识。①

科学家的有形功利动机和无形功利动机在一定情况下是可以转化的。迫于生计,有时科学家不得不暂时放弃无形功利,而追逐有形功利;在有形功利动机驱动下进行科学探索的科学家,发现自己面对的科学问题对自己形成挑战,促使他全神贯注地投入其中,内心充满掀开自然事物神秘面纱的喜悦和得到社会认可的期盼。正如科学史家乔治·萨顿所言:"一个人可能会梦想做出一项发明使他本人和家庭过舒服一些的日子,发家致富看上去可能是他的主要激励。但是,由于他连续进行研究并且变得越来越全神贯注于他的方案和设计,他可能会忘记自己的利益所在,甚至会失去根深蒂固的自我保护本能。最后他可能处于一种精神上极度兴奋和完全忘我的状态,这也许是我们最靠近天堂的一种状态。"②

(三) 内在心理动机

内在心理动机,顾名思义就是隐藏于科学家内心之中未曾显露,用于抚慰科学家心灵以满足精神需要的一种取向。从表象上看,不刻意追求外在的名和利,给人一种超凡脱俗的感觉。的确,对于一般人而言,最难之处莫过于体察他人的内心状态。科学家的内在心理动机,很难被其他人觉察和体味,更难以按照世俗的眼光去理解,只有科学家本人沉醉于其中,无法自拔。

内在心理动机可分为消极的和积极的心理动机两类。其中,消极心的理动机也可称为否定的心理动机或反面的心理动机,主要表现为对现实的一种逃避。爱因斯坦认为,"把人们引向艺术和科学的最强烈的动机

---

① 李醒民:《科学探索的动机或动力》,《自然辩证法通讯》2008 年第 1 期。
② [美] 乔治·萨顿:《科学史和新人文主义》,陈恒六等译,华夏出版社 1989 年版,第 36—37 页。

之一，是要逃避日常生活中令人厌恶的粗俗和使人绝望的沉闷，是要摆脱人们自己反复无常的欲望的桎梏"①。以此来远离纷扰和争斗的世界，享受孤独和宁静，追求自然的和谐与秩序，抚慰心灵，品味常人难以理解和认同的幸福。正如乔治·萨顿引用古希腊人欧里庇得斯（Euripi-des）的精妙语言所表达的："那些获得了科学知识的人是有福的，他们既不追求平民的烦恼，也不急急忙忙参与不公正的事业，而是沉思那不朽的自然界的永恒的秩序，沉思它是怎样形成的？以及在什么时候、为什么形成的……"② 对于那些内心纯净，不愿与邪恶同流、与龌龊合污的人而言，最理想的避难方式是探索自然奥秘，揭示自然秩序。地质学家魏格纳曾深刻地体悟道："我们的周围存在一个复杂的世界，它充满着难以预料的事件。当我们发现并知道一些事物具有某种秩序和不可改变的性质时，人的灵魂将获得一种安静。"③ 以心驰骋，心与物游。在宁静肃穆中，他们的心灵和思想得到升华，那里是理想的"伊甸园"，最佳的"世俗修道院"。

积极的心理动机又可称为肯定的心理动机或正面的心理动机，表现为一种对真理的执着追求，对"美"的向往和热爱。爱因斯坦赞赏积极的心理动机，渴望看到先定的和谐的宇宙秩序，努力揭示一种简单的，创造和谐世界的本质力量。他坚信支配自然界最为本质的万能的"上帝"④存在，是"简洁"和"美"的。它所支配的自然界一定是和谐有序的。爱因斯坦始终怀着强烈的宇宙宗教感情，充满激情地投入自然的探索中。实际上，他的积极心理动机包含着积极理性心理动机，即致力于揭示自然界的客观本质，寻找万能的"上帝"。同时，还包含着积极的感性心理动机，即怀着宇宙宗教情感，陶醉在揭示和欣赏自然和谐秩序、简洁和美的过程中。爱因斯坦的自述更能表明其心迹，"渴

---

① ［美］爱因斯坦：《爱因斯坦文集》第1卷，许良英等编译，商务印书馆1976年版，第101页。
② ［美］乔治·萨顿：《科学史和新人文主义》，陈恒六等译，华夏出版社1989年版，第37—38页。
③ E. P. Wigner：《科学家与社会》，侯新杰、王荣译，《世界科学》1993年第4期。
④ "上帝"隐喻支配自然界最为本质的、最具一般性的原理。

第四章　理论困境和实践疑难

望看到这种先定的和谐，是无穷的毅力和耐心的源泉。……促使人们去做这种工作的精神状态是同信仰宗教的人或谈恋爱的人的精神状态相类似的；他们每天的努力并非来自深思熟虑的意向或计划，而是直接来自激情"①。

积极的感性心理动机名目繁多，而且常常相互交织在一起，并常常不被世人理解，在此稍加笔墨。

其一，好奇心和惊异感的驱动。好奇和惊异是人类与生俱来的特有的情感反映。从人类实践生存的角度来看，人类面对这千奇百怪的自然界时，好奇和惊异就从试图了解自然进而摆脱自然奴役开始。

> 古今以来人们开始哲理探索，都应起于对自然万物的惊异；他们先是惊异于种种迷惑的现象，逐渐积累一点一滴的解释，对一些较重大的问题，例如日月与星的运行以及宇宙之创生，做出说明。一个有所迷惑与惊异的人，每自愧愚蠢；他们探索哲理只是为想摆脱出愚蠢。②

好奇和惊异让人们的内心充满着去认知和揭秘的冲动，引发人们对自然的思考，进而在思维的世界编织知识之网。的确，"这个思维世界的发展，在某种意义上说就是对'惊奇'的不断摆脱"③。初始的各种动机在促使人们进入角色之后，在探索过程中大多会临时转化为好奇心驱动，因此好奇和惊异被视为科学家最主要的科研驱动力，它是最富情感色彩的心理动机。

其二，源于自然和科学的热爱，这种热爱既包括对自然和科学的审美，也包括对科学活动独特方式的心理依赖等。它能够唤起科学家内心之中研究自然的热情，有助于在审美鉴赏中不断揭示自然的秩序和本质，在领略自然和谐和简洁之美的同时，更加陶醉在对自然的探索之中。正

---

① [美]爱因斯坦：《爱因斯坦文集》第1卷，许良英等编译，商务印书馆1976年，第103页。
② [古希腊]亚里士多德：《形而上学》，吴寿彭译，商务印书馆1959年版，第5页。
③ [美]爱因斯坦：《爱因斯坦文集》第1卷，许良英等编译，商务印书馆1976年，第4页。

如彭加勒所言："科学家研究自然，并非因为它有用处；他研究它，是因为他喜欢它，他之所以喜欢它，是因为它是美的。……我意指那种比较深奥的美，这种美来自各部分的和谐秩序，并且纯粹的理智能够把握它。"① 可以看出，这种热爱和陶醉也使科学家用纯粹的理智去把握自然变得异常自信。爱因斯坦曾自述：

  在我们之外有一个巨大的世界，它离开我们人类而独立存在，它在我们面前就像一个伟大而永恒的谜，然而至少部分地是我们的观察和思维所能及的。对这个世界的凝视深思，就像得到解放一样吸引着我们……在向我们提供的一切可能范围里，从思想上掌握这个在个人以外的世界，总是作为一个最高目标而有意无意地浮现在我的心目中。②

对自然和科学的热爱，使科学家在描绘自然图景的过程中，享受挫折和成功的快乐，对揭示自然奥秘变得异常执着。爱因斯坦坦言，"通向这个天堂的道路，并不像通向宗教天堂的道路那样舒坦和诱人；但是，它已证明是可以信赖的，而且我从来也没有为选择了这条道路而后悔过"③。科学家对自然和科学的深切热爱，科学研究已然成为他的一种生活方式、一种思想方法。

综上可知，每一位科学家的心理以及科学家集体的主流意识对于政治调控科学的方式有着深远影响。原因在于，我们通常言及的调控或管理，核心落脚点是最为艰难的和重要的——如何同科学家以及高级技术人员达成共识，并把管理者的意图潜移默化地落实到科学主体的行动中去。宏观的统一调控模式未必适应所有鲜活的活动个体。

---

① ［法］昂利·彭加勒：《科学与方法》，李醒民译，辽宁教育出版社2001年版，第7—8页。
② ［美］爱因斯坦：《爱因斯坦文集》第1卷，许良英等编译，商务印书馆1976年版，第2页。
③ ［美］爱因斯坦：《爱因斯坦文集》第1卷，许良英等编译，商务印书馆1976年版，第2页。

第二节 宏观整体论与微观阶段论

一 历史主义整体论的合理性

政治调控科学的思想和理论产生在特定的历史背景下，特定的历史背景造就了思想的批判性。当前，进入大科学时代，科学的发展不可能完全摆脱政治的控制和束缚。更为重要的是，通过对科学与社会历史的平行考察，我们看到，科学系统是社会大系统中的一个子系统。科学要素与社会其他要素同形同构，并且科学和政治密切相关，几次大的政治变革，都伴随着科学的大爆发，而科学的革命所带来的生产关系及观念上的变化，又促进了政治变革。科学和政治形态的变革都经历一个从平稳到反常再到危机导致革命，形成新的科学或政治形态的过程。无论是科学"范式"还是政治形态都和当时的社会意识形态、社会观念紧密相关，所以科学的革命与政治形态的变革过程具有相关性。政治调控科学重在对科学实施整体论基础上的社会工程，它赖以存在的前提和基础就是科学与社会的历史分析，把科学视为社会系统中的一个关键要素，对社会建制化科学进行结构功能研究。从坚持的观念上看，是历史主义的整体论科学观，即把科学视为一个整体，宏观历史地把握其发展演进的规律，以实现对科学的调控。

实际的科学研究探索活动，是一个认识对象不断扩展的历史过程。因此，展现在我们眼前的才是这种多门类、多层次的科学结构体系。微观层次上，由经验事实、原理、概念、定律、科学思想和传统等各种要素的相互作用组成了科学理论；中观层次上，不同理论之间相互作用推动理论的完善和革命；最终，各种理论的不断分化和综合构成了在宏观层面上丰富多彩的科学复杂知识系统。

从历史主义整体论的观念上来看，它的着眼点是事物的宏观整体，注重事物宏观整体的运行规律，而不拘泥于事物的旁枝末节。事物宏观整体的性质与作为枝节的各要素之间往往表现出十分复杂的关系，一般作为某些枝节常常表现出与整体具有差异甚至相反的性质来。事物的发展，有时也会伴随着局部的倒退。因此，历史主义整体论要求人们着眼于事务的宏观整体揭示事物发展的趋势和规律，从根本上把握事物的性质。这种观点和方法避免了一叶蔽目，不见泰山，避免混淆主流与支流、本质与非本质，因此它具有存在的合理性。

然而这一观点与人类认识实践的历史规律，即由浅入深、由低级到高级、由局部到整体的认识线索，以及由此所形成的学术部落及个体活动、分科而治的现实实践来比较，历史主义宏观整体论及本质论似乎停留在一种形而上的位置。

二 偶然性常态化的存在

丰富多彩的自然界，纷繁复杂的自然现象，犹如被层层黑纱包裹着的多面体，不时透射出丝丝光亮。人类的认识活动，就是寻着光亮，不断地努力去除遮蔽的过程。这个被黑暗包裹着的多面体，任何一面、任何一处透射出的光亮，都值得我们去捕获，进而不断去除遮蔽。如果把"多面体"所透射的光亮比作我们所观察到的"自然现象"，这时，同一侧面可能透射出不同照射方向、不同亮度、不同色彩的光亮；而"多面体"的不同侧面，却也可能投射出相同光亮来。如果我们把引发某种现象的客观事物称作原因，把某种事物引发的现象称作结果。那么，一种原因可能会引发多种结果，如感冒会引起人体温升高、消化系统紊乱、咳嗽、肺炎等多种结果；同样，一种结果也可能由于多种原因造成。如癌变的增多，可能是空气污染加剧、食物不安全、精神压力过大等原因造成的。这就为科学发现的偶然性，找到了本体论的依据。

科学发现的历史也反复证明了上述观点。19世纪末，阴极射线引起了实验物理学家的普遍关注，阴极射线到底为何物？具有怎样的特性？成为实验物理学界的热门话题。为此，英国物理学家克鲁克斯（W. Cookes）还专门发明了真空度极高的阴极射线管——克鲁克斯管进行深入研究。此时，德国的物理学家伦琴也投入了阴极射线的研究之中。1895年11月8日，伦琴吃过午饭后如同往日，一头扎进了实验室。傍晚时分室内逐渐暗了下来，他依然凝眉锁目地把玩着克鲁克斯管，当他用黑纸包裹住管

第四章　理论困境和实践疑难

子再次接通电源时，意外地在室内不远处一块涂有荧光物质（铂氰化钡）的纸板上发现了一处光亮。这一意外发现让他心中充满疑惑，什么原因使不发光的荧光纸板发光了呢？他敏锐地意识到这一事件可能与克鲁克斯管或阴极射线存在着某种联系。于是他转而对新的现象投入极大的热情开始反复实验，寻找答案。接下来的几个星期里，他进行了大量的实验，反复关闭和接通电源，以深入观察亮光与克鲁克斯管和阴极射线之间的关联。经过对这一现象抽丝剥茧式深入的研究后，终于确定这一光亮是由克鲁克斯管通电后发出的具有极强穿透力的射线所致，由于射线性质不明，故而命名 X 射线，后人也把这一特殊的射线称为"伦琴射线"。随后 X 射线被广泛应用到医学、物理和化学的结构分析等领域，这一重大发现就是这样偶然性地诞生的。无独有偶，法国物理学家贝克勒耳（H. A. Becquerel）被 X 射线的奇特性质吸引，投入研究 X 射线的工作中，试图探究哪些物质能够发射 X 射线，但却和伦琴发现 X 射线的情境如出一辙，意外地发现了其具有的天然放射性。科技史中诸如此类的实例不胜枚举。

另外，人们的认识过程最重要的是观察和思维提炼的过程。科学家的逻辑思维暂时中断后，观察和体味等其他看似与他本人无关的事情，突然发觉与其苦苦思索的问题在某些方面存在着类同，从而使他已经镌刻深入的逻辑思维印记，载有大量相关信息的大脑顿悟。"偶然的观察会给已经浮现在头脑中的模糊思想的结晶提供一个晶核，这种情况或许大都是无意识的。"[①] 实际上，人的左右两片大脑，分别主导着理性思维和感性思维两种不同的思维方式，左半大脑侧重于逻辑性的思考，右半大脑则侧重于以感性为主的形象思维。两半大脑虽有分工和侧重但并不是各自孤立进行的，而是通过一个神经束——胼胝体来建立联系以传输信息，互相支持和协调。首先，人通过感觉器官捕捉到的各种信息经由左脑转换成逻辑语言，传送给右脑进行印象化，然后回传至左脑再次进行逻辑处理，接着回传右脑进行创意，最终再交给左脑进行逻辑和语言处

---

① ［英］贝弗里奇：《发现的种子——科学发现的艺术续篇》，金吾伦、李亚东译，科学出版社 1987 年版，第 28 页。

理。在科研探索过程中，经过百思不得其解的理性思考之后，扩大感性思维的场域，在休闲娱乐之时，便经常有茅塞顿开的鲜活事例。这是科学发现历史中所展现偶然发现的生理机制。

阿基米德在浴池洗澡时发现浮力定律。科学演进的历史中，"阿基米德式"的偶然发现俯拾即是。例如牛顿发现万有引力定律便是偶然发现的典型范例。当时，牛顿是剑桥大学三一神学院的一名学生，某天他坐在一棵苹果树下，此时他脑海里已经存有对重力问题的模糊认识。"咚"的一声，苹果从树上掉到了草地上，这引起了他的沉思，苹果为何会落地？苹果会落地，月球却不会落到地上，苹果和月亮之间有什么不同？牛顿由此引发了一系列思考，并最终发现了著名的万有引力定律。科技史中这样的例证也是数不胜数。

诚然，科学研究活动中偶然的重大科学发现看似简单容易，实则是非常艰辛的。试想一下，如果阿基米德进入浴池前并未冥思苦索，牛顿看到苹果落地现象前没有对引力的深切关注，伦琴没有在实验室里反复地实验，"偶然发现"可会发生？另一方面，这也并不是按照常规计划在可预见结果的情况下通过实验和逻辑推理就能够获得的，偶然的科学发现在科学发现的整个历程中不知凡几。它是真实存在着的，且每一个偶然发现都可能会引出科学探索的一个新枝杈，从而使科学之树更加茂盛。

三 历史规律与微观阶段性

历史主义认为，如果希望理解和解释科学系统以及科学社会关系的存在状况，并且如果希望理解甚至是进一步预见它的未来发展，那就必须研究它的历史渊源与形成条件，以便找出其运行规律，把握今天，掌控未来。但事实上，不可能有超脱各个历史阶段之外的而且行之有效的社会规律性。"因此，唯一普遍有效的社会规律，就必定是连接起各个相续时期的规律。它们必然是决定着一个时期过渡到另一个时期的历史发展的规律。"[①] 而这种真正的社会学规律，是历史规律的意义之所在，它

[①] ［英］卡尔·波普尔：《历史主义贫困论》，何林、赵平译，中国社会科学出版社1998年版，第38页。

第四章　理论困境和实践疑难

规定着历史前行的大方向。

然而，科学与社会关系的演进历史，由各个历史时期构成。在每个历史时期当中，科学与社会的关系都具有鲜明的特征，甚至和总的宏观历史规律相悖。类似于在科学与社会的关系中，科学原本作为人类寻求解放的本质力量而出现，但在特定的历史阶段却表现为对人的奴役与压迫。正是，"自然科学却通过工业日益在实践上进入人的生活，改变人的生活，并为人的解放作准备，尽管它不得不直接地使非人化充分发展"①。可见，马克思在注重研究人类社会发展演进的根本规律的同时，也关注现实，关注社会发展的不同历史阶段。在偏于微观层面的某一阶段，由于社会要素联系的复杂性和环境条件的制约，经常表现出和历史总的趋势和规律相异的现象。微观的一个偶然事件却能改变阶段性的历史进程，科学演进的历史中不乏其例。前文提及的伦琴偶然发现 X 射线，引起了一系列连锁反应，滋生出许多科学的新枝杈。巴斯德偶然发现了发酵的秘密，巴氏消毒法就此诞生，他还发明了减毒疫苗，开创了微生物生理学新领域。弗莱明发明青霉素也属"意外"之经典范例，等等，不一而足。科学探索进程中的意外发现，并由此引领一个或多个新的研究方向，开辟新的研究领域，改变科学以及社会历史车轮运行轨迹的例子俯拾即是。这些都告知人们在科学实施调控的过程中，不仅要关注宏观的历史规律，更要重视现实阶段性的环境与条件，以便加快向正确目标演进的速度，延缓或抑制负面效应。

这里以大家都非常关心的地球所存在的环境为例。地球未来的运动和发展，完全是由它所处的宇宙特别是太阳系的大环境所决定的。只要给出任何一瞬间太阳系成员的相对位置、质量和动量，就完全可以确定这个体系未来的运动。此时，我们并不需要其他额外的知识，比如哪颗行星更为古老，或者哪颗是从其他一些地方被带入太阳系里来的：太阳系结构的历史对于每个爱好天文学的人尤为重要，不能避而不谈，但就理解其间行星的行为、运动机理以及未来的发展却并没有太大的帮助。

不得不承认，在现实政治调控科学的实践中，科学与社会关系的处

---

① 《马克思恩格斯全集》第 3 卷，人民出版社 2002 年版，第 307 页。

理具有很多适应于时代特点的规则性。较之于科学与社会关系的历史规律，它具有历史阶段性，处在微观层面。这个"规则"经由一个时期的巩固，形成一定的调控范式。然而，由于"范式"的韧性和顽固性，生活在一定历史时期的大多数人总是倾向于这样一种信念，即他们自身实际所观察到的规则性就是社会生活的普遍规则，且认为这些规则对各个阶段都有效。在这里，历史性的有效性已经不再是简单的历史主义的问题，而已经发展为真理的绝对性与相对性的问题，已经发展为是承认辩证法还是"形而上学"①的问题。毫无疑问，宏观历史规律与阶段有效性的关系处理不当，必然会使政治调控科学陷入另一种困境。

第三节 现实实践的疑难

一 理论到实践的藩篱：预测难题

科学为民所用——一直以来作为科学探索始终不变的追求之一，在现今大科学时代更应该成为科学政治学必须遵循的价值标准。代表社会公众利益的政治主体应该充分发挥民主的调控作用，将科学发展朝着造福于民的方向有序推进。科学作为重要的社会公共资源，它的发展牵涉每一个人的切身利益。不同群体的利益矛盾能否得到协调、能否使科学与技术的发展与这种矛盾保持在一定的限度之内，政治调控在其中发挥着极其重要的作用。

政治的产生，是人类社会发展过程中的一个重要现象，是人类进入阶级社会后通过权力进行利益分配的集中体现。"政治应该定义为：在特定社会经济关系及其所代表的利益关系基础上，社会成员通过社会公共权力确认和保障其权利并实现其利益的一种社会关系。"②虽然对于政治的定义至今没有一个统一的标准表述，但其内涵则是基本一致的，即为

---

① 这里的"形而上学"并非古希腊时期形而上学的论述"本原"的含义。这里是恩格斯所指与辩证法相对的那种机械的、僵化的思维方式。

② 王浦劬：《政治学基础》，北京大学出版社2006年版，第9页。

第四章　理论困境和实践疑难

了维护各个利益主体的权利和利益所采取的行动，以及彼此之间所形成的关系。而对于科学政治学来说，其中的政治就是对科学家、公众、政府等社会各个利益主体的权益维护和调节而进行的权力运作。在这种权力运作中，政治主体成为社会民众科学利益的代理者，同时它又是科学知识生产的委托人，而科学家成为代理者。从科学知识产品的消费角度来看，政府为了国家安全和社会福利，它将会是科学知识产品的最大消费者；科技工作者为了科学进一步深入探索，以及技术发明，它成为知识产品的重要消费者；民众作为纳税人是知识产品生产的根本委托人，是最为基本的消费者。因此，政府、科学家和技术专家、公众，理所当然地成为科学知识产品生产过程中的利益相关者。政治主体被赋予的调控权力，在"科学可调控性"的信心鼓舞下，以保护国家安全、保障民众福利和提高科研效率为目标，正在进行着不懈的努力。

然而，在政治调控科学的社会实践中，我们会面临着比自然科学研究本身所处的外部环境更为复杂的局面。这是因为，在自然科学研究中我们可以采取纯化、简化自然环境与条件的手段；而在社会科学的研究实践中，人与人之间的隔离近于不可能，与之相反的是，调控的过程需要彼此增加联系。并且，科学发展作为人类生存实践的产物，本身就是一种自然现象——以个人的心灵生活为前提，由心理学过渡到生物学进而深入化学与物理学。通过简单的分析，就可以清楚地看到科学研究中所涉及的各种因素的极端复杂性。即使存在着如同物理学领域中那样强的决定性，但由于这种双重的复杂性，使得在微观层面把握规律、准确预见变得尤为困难。

在社会复杂系统中，对某一社会微观事件的准确预测与把握是极其困难的。一方面是由于社会结构复杂，偶然性事件频发，不得不使原有事件改变发展方向。另一方面也在于预告本身与被预告事件之间，常常产生一种复杂的自我拮抗，引发"俄狄浦斯（Oedipus）"效应。希腊神话传说中一位忒拜王国的王子叫俄狄浦斯，刚刚出生，神就预言他将来会犯下弑父娶母的罪孽。因此，被他的父母遗弃在山上，后来被一位牧羊人救起，送给了邻国的国王波吕玻斯。波吕玻斯国王没有子嗣，国王和王后将俄狄浦斯当作亲生儿子来抚养。俄狄浦斯在王宫中渐渐长大，人们都认为他将会是未来王位的继承人。某天，他获悉自己将来会弑父娶母的神谕，为躲避预言，选择离家出走。当他流浪到忒拜王国，在一个路口与自己的生父邂逅，并戏剧性地杀死了这个未曾谋面的亲生父亲。进入忒拜城后，他利用自己的聪明才智除掉了作妖城中的斯芬克斯——人面狮身美女怪兽，拯救了全城百姓，他被忒拜百姓拥戴为国王，并阴差阳错地娶了自己的亲生母亲为妻，最终还是应验了自己千方百计去逃避的既定神谕。后人把这个现象称作"俄狄浦斯效应"，旨在表达如下主题，即俄狄浦斯为摆脱"神谕"的命运，作着各种选择和努力，但努力的最终结果，却恰恰形成了他"弑父娶母"的全部因果关系。这个故事反思了如此现象，即说明预告对被预告事件的影响，人们为实现自己的愿望而努力的过程中，往往潜伏着与自己的初衷相悖的结果。

这一结果来自我们对社会结构复杂性认识的不足，往往把历史主义整体科学观下所形成的"科学宏观可调控性"的理论抛在脑后。如此，面对具体的不同学科，面对鲜活生动的学术部落、学术个体，政治对科学的调控势必会陷入实践的困境。

二 理想化的误操作

在历史主义整体论科学观下，强调的是科学宏观可调控性。实践中对这一理论的漠视，主要表现在科学组织计划的理想化和实施政治干预的微观局部直线推进。前范式的科学政治学有关调控科学的理论研究，大多以苏维埃社会主义取得政权后所进行的社会建设为模板。这里不免有对苏联科学的某些误解，而这种误解更多地来自对苏联社会主义科学所抱有的先入之见，把苏联政治干预下的科学组织和规划想象得过于和谐完美。从科学知识的生产与利用效率的角度来看，贝尔纳就曾理想地认为科学计划一方面能够有效促进科学自身的内在发育和成长；另一方面能够更有效地配置自然资源、人力资源以及其他社会资源，使得在解决科学问题和社会问题中发挥最大的效率。组织化的科学就是要使科学发展与社会发展相协调。贝尔纳进一步描绘了一个十分理想的场景：

由工厂实验室以精确方式提出的工业上的问题，交给了技术研究所。凡是需要解决的问题属于现有技术知识范围之内的，便在那里予以解决。如果事实证明人们对大自然的机制缺乏某种较为基本的理解，便把问题提交给科学院处理。这样工业就可以向科学界提出新的和根源性的问题。同时，大学或科学院有了任何基本发现，也立即把这种发现转告工业实验室，使一切有用的发现尽快用于实践。[1]

可见这是一种典型的一维单线推进模式，表现为工厂实验室—技术研究所—科学院—工业实验室的理想循环。实际上，在这一循环中，每一步的链接都不可能是单向的，而是双向互动的。以第一步为例，基于"精确方式"提出的工业上的问题是非常重要的，同时也是最为关键的，相对比较困难的一步。一般认为以精确的方式提出工业上的技术问题，必须经过一个相关技术人员多方分析和互动的过程，以此从错综复杂的实际产生的问题中凝练出单纯的技术问题。它是研究解决问题的关键，也是研究机构的研究人员重要的工作部分。从复杂的技术和工艺问题中提炼出科学问题也是同样的道理。如果没有双向互动，仅仅依赖单纯的技术人员很难认识到问题究竟出在技术上还是理论上，也就无法及时地求助于研究院的科学家。最后，就是把大学和研究院的成果"转告"工业实验室，及时向工业转化的问题。这是典型的完全计划性（强计划经济体制下形成的）科研体系。如若不然，面对无数的企业如何转告，转告给何人？如果是有选择性的转告，是否会破坏企业之间的公平竞争？也许答案是"广而告之"。实际上，为了积累学术资本，科学家对于任何一个理论上的新发现都会第一时间向世界"广而告之"，不存在需要特别转告的问题。

事实上，从理论成果到实际应用的社会过程，受到诸多因素的影响，比如，成果潜在价值的预测、形成新技术和新工艺的成本、技术预期或市场竞争力、企业原有基础和特有文化，等等。因此，贝尔纳的一维单线推进模式可谓带有强烈计划经济色彩的理想化想象。以激光技术的发

---

[1] ［英］J. D. 贝尔纳：《科学的社会功能》，陈体芳译，商务印书馆1995年版，第326页。

展为例,"自发和受激辐射"理论是激光产生的基本原理。1916 年爱因斯坦提出这一理论时并没有想到更多的具体用途,更没有预见到激光技术在今天所获得的辉煌。这一理论自提出以后经历了 40 多年的沉寂,应用上没有任何突破。直到 20 世纪 50 年代,由于无线电技术发展的需要,爱因斯坦的理论派上了用场,大放异彩,人们据此发明了微波激射器——一种可使微波束更趋集中的设备。1958 年又将微波激射器原理从微波扩大到了光谱波段,1960 年成功地研制出世界上第一台激光器,1961 年研制成功了氦氖(He – Ne)激光器等。之后固体、气体和半导体的激光器相继研制成功,逐步形成了专门的激光技术学科。直到 1970 年,激光技术遇到了低损耗光纤技术,它们碰撞出了爱的火花,从此紧密地结合在一起。这两项关键技术的重大突破,使光纤通信开始从理想变成可能。1974 年美国贝尔研究所利用气相沉积法研制出实用的低损耗光纤,1977 年研制出寿命达 100 万小时左右的实用半导体激光器,使得世界上第一条光纤通信系统在美国芝加哥投入商用。自此以后,光纤通信技术迅猛发展,尤其是和计算机联姻后,信息技术发生了翻天覆地的革命性变化,今天,计算机互联网络正在改变着人类世界。

从以上例子可以看出,发现和发明用于实践的节奏并不会总是按我们的想象进行。在这个信息透明的互联网时代,单纯依靠我们人为的"广而告之"来促进从科学到工业间的转化无疑是一厢情愿的"梦呓",充满着"乌托邦式"的理想主义色彩。

三 张力失当的灾难

理想主义色彩政治调控,必然带来简单直线型的调控推进方式,面对具有一定科学传统的科学群体和鲜活的科学家个体,政治调控科学的实践会陷入窘境。苏联是世界上第一个社会主义国家,它的科学在国家计划之下为政治所调控,以至于经常在涉及政治调控科学理论的研究中被当作模板而加以利用。然而,与之相反,在实践层面却恰恰提供了致使政治调控科学陷入困境的例证。

苏联建国后,新的苏维埃政权在国际上受到了资本主义的联合围剿,国内则面临着百废待兴、百业待举、恢复经济、巩固政权的重大压力。

这些无一例外地依赖科学与技术的进步。

苏联的李森科事件，给我们讨论政治和意识形态对科学的干预提供了极好的案例。政治对科学的直接调控和粗暴干预，以及由此而形成的意识形态化构成了苏联科学技术活动的主要特征。以李森科的登场并很快成为耀眼的"明星"开始，一直到1964年赫鲁晓夫下台，苏联的生命科学遭受了一段长达30年的畸变。

此外，还有韩国曝出的"黄禹锡干细胞造假案"和我国的"汉芯Ⅱ号造假案"也都反映出政治对科学的期盼过急和要求失当。在韩国，黄禹锡被政府和媒体赋予了"最高科学家""民族英雄"和"克隆之父"等多个荣誉称号，成为韩国科学界最让人崇拜的偶像。它反映出这个"赶超型"国家的政治狂热，这种政治狂热营造了一种"高速文化"的社会心态。在这种文化氛围中，好大喜功的社会压力促成了黄禹锡的毁灭，也使国家和民族遭受了巨大的损失。

林林总总的科学与政治关系的鲜活案例，都反映了同样问题，即不管是资本主义国家还是社会主义国家，处理政治与科学的边界问题是保证政治与科学和谐问题的关键，而这些在以往政治干预科学的理论中是未能明确地加以解决的。

四 机械论的技术控制

科学技术在人类摆脱自然奴役的进程中发挥了巨大的作用，不断完善着人们对自然的认识，提供着丰富的物质产品，改善着人们的生活。特别是20世纪以来，科学技术作为一支独特的力量，给人类发展带来了广阔的前景，人们越来越清楚地看到了科技的重要性，科学技术也受到了前所未有的推崇。在这种极大的推崇下，科学技术似乎已经无法停止自己前进的脚步。当我们时刻仰望和不断追随这一备受崇拜的高大身影，期待从此登上坦途时，谁曾想到它却慢慢转过身来，显露狰狞可畏的丑陋面孔。于是，失望和恐惧一起向人们袭来，此刻的人们感到恐慌和无助。正如梁启超在其游记中所刻画的情景一样：

讴歌科学万能的人，满望着科学成功，黄金时节便指日可待。

> 如今功总算成了，一百年物质的进步，比从前三千年所得还加几倍，我们人类不只没有得到幸福，倒反带来许多灾难，好像沙漠中迷路的旅人，远远望见个大背影，拼命往前赶，以为可以靠他向导，哪知赶上几程，影子却不见了。因此无限凄惶失望。①

这个高大身影逐渐被冰冷无情的机器取代，科学技术的资本化所导致的失业恐惧；网络通信背后的人情淡漠，内心的孤独；残缺的技术、过剩的供给以及过度消费，导致生态破坏，资源枯竭；高技术产品，如转基因食品、核动力装置、化工产品等所带来的现实风险和潜在危害不断向人们袭来，人们进入处处充满风险的社会。对于当今的人类生存世界，最大的威胁也许来自科学技术不受限制的推进，科学技术的不确定性持续增强，其带来的负面效应也在不断扩大。

的确，人们为了消除科学技术给人类社会带来的负面效应也在不断地努力尝试着，但从以往的经验来看，仍未从根本上摆脱技术控制的困境。1947 年美国经济学家斯蒂尔曼（J. R. Steelman）在他的科学公共政策报告的开端引用了这样的建议②："有能力的社会科学家们应和自然科学家们携手起来，以便问题一出现时就可能被解决，这样的话，有许多问题在一开始就不会出现了。"③ 这表达了公众对技术社会控制的美好愿景。为了治理和减轻科学技术风险，20 世纪 50 年代开始发出了"技术评估"的声音。古斯顿描述：

> 最初出现的技术评估更接近"科学建议"和"社会处置"，对创新的监督审查仅限于建议社会或某些环节，如何更好地对开发中的技术和技术系统的社会影响做出回应。技术评估的社会运动在上世纪 60 年代再次兴起，并被写入为美国国会技术评估办公室授权的法律文书

---

① 梁启超：《梁启超游记：欧游心影录 新大陆游记》，东方出版社 2012 年版，第 15 页。
② 这个建议最初由美国国家研究委员会提出。斯蒂尔曼主张社会科学应该成为联邦计划支持研究的一部分。
③ David H. Guston and Daniel Sarewitz, "Real-time technology assessment", *Technology in Society*, Vol. 24, No. 1, 2002, p. 96.

第四章 理论困境和实践疑难

中,但还是很少地包含着斯蒂尔曼主张的预期或者预先防控的功能。[1]

1966年,美国国会众议院科学研究委员会的一份报告指出,为了向人们展示技术带来的后果,要求建立一个早期预警系统。其中,众议员达达里奥第一次提出并解释了技术评估这一概念。他认为,"技术评估是一种政策研究的新方式,它可以为政策制定者和决策机构,处理那些与技术及其社会影响有关的问题,提供全面的和科学的依据"[2]。技术评估的概念一经提出,就被多国采纳,并不断把实践引向深入,由预警性技术评估开始摸索而后又转向建构性技术评估。

早期的预警性技术评估,它主要是科学家对技术的结果进行预测,进而反馈给政治主体或研发机构进行评估,以避免技术在带来经济效益的同时可能造成的难以逆转的社会、环境效应。它的理论预设或者存在前提是技术发展的过程和社会影响是可以预测的。它采用的是技术静态分析方法,即将技术发展看作一种既定的状态。它实际上沿袭了一种完美的因果论,认为技术必定会按照其预定的轨迹发展。它的实施主体是政府或者相关的技术开发机构。可以想见在可预见的范围内,这一模式有可能部分地取得成功,但是它的局限性也是显而易见的。首先从它的理论预设或前提来讲,技术的未来发展具有无限的可能性,而人类的知识具有有限性,因此精准地预见技术未来并非能够绝对实现。其次,技术的设计、发展都是一个动态的过程,具有很大的不确定性,若仅仅只是采取静态的分析只会获得片面孤立的观点。最后,它的评估主体是政策制定者或相关技术开发机构,评估主体集中,价值判断较为单一,因此它的客观公正性受到很大的质疑。

为了摆脱这一理论困境,很多学者都为此进行了诸多的尝试。从20世纪80年代开始,熊彼特过程性技术创新和其他社会建构论的出现,催生了建构性的技术评估。它的核心思想是:"不仅要提出对技术后果的评

---

[1] David H. Guston and Daniel Sarewitz, "Real-time technology assessment", *Technology in Society*, Vol. 24, No. 1, 2002, p. 96.

[2] 杨长桂:《技术评估简论》,《华中理工大学学报》(哲学社会科学版) 1994年第1期。

· 197 ·

估报告,更要关注技术发展的实际过程,促进利益相关者参与技术决策的讨论,并通过协商机制在技术的实际发展中建构技术。"① 其理论预设为将预测的技术结果包含在当前的发展中,通过社会建构对技术进行重塑。

"建构性技术评估试图去拓宽新技术的设计,通过技术评估活动反馈到实际的技术建构中。"② 它所采用的方式,是把"创新的社会方面成为外加的设计标准"③,而不是把发展中的技术视为根植于"技术—社会"系统,没有把技术社会走向和资源分布的绘制,以及自然科学家、工程师、社会学家、其他利益相关者之间的交流对话真正嵌入知识生产过程本身。当下,"建构性 TA 没有形成完善的战略模式"④。

建构性技术评估强调利益相关者的多元参与,在一定程度上可以弥补预警性技术评估存在的不足,但也并非如一轮圆月,完美无缺。面对多元化的价值判断,作出公正的、具有共识性的选择和判断殊非易事,如果处理不好这个难题,"评估"可能沦为某一方权力的附庸,评估将变得毫无意义。可以说,多元参与变成了一场权力的博弈。建构性技术评估强调社会对技术的赓续建构,其前提条件是技术预测,而后对预测的多种结果实施社会选择和技术建构,提高结果实现的可能性。虽然它不再是一种单一的预测结果而是多样的,但这种预测仍然与预警性技术评估一样无法摆脱"预测"的困境。

从表象上看,技术预测问题与权力博弈问题导致技术的社会控制陷入困境。实际上,这一实践困境的形成源于我们对科学技术与社会关系的复杂性认识不足。前文强调了科学与技术之间存在着本质区别,这种区别由二者的外在特性决定,并不是实然的。在科学技术与社会的现实实践中,科学、技术以及社会中的人或他物的异质要素相互纠缠,构成了有机共生的复杂系统。前文,对贝尔纳关于"工厂实验室—技术研究

---

① 邢怀滨:《建构性技术评估及其对我国技术政策的启示》,《科学学研究》2003 年第 5 期。
② David H. Guston and Daniel Sarewitz, "Real-time technology assessment", *Technology in Society*, Vol. 24, No. 1, 2002, p. 97.
③ David H. Guston and Daniel Sarewitz, "Real-time technology assessment", *Technology in Society*, Vol. 24, No. 1, 2002, p. 98.
④ 邢怀滨、陈凡:《技术评估:从预警到建构的模式演变》,《自然辩证法通讯》2002 年第 1 期。

第四章　理论困境和实践疑难

所—科学院—工业实验室"理想循环模式的诘难，也是基于科学、技术与社会复杂系统之间联系的考虑。以此视角来扫描，考察传统科学技术观下技术的社会控制，陷入窘境就在所难免了。英国科学社会学家大卫·科林格里奇（David Collingridge）认为：

>一项技术的社会后果不能在技术生命的早期被全面预见。等到了当不希望的后果被发现时，然而技术却往往已经成为了整个经济和社会结构的一部分，以致于对它的控制非常困难。这是一个控制的困境。当控制改变它比较容易的时候，未来对它的需要不能被预见；当控制和改变它的必要呈现眼前的时候，对它的控制会变得昂贵、困难和耗时。①

不仅如此，到最后甚至可能出现不可控制的局面。实际上，科林格里奇是站在实证主义的立场上考察对技术的社会控制。在他看来，技术的社会控制的最佳时机是在技术生命的早期，如实验室阶段或原理的研究阶段，该时期控制容易、成本较低。正如"每个硬币都有两面"，在此时期，人们对未来的社会技术无法尽知，技术的控制成为奢谈，无从着手。

有学者批评科林格里奇对技术的控制预设了一种从"早"到"晚"依次展开的线性时间序列。"其中的每个阶段都是由下一个阶段线性因果跟随，也就是说，技术创新的晚期阶段都是建立在它相应的早期阶段基础上，这样创建一个完整的不同阶段的链接。即基础科学—发明—创新—发展—生产—扩散—结果。……然而，如果我们从这种线性链式的机械决定论去考虑科技创新，那么就会面临这样一个问题：科技创新这个线性链条的两端中究竟哪一端应该被认为是引发科技创新过程的主要驱动力（driving force）？科学推动还是市场需求拉动？"② 实际上，关键问

---

① Collingridge D., *The Social Control of Technology*, Milton Keynes, UK: Open University Press, 1980, p. 11.
② Wolfgang Liebert and Jan C. Schmidt, "Collingridge's dilemma and technoscience: An attempt to provide a clarification from the perspective of the philosophy of science", *Poiesis Prax*, No. 7, 2010, pp. 58–59.

题不在于哪一端引发了创新的过程,更应该关注的是,如果是利用市场的拉动形成,这样即便是在技术生命的早期,不容置疑,它业已被镶嵌在社会结构和特定的利益中,融为一体,人们控制它变得愈加困难。无论是技术生命的早期抑或晚期,困难主要来源于这一方面,即我们对技术产生的社会后果几乎不可预见,换言之,我们永远不会预先具备关于技术的社会控制的完备实证知识。无论是哪一端引发的技术发明,在它自身的演化过程中,一旦触发技术变革,类似于印刷的革命一样,会引起知识的、经济的以及社会文明的、文化的蜕变。起初它们都是一种单独的革命,最后却导致了一连串未曾预料到的影响和变化。这一连串意想不到的技术革命及产生的社会影响,源自科学、技术、社会中人的或非人的异质要素等有机共生的复杂系统。其中,"技术"随着系统的更迭演化,新结构不时迸发、涌现,并被重新型塑。在这如此复杂的社会系统中,科学和技术具有了一种与社会系统有机共生的动态进化特征。古斯顿一针见血地指出:

> 几乎没有人会否认想要预测技术创新的不同结果,但这样的一个目标将永远不能完全实现,因为这些结果不是来自于对技术静态属性的完全了解,而是来自于对技术和社会环境之间不断的同时共生(co-production)。[①]

在技术发展的初期阶段,科学研究通常和知识、资本相关,且密切地依赖于多学科知识研究和技术研究;后一阶段,则会逐步导致无形化现象的发生,也就是说,它们不再仅仅具备原有的知识和研究,而转换成一种独立的技术知识,其传播或扩散不再需要原有的资源,自身就成了一种扩散的基础。这也就导致后工业社会时代对自然资源依赖性的越发减少,越发依赖技术化的发展,积累和扩散无形财产。与此同时,技术不仅仅挣脱科学母体的束缚,彼此疏离,还超出了科学的控制范围。

---

① David H. Guston and Daniel Sarewitz, "Real-time technology assessment", *Technology in Society*, Vol. 24, No. 1, 2002, p. 98.

以克隆研究为例，为在市场竞争中满足公司或所属机构的利益需要，科研人员将属于知识风险的那部分东西通过理想化的方式加以分离，据此，从前研究的不可能，变成了现在的可能。其原因至少有三个：第一，科学与技术之间的边界变得如此模糊以至于难以确定科学是否会孕育技术或被技术孕育；第二，很少的科学活动能够从国家或企业工厂的支持中分离出来，例如，今天的科学活动愈加依赖于学术界以外的机构，科学在学术框架内传统的自治地位受到威胁，迎来了更加强烈的挑战；第三，绝大多数的研究人员正处于大学框架的外围，属于企业工厂或军事实验室。依赖于技术积累和扩散状况的后工业社会，风险势必会随之逐步增加，技术的社会控制变成社会各种利益博弈和角斗的"战场"，政治调控技术陷入实践困境。

第五章　走出困境

科学政治学的目的是有效指导科学实践活动，构筑科学、政治、民众的和谐关系，推进科学技术进步，实现社会综合全面发展。面对政治调控科学的理论困境和实践疑难，科学政治学理应担当消除困境、破解疑难的重任，完成自我检验。为此，理论上，维护科学政治学范式，坚守科学的社会历史性、宏观可调控性、公众参与民主调控的研究纲领；效果上，在民众安全与福祉的国家目标导引下，追求科学研究系统的最优演化方式；方法上，类比开放复杂有机系统的最优演化方式：自组织演化；关键控制技术上，以科技政策作为外部控制参量，实施合目的调控，以"边界组织"工具构造科学与政治的有机边界，探索化解困境与疑难的有效路径。本质上也是对科学政治学语境的巩固与扩张。

第一节　困境本质：政治化

一　宏观调控理论的误用

从科学与政治每一时期关系的横断面出发，我们可以采用社会系统分析的方法，把科学与政治分别看作社会大系统中两个相互关联的子系统，并对关乎科学与政治的社会因素全面地研究考察，找出科学、政治与社会之间的相互作用关系，描绘和勾勒科学、政治与社会相互联系的系统画面。在此基础上，从科学政治与社会的发展历史中整体揭示科学与政治发展的规律，进一步认识政治调控科学的理论实有裨益。

历史主义的宏观调控理论，源自科学与政治发展纵向上的考察。采

第五章 走出困境

用历史主义的方法研究科学的历史,从科学史的研究中引出符合历史实际的科学观——按照"科学实际上是怎样的"这个并不带有先入之见的方法论原则具体实施,实际上就是历史主义所强调的"历史的再现"原则。这一原则认定科学的历史如同整个人类社会史一样,它是一个长期发展的历史过程。任何历史时期的科学、思想观念都是那个时代的产物,无不烙上时代的印痕。因此,唯有将对它们的研究搁置在所处时代的历史环境中,才能真正做到"历史的再现"。在这里,基于历史主义的原则开展对科学的研究,由此构建类似历史主义哲学家库恩"范式"的科学与政治发展模式,二者的不同之处在于是否承认前后的继承与发展,是否承认量变到质变。

对科学生长的历史与社会进行细致考察,旨在认识过去和现在的状况,寻找其中的规律,指导科学走上为民造福的康庄大道。由此,政治调控科学的理论深深镌刻着历史主义的印记。通过研究客体的历史性考察,得出如此结论,即科学研究是一个认识对象不断扩展的历史过程。正如上一章所论述的那样,科学结构体系在微观、中观及宏观层次上都展示了自身多门类、多层次的特性。这就为科学的自组织控制奠定了理论基础。科学的自组织演化过程既有常规的积累,也有科学的革命。常规积累时期,贝尔纳认为:

> 科学进步仍然靠先有一幅关于宇宙的绵续的传统绘景,或一具工作模型,其中有的部分是可以证实的,但有的部分则证实难于捉摸,或竟根本没有着落,而流于神秘。[1]

这一传统或工作模型类似于库恩的"科学范式",该范式在科学的平稳期彰显,且带有相当大的惯性和保守势力。当范式遇到无法解释的难题时,形成反常,反常增多造成原有的科学范式出现危机,危机引发新的革命。革命通常始于传统观念的突破。一般来说,社会思想观念促进科学的进步——但也会成为"米诺斯迷宫",遮上帷幕,频繁地阻挡新的科学发

---

[1] [英] J. D. 贝尔纳:《历史上的科学》,伍况甫译,科学出版社1959年版,第23页。

现。尤其是某些科学理论获得普遍承认，即处于常规科学的"范式"形成时期，新的科学发现面临的最大困难是如何挣脱一些由科学和政治两方面因素合成的传统观念的束缚，并对其进行全新的解释。

科学系统作为社会大系统中的一个子系统，科学要素与其他社会要素同形同构。这一历史规律的发现在政治调控科学的理论中十分重要，赋予哲学家新的内涵。"哲学家们只是用不同的方式解释世界，而问题在于改变世界。"① 当决定它自身命运的规律被发现后，尽管无法越过自己演变的各个阶段，也无法让它们在世界中凭空消失，但并非无可奈何，还有很多可及的事情能做：缩短和减轻分娩过程中的痛苦。历史主义特征彰显于整体性地把握科学与社会的演化规律，减轻演化过程中的痛苦。由此可见，这种历史主义特征非但不是政治调控科学理论的困境所在，相反，掌握了它的宏观整体性特征，政治调控科学的理论基础就此建基。

然而，前文关于政治调控科学理论与实践的困境阐释，揭示出政治权力直接进入科学技术系统导致调控的失当。历史主义的宏观可调控理论强行用于千差万别的微观、局部、个体的鲜活实践，使得在政治调控科学与技术的具体实践中，外部权力对科学与技术系统的干预强度过高，破坏了科学、技术自身系统的演化，表现出科学技术系统的政治化倾向。特别是对技术与社会系统而言，技术不断受到较强烈的社会建构与型塑，且同技术与社会系统结构有机共生。此系统中，政治话语的强势高压、公众话语的闭口失声、技术的社会负面效应越发难以控制。

科学研究作为人类社会的一项重要实践活动，贯穿始终与社会发生着密切联系，并与社会其他要素联系和互动，共同推动社会文明的进步。随着科学功能的外显，科学逐步成为掺和政治因素的社会建制化事业。② 科学与政治在权力场域中的双向互动，历经科学建制化的孕育、形成以及政治化倾向的演变过程。历史的经验表明，科学的建制化最大限度地

---

① 《马克思恩格斯文集》第1卷，人民出版社2009年版，第502页。
② 政治在广义上指一种权力运作。此处"政治"指传统科学观下科学外部利益集团代表一定利益群体的一种权力运作。而文中科学内部权力则是广义政治。

保障了科学的自主性，科学事业因之迅速发展；科学政治化倾向则必然直接导致科学的行政化，影响科学的求实与效率，束缚和抑制科学的发展，甚至造成科学无可挽回的深重灾难。试图走出政治调控科学的困境，需要正确认识科学与政治关系的历史主义整体论特征，合理把握政治调控科学的尺度，实现科学的去政治化。

二 科学内外权力的失衡

科学建制化伴随着科学社会化的进程形成和演化。如前文所述，早期科学活动主要是有钱有闲阶层自娱自乐式的消遣，一种自由化的个体行为。经过近代乃至现代，科学活动这种特定形象依然部分地保留着，之所以能够保留延绵如此长远，内因在于科学探索是一种好奇心和兴趣所驱动的活动，一种获得认可和荣誉的心理满足。

科学具有自由化的个体行为特征，但并不意味与社会的隔离、疏远。实际上，科学从未与社会隔绝，并与它发生着各种联系，相互交织作用。这里，以历史发展的眼光扫描科学和技术的发展过程。古代的科学大多孕育在工艺和技术中，并在工艺和技术前进的牵引驱动下愈益丰富和完善，到一定程度出现反转，科学赓续渗入技术和工业生产当中。特别是18世纪，化学、电学以及动力工程学等学科陆续建立，科学更多地表现出与生产相结合的趋势。到19世纪，科学进一步为技术的转化提供支持，极大地提高了技术成功的概率，成为工业发展不可或缺的助手。至此，科学的形象脱颖而出，无可争辩地成为重要的社会生产要素，为工业研究的快速腾飞插上翅膀。随着人类对自然世界认识的深化拓展，自然世界的整体性和复杂性愈加彰显，科学研究活动朝着综合化方向迸发。于是，协同化、高投入、大规模的所谓大科学随之出现，由此，政府必然成为科学活动的主要支持者、组织者和协调管理者。科学的组织管理活动，实际上是为科学构建具有一定结构并体现功能的载体。此时的科学活动系统作为社会大系统中的一个子系统，成为一种带有政治权力渗入的社会建制。

这里，通过权力场域分析考察建制化科学。观其内部，它具有自身的结构、传统、方法、行为规范和交流方式等。实际上，科学家按照自己的行为规范，经过竞争和交流，取得同行认可，逐步形成科学资本，从而获得科学权力。从事科学研究的人（因子）在资本掌握程度的作用下，形成特定的结构，构成有组织的机体，这个相互竞争的空间被描绘成科学场域。"场域概念的一个优点是，既可以给出理解以场的形式出现的社会世界的一些普遍原理，又可以使得人们对每一种具体情况下那些普遍原理中的特殊性进行把握。"① 基于对场域的理解，科学场域和其他场域并无二致，科学场域遵循自己特有的逻辑，形成自我规范，呈现独有的特性。

> 科学场所具有的首要的，而且也是最基本的独特资产，就像人们所看到的，是它的封闭型（或叫相对独立性），这使得其中的每位研究人员除了内部最善于理解他们，但也最挑剔他们的同行之外，差不多找不到其他的接受者，那些同行甚至还要拒绝他们、揭穿他们的伪科学。②

科学场域是为争夺科学资本而提供的竞争空间。科学资本建基于对知识生产结果的再认识——通过批判、审视而获得认可基础上的一种特殊的权力资本的隐喻。科学社会学家拉图尔曾把科学场域中科学资本的积累理解为市场作用下的信誉循环，即某一活动因子产出的知识成果通过审查、评论而获得认可，赢得信誉，从而更加容易获得新的科研资源，再次产生的知识成果同样经过同行的审查评论，如果再次得到认可，则信誉度进一步提高，形成了良好的信誉循环，科学资本赓续积累，一并提升了自身的科学权力。在科学场域中所拥有的科学权力，同时也是以一种信誉的形式发挥着它的作用，它意味着追随者或臣服者的一种信任。这使得"掌握一定分量（从而占有一部分）的资本的因子便能够在场域中施加一种权力，从而影响那些相对来说资本较少的活动因子或行动者

---

① ［法］皮埃尔·布尔迪厄：《科学之科学与反观性》，陈圣生等译，广西师范大学出版社2006年版，第59页。
② ［法］皮埃尔·布尔迪厄：《科学之科学与反观性》，陈圣生等译，广西师范大学出版社2006年版，第59页。

（以及他们的'入场费'），并且决定获利机遇的分配"①。场域中各活动因子所拥有资本多少的分布，构成各个活动因子之间的力量关系。各个因子间直接相互作用的同时，资本积累雄厚的显胜者占据主导地位，对所有其他活动因子都施加着不同的影响，并"根据他们在场域内所分配的位置的优劣来限定向他们开放的各种可能性空间的大小"②。我们将科学资本积累雄厚的显胜者称为决定因子，它是科学权力的象征。

在社会建制化科学的背景下，科学活动场域意味着划定了科学领地的界限并赋予了科学特权和责任，构造起对资源需求的主张，把科学活动具体化到对"生产"和"消费"关系进行统治的结构当中，实现科学实践活动系统化管理的基本功能，引导人们通过遵守制度来获取权利。社会建制化的科学场域被镶嵌在社会政治制度的结构中，本质上，它属于一种政治制度的变形。科学的建制化体现为宏观层面的规训权力，而宏观的规训权力需依赖一系列微观技术的支撑。比如，通过成果发表、考核评分、考试晋级、奖励与惩戒、资源占有与分配等才能发挥具体作用。规训权力既包括源于外部政治的，也包括源于科学活动内部政治权力③和自我规范的。

我们从科学场域的外部来考察，虽然科学场域具有一定的相对独立性，表现出自我规范下的自律性，但同时也受到来自外部的权力场域的影响。皮埃尔·布尔迪厄曾明确指出：

> 自律性从来都不是完全的，而且处在该场域中的行动者的策略都既是科学的又是社会的，两方面的性质不可分离，因此该场域是两个种类的科学资本并存的场所：一种是科学本身的权威性资本，另一种是施加于科学世界的权力资本。后一种资本可以通过不是纯粹的科学途径（即尤其是通过科学世界所包含的体制机构）来积累，

---

① [法]皮埃尔·布尔迪厄：《科学之科学与反观性》，陈圣生等译，广西师范大学出版社2006年版，第59页。
② [法]皮埃尔·布尔迪厄：《科学之科学与反观性》，陈圣生等译，广西师范大学出版社2006年版，第59页。
③ 科学内部的政治权力指科学内部权威所形成的影响。

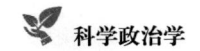

它是施加科学场域的现世权力的官僚根源的体现。①

上述观点进一步表明，科学系统是社会大系统中的一个开放子系统。如果科学系统被视为一个社会要素，那么通过社会其他要素的作用亦能使外部政治权力对科学研究活动进行干预和调控，并与科学权力形成相互作用的权力场域。而科学系统内部与外部的权力失衡，就会导致科学与政治关系的相互扭曲。特别是政治权力直接进入科学系统内部进行作用，极易造成科学权力的异化，形成科学系统的行政化或官僚化倾向，使政治调控科学陷入困境。

三 科学政治化倾向

众所周知，外部政治价值的实现一般都具有强制性，而科学天然就具有一种对外部强制的抵抗倾向。当内外权力作用并保持适当张力，达到一种平衡时，也就是建制化科学平稳高效发展时期。外部政治权力作用过大时，科学活动便出现了政治化倾向。科学或科学家开始走向被异化的道路，甚至形成科学政治灾难，最终破坏科学的求实与效率，出现科学建制化向科学政治化倾向演变的现象。由此，不难理解贝尔纳早在20世纪中期发出的警示：

> 科学研究越来越职业化，成为国家政府或生产部门一个必要的组成部分。然而就在科学带来物质上的便利的同时，其地位的变化正在日趋严重地威胁着它的自由，并因此威胁其生存。②

我们仅从时间维度考察支撑建制化科学权力规训的微观技术所面临的困境与矛盾，便可清楚地了解。受19世纪实证主义的影响，以及政治对科学研究效率的追求，建制化科学所形成的权力规训开始重视量化的

---

① ［法］皮埃尔·布尔迪厄：《科学之科学与反观性》，陈圣生等译，广西师范大学出版社2006年版，第95页。
② J. D. Bernal, *The Freedom of Necessity*, London: Routledge and Kegan Paul Ltd, 1949, p. 126.

作用。自20世纪五六十年代，科学自身发展呈现出复杂性的特征，学科既高度分化又高度综合。在社会的支持下，科学发展靠的是不同理论之间的互动和竞争所形成的自组织演化。在此情境下，机械的量化标准如何能衡量科学的效率？机械的量化管理无助于科研工作者进行独创性的思考，因为针对科研个体而言，它从根本上践踏了科学的探索性。正如贝尔纳指出：

> 科学家的工作时间极不规律。有时可能连续几个星期，每天都要工作十六或二十四小时；在其他场合中，耗于实验室的全部时间都白费了。参加联欢会或者去爬山反而会取得更好的效果。[1]

由此可见，时间维度的量化技术已经成为建制化科学的制度缺陷。从时间维度上看，科研人员被纠缠于限时成果发表的量化考核之中，反而导致了科学活动效率低下。当行政官员成为掌握资源分配的主导者，他们在实践中，尤其选择授权以及绩效检查时，往往会有意和无意地遵循自己的偏好，把这种偏好强制性地规定为对代理方生产知识产品的普遍价值准则因素。正如皮埃尔·布尔迪厄所言：

> 他们自己的实践成为衡量任何事物的尺度，成为趋向于使其他所有方法失去影响的好方法。他们推出了某些客体，并向这些客体投资，他们试图通过他们投资的那一客体来作用于赢利机遇的结构，这样也就作用于不同投资的赢利。[2]

对上述这般境况，贝尔纳曾以青年学者为对象进行考察，认为：

> 刚刚从考试制度压力下解放出来的青年毕业生发觉自己已经在

---

[1] [英] J. D. 贝尔纳：《科学的社会功能》，陈体芳译，商务印书馆1995年版，第168—169页。

[2] [法] 皮埃尔·布尔迪厄：《科学之科学与反观性》，陈圣生等译，广西师范大学出版社2006年版，第105页。

一种奴隶地位，因为他的前途不但取决于所发表成果的质量，而且取决于所发表成果的数量。所有穷苦的科研人员，即大多数的科研人员，都无法利用那一段本来可以最有效地加以利用——像伟大的科学家们那样最有效地加以利用——的岁月，来学习、思考和进行表面看来漫无目的的实验。其结果，在独创性最能出成果的时候，在独创性还没有受到以后的行政和社会职责负担的影响的时候，就把独创性扼杀了。①

的确，在上述这一情境下，即便是很有前途的科学工作者，往往也不敢承担一项艰巨又富于探索，但只要坚持就可以对科学发展作出显著贡献的工作。因为他无法预知一两年后，如果拿不出具体成果，自己是否会因此而被迫离开所在职位，哪里还有深入思考所必需的平静心境呢！

在外部强势权力技术的作用之下，科学活动内部的学术权力不断发生着变异，逐步演变成拿着卡尺的机械官僚，科研人员就此成为"科研生产"流水线上的普通生产终端，接受"学术权威"标准卡尺的检验。皮埃尔·布尔迪厄认为：

> 评价标准总是该场域中大家所关注的问题，而且总会有一场关于如何制订出可以解决各种争论的评价标准的斗争。科学行政管理人员对科学场域所行使的权力，尽管他们有这个权力，还远远没有受到严格的科学思想的支配（尤其是涉及社会科学时），因此这种权力总是能够依靠那些场域内部的分支力量。而在这些领域中，存在着被我称为日丹诺夫主义的法则。按照该法则，科学资本最缺少的人，即根据科学本身的标准最不具卓越性的人，为了增强自己的地位，倾向于求助外部的权力，以便在他们的科学斗争中最终获胜，并找到上述法则的一个应用场所。②

---

① ［英］J. D. 贝尔纳：《科学的社会功能》，陈体芳译，商务印书馆1995年版，第139页。
② ［法］皮埃尔·布尔迪厄：《科学之科学与反观性》，陈圣生等译，广西师范大学出版社2006年版，第97页。

难怪贝尔纳曾提醒世人,以科学职业为谋生手段的科学家,经常处于微妙的危险之中,有可能会偏离原初的科学活动目的,而必须转向讨好他的雇主。政治直接涉入科学,大量的科技资源分配权落在行政官员手中,他们不掌握科技前沿却掌握着研究活动的生杀大权,这必然会造成权力寻租。在一定的制度环境下,这一活动的努力所产生的不是社会剩余而是社会浪费,是个人利益或集团利益的最大化。科技活动的政治寻租是指在科技活动或政策指定过程中,利用权力、个人名望或强势集团的影响力和资源等,寻求不适当的经济利益或者是对既得利益进行再分配的非生产性活动。[①] 科技活动的政治寻租严重扭曲了科技资源的合理流动和分配,造成科技活动的官僚化和利益集团的垄断,扼杀了科技活动的创造性,同时也使科技政策的制定复杂化,使科技活动成为滋生腐败的温床。

政治的功利性表现在政治主体直接控制科技资源,这使得精通权力关系的科研人员获取了大量的好处。政治主体直接控制下的专家评审,使"评审专家"成为一个利益共同体,评审活动实质上是他们的相互关照和对资源的相互瓜分。由此,引发科研项目申请与评审中出现大量的腐败现象,如请客送礼托关系、拿回扣等社会不良现象。最后科技经费被转移他用。

政治的功利性还表现在其政策导向上,特别是对政府部门和各个研究机构领导的评价上。这种评价往往造成学术浮躁之风,使得一部分科研人员在推动科学研究的时候,不能一切从实际出发,实事求是,而是追求轰轰烈烈的形式主义和短期政绩。为了追求政绩和科研数量,不论是否有必要都坚决把项目做大;为了明哲保身,只做保险的而不做开创性的工作。结果是科研人员就像生产论文和专著的机器一样,一篇接着一篇、一部接着一部,学术质量却是每况愈下,令人担忧。这些学术成果如同快餐店里的汉堡——蒸得快,吃得爽,却没营养。就这样,他们为提职晋级,也为申报课题做着基础性的铺垫和积累工作。政治的急功近利往往容易使一些能说会道、胆大妄为的投机分子钻空子,成为抢手

---

① 参见李侠、邢润川《浅谈科技政策制定过程中的寻租现象》,《科学学研究》2002 年第 6 期。

的香饽饽。反之，真正搞科研的"书呆子"却被搁置一旁，备受冷落，抑或沦为其他人的"打工仔"。但真正具有创新性的科研工作往往要靠这些"书呆子"。如此这般，国家投入的经费往往就会冒出许多五彩斑斓的泡沫来，虚幻的泡沫终有一天会在太阳的高照下破灭，科研工作却落得一场空。归根结底，很大程度上是因为政治官僚的浮躁和狂热所导致，韩国的"黄禹锡事件"就是典型的例子。

另外，在外部政治权力的作用下，科学系统内部非正当的身份等级与权力等级构成壁垒，合理竞争消退，科学系统丧失公平与效率。由此看来，科学研究呈现垄断化趋势。在科研系统中，绝大部分经费属于财政资金，政府占据主导和决定地位。政府管理由上到下的层级特点，决定了科研经费的申请与拨付深深嵌入封闭的信息管道。在科学研究的立项环节上，政治主体的行政干预，往往使少数人、少数单位说了算。有时甚至因管理人员的个人偏好，就决定了科研经费的流向。科研项目往往被政治主体所树立的部分"学术权威"、"知名"科学家垄断。但那些默默无闻真正在一线从事科研工作的学者却很难申请到资金，基层科研人员特别是雄心勃勃想做出一番成就的青年学者对科研项目的申请感到无望，当然也就更难有面向青年学者的"雪中送炭"。甚至科技项目也像建筑商所掌握的建筑工程一样层层发包，像包工头一样层层寻租、层层获利。

一旦科研系统内部为官僚权威所把持，科研项目要得到支持，就必须要得到一定的包装和认定。唐安国教授把这种现象比成银行贷款，每个银行都喜欢把钱贷给大企业，因为大企业有很好的品牌，赢得的信任度高。于是科研和高校系统的"政治家"们从模仿企业产品包装入手，开始了"造星运动"。一时间，"包装"和"酒香也怕巷子深"都成了科研和高校系统领导的热词。他们要求不断推出"星人"和"力作"，目的是要得到官僚权威或有关部门的认可。许多的官僚权威专家被请来给"造星"项目打包票，他们的鉴定结论也成了"金字招牌"，科研成果更加真假难辨。[①] 于是，文章越发泛滥，书越发厚实，真正的科研成果却寥若晨星。如此系统，何谈科研的求实和效率？

[①] 参见杨金志等《科研造假的体制警示》，《瞭望新闻周刊》2006年第15期。

第二节　科学去政治化

一　理论准备：复杂系统自组织原理

世界万事万物普遍以系统的方式存在和联系着，科学研究的活动体系亦不例外。所谓系统，"也就是处于相互作用中的要素的复合体"①，即若干异质要素相互依存、相互制约地作用和联系着，并共生为具有一定结构的有机整体——系统。现实世界中以非系统的方式存在着的事物是根本找不到的。而所谓"非系统"只不过是因为在这类系统中内在要素之间的联系比较微弱，或者可以在某种特殊情况下忽略这种联系。无论是科学的结构，还是科学的发展过程，抑或是科学的组织结构，都无时无刻不存在着系统与"非系统"的辩证关系。而这，恰恰是普遍联系原则在系统论中的体现。

"自组织"是复杂系统普遍具有的一般特性。因此，在自然与社会历史的长河中，系统的"自组织演化"是一个常态，并被历史证明是一种比"他组织"更具优势的演化方式。这里所谓"自组织演化"并不是强调系统的封闭性，恰恰相反，它强调的是一个具有开放性的复杂系统才具有的性质。一个系统的演化，外部提供条件，内因起决定作用。换言之，它在适当接受外部物质、能量和信息的基础上，依靠系统内部各个要素之间的竞争和协同，达到自发地由无序向有序演化的状态。其间，系统的各个要素（或子系统）在竞争与协同中，形成一种具有优势化的趋向——"序参量"，支配着自身各要素（子系统）的行为，决定着演化的进程和结局。系统的自组织演化不依赖外部特定指令，但也并非与外部隔绝。外部控制参量发挥着对物质、能量和信息等资源的过滤和导向作用，有利于形成系统的内部序参量，使系统各要素（或子系统）在竞争中协同起来。

---

①　[美] 冯·贝塔朗菲：《一般系统论——基础、发展和应用》，林康义、魏宏森等译，清华大学出版社1987年版，第31页。

另外，一个由多要素组成的系统，其宏观测度反映的是诸多要素的统计平均效应，但在每一时刻的实际测度并不都准确地处在这些平均值上，而是或多或少地有些偏差，这些偏差称为涨落。涨落具有随机性，反映系统演化过程中的非平衡因素。显而易见，涨落是由于要素之间的不断作用和运动以及系统与外界的交流和运动所带来的必然结果。因此，对系统的存在状态而言，涨落无时不在又无法精确预见，表现出随机性的特征。系统自身所具有的"涨落"特性，作为系统演化内在动因之一，"驱动了系统中各个子系统在获取物质、能量和信息方面的非平衡过程"①。从而诱导系统进入新的有序状态。涨落的随机性体现了偶然性与必然性的对立和统一。科学研究上的意外发现，有时会带来突变式的"科学革命"。当然，这里所谓的革命，是具备继承性的革命。即便是所谓"不可通约"的范式革命，也是存在内在承继关系的。

总之，一个复杂系统，只有在得到外部环境的支持，向其持续提供物质、能量和信息，并达到一定程度，系统才会从无序走向有序。辩证地看，系统从无序走向有序，其内在本质的原因在于系统中异质要素的相互作用，内在的本质决定着复杂系统具有"自组织"的特性。外部环境的支持则成为"自组织演化"的条件。外部控制条件的变化，对事物变化发展起到加速、延缓，诱导协同和涨落的作用。也就是说，如果能够把握外部控制参量，在外界的适度影响和干预下，开放系统会发生从无序到有序的"自组织演化"。据此明确得知，政治主体通过科技政策这一外部控制参量对科学系统进行调控，而非直接向科学研究系统下达特殊指令，否则，科学系统就变成非常时期的"他组织"② 系统。

实际上，"自组织"与"他组织"是一对矛盾的统一体，处于你中有我、我中有你的关系状态。"自组织"是复杂系统的一般特性，是在外界环境影响下实现的。所以，无论是"自组织"还是"他组织"都与外部控制难脱关系。这种概念的差异只是表现为对系统划界范围与观察角度

---

① 吴彤：《生长的旋律 自组织演化的科学》，山东教育出版社1996年版，第5页。
② "他组织"指外力作用比较大，带有强制性的组织方式，一般适于非常态的紧急情况，短期内只要目标结果，甚至不计成本。

第五章　走出困境

的不同。对于一个较低层次的系统而言，它是通过适度的"他组织"实现系统的"自组织"；如果我们在高一层次的系统上看，原来对子系统的"他组织"就成为子系统间的相互作用，是导致高层系统"自组织"的内在因素。以往，当我们在涉及权力对科学干预的过程中提及"外部指令"时，已经在潜意识里人为地划界，将政治的调控置于科学系统的自组织之外。但同时我们也可以说，在面对国内外大环境下，政治的调控也属于社会大系统"自组织"内部的。

上述"他组织"的关键点在于适度。自组织系统既要强调它的开放性，又要特别关注它的开放度。自组织系统外部物质、能量和信息输入阈值的存在也说明了这一点。从系统与环境的关系上看，"开放度"意味着系统与环境之间的关系程度，首先我们要明确系统与环境之间功能属性的差异，如果没有了功能属性之间的差异，也就无所谓边界，意味着系统与环境之间百分之百的开放度；如果我们强调系统与环境之间的功能属性的差异，二者之间相互隔绝，缺少必要的联系，意味着系统的开放度太低。太低，系统将不能自组织；同时，系统的开放度也不能太高，太高，系统可能被瓦解。推理而知，如果系统开放度等于1，那就意味着系统与周围环境混为一体，不存在属性边界表现出同质化现象，实际上系统已经瓦解。

现代科学作为一个具有一定结构的复杂系统，是自组织演化的。科学系统包括三个层次的结构：微观结构、中观结构和宏观结构。微观结构的科学即指单个的科学理论，很明显，它包括科学概念、定律和逻辑程序以及由此推论的命题，它是有结构的。中观结构的科学指的是一组同在一个研究领域的科学理论群，通常把它们称为科学体系。宏观结构的科学体系是指由众多门类的科学组成的整个科学。科学知识体系越是完善，多门类之间的横向的联系越是趋于复杂；从科学与社会的纵向角度看，科学技术始于生产活动，由生产活动催生出技艺，由技艺牵引出科学，由科学推动技术，再由技术促动生产活动。

现代科学毫无疑问地是从古代科学形态经由近代科学形态演化而来的。在社会生产等因素的刺激下，科学系统的涨落推动者自身从简单到复杂、从无序到有序的演化过程。在宏观层次上，整个科学在各种研究和各个学科的自我演化基础上，新学科和新分支萌芽、生长、成熟，各个科学理论不断分化、综合，交织互动，整个科学呈现出丰富多彩的演化态势。

科学研究系统的各要素竞争协同，不仅是科学自组织的基本动力，还是科学进步的内在因素。从最简单的研究系统来看，它涉及研究主体、研究客体、手段方法等各个要素的相互作用，并以"意识与存在的统一性"作为序参量，协同起来。我们可以把它作为科学研究系统的一个基本子系统。科学研究活动的目的是揭示自然存在的客观规律，它具有探索性，研究路径、方法、结果的不确定性。这就决定了作为科研基本子系统之间必然的竞争性。竞争不但表现在科研选题、方法和路径选择、结果的评价等的理论竞争中，还表现在为争取社会化认可而进行的资源获取的竞争中。由此各个相互竞争的子系统又构成了更高一级的科学系统。在科学发现过程中，要素或子系统的竞争与协同效应，往往经各要素（子系统）之间作用的关联、放大，突出表现为一个连锁反应。例如，汤姆逊电子的发现，导致原子物理模型的研究和发现，导致了原子光谱和量子论的发现，最终导致量子力学的诞生。吴彤教授认为，"当科学家进入有意义的问题域后，问题就会自组织地引导科学家，使他们做出一连串的发现"[①]。各要素或子系统的竞争与协同来源于一系列从微观到宏观的序参量。它不但包括体现认识与存在是否具有统一性的理论可重复检验性、逻辑完备性、解释力和预见力等，还包括科学活动运行的自我规范（科学的普遍性、独创性、有条理的怀疑批判、知识公有性）以及科学建制化所形成的社会运行规则和政策等。它们在科学的认识层面和社会活动层面共同发挥着对各个要素或子系统的协同作用，引导着科学系统的自组织演进。

二 去政治化的本质

科学去政治化是超越"为科学而科学"与"为政治而科学"对立道路的有效策略。"只有通过使科学实践摆脱政治的污染，才能获得有政治效果的科学实践。"[②] 然而，在一片要求科学去政治化的呼喊声中，我们

[①] 吴彤：《生长的旋律 自组织演化的科学》，山东教育出版社1996年版，第79页。
[②] ［美］戴维·斯沃茨：《文化与权力——布尔迪厄的社会学》，陶东风译，上海译文出版社2006年版，第281页。

有必要静下心来理性思考，明晰何谓科学政治化的内涵（前文已述）？何谓科学活动去政治化的本质？如何实现去政治化？许多人理所当然地认为科学去政治化或行政化，就是科学活动中不要政治的介入和干预，这是一种谬误。上文已清楚地告诉我们，科学正是因为政治的介入和支持才得以实现职业化，获得更多的自主性。当今科学被看作一种利益资源，政治主体责无旁贷地扮演着调节民众利益关系的角色。同时，科学也为政治主体提供了有力的支持。有人认为去政治化就是去掉科研机构和教育系统的官级，这更是隔靴搔痒，甚至让人感到茫然。因为任何系统的管理都必然是层级化的，官阶只不过是一个系统层级化的标定物，并不是"政治化"的本质。政治化的本质究竟为何？

科学研究作为社会系统中的一个子系统，其自身具有复杂性、非线性、开放性的特征。对于这样一个复杂系统，在系统外部控制参量的适当控制下，实现其自组织演化才是科学活动去政治化的本质。我们通过对社会建制化科学的语境及权力场域的分析，把握科学活动自组织演化的要求，这才是探讨科学研究活动去政治化问题的有效途径。这里所提到的自组织系统指的是，一个开放系统在持续稳定地接受外部能量和信息的情况下，无须特殊指令而形成新的相对稳定结构，自主从无序走向有序的系统。

科学研究及组织构成之所以采取分叉和循环或超循环的演化形式不仅是长期演化的自然结果，也因为这些形式可以最有效地利用有限的物质、能量和信息，还因为这些形式是反映系统内部各个子系统或要素之间非线性相互作用的最佳形式。

科学系统是社会大系统中的一个子系统，它是一个开放的系统，受社会环境的制约和影响。由于科学活动是科学家们极富创造力的活动，所以科学系统是一个复杂的非线性系统。上一节我们从多个维度分析了科学的结构，展现在我们面前的是科学系统内部各个要素间以及外部要素联系作用的复杂性，它极为复杂以至于让"我们无法为整个科学提出统一的方案，而仅能提出一个复杂的系统，其中兼顾到科学的性质及其历史"[1]。为了说明科学系统的结构和各个要素之间复杂性的联系，贝尔

---

[1] ［英］J. D. 贝尔纳：《科学的社会功能》，陈体芳译，商务印书馆1995年版，第383页。

纳为科学这一复杂系统绘制了图表，然而这一描绘"仍然是一个很不完善的描绘"①。事实上，科学系统的复杂性远远超出图表所能描绘的情境。

如前所述，科学系统作为一个开放的复杂系统，具有"自组织演化"特性。只有当外部环境（社会）向它投入一定程度的物质、能量和信息后，才能使科学组织起来发挥效益。对这种物质、能量和信息的投入，主要包括三类。

（1）经济投入。主要包括科学研究的经费、仪器、设备及其维护等。其中，最为关键的是经费投入。因此，我们要清楚地认识到任何组织科学工作的规划，既要考虑维持和发展科学的经费投入水平，也需考虑筹措经费的途径。因为科学并不是而且不可能变成一种自给自足的职业。

（2）人力投入。除了经济的投入外，还包括研究人才的选拔，教育培训科学研究人员，科学研究的其他人力输入，如参与研究与开发的人员、辅助人员（如图书管理员）、仪器修理人员等。

（3）信息投入。学术信息、科学出版物等图书信息、旅行互访的学术交流，以及社会发展需求信息等。

我们认为科学系统只有具备上述的一定条件才能实现其自组织的演化方式，带来科学的繁荣生长。政治或社会对科学的价值需求，可以通过政治调控来实现。政治调控主要是通过科学外部控制参量的设计和调节来达到目的。即通过国家的科技政策，作为科学外部环境的调控参量，对科学实施干预，影响科学研究的指向，形成科学系统的有序吸引子和序参量。贝尔纳对科学系统有序吸引子（目标）以及序参量作用下科学内部的协同状况作如下描述：一体化的社会里，每个人只要认识到自己在一项共同的事业中发挥自觉的和确定的作用，他就是自由的。② 政治的外部环境调控，应该使科学家达到上述境界。其最终结果有别于完全的放任自流，如同未携带任何装备的荒野求生与有计划的旅行之间的差别。除此之外，我们还可以在科学政治学的语境下对科学与政治相互作用关系进行如下三种情况的简要分析。科学与政治由于各自职责和功能不同，

---

① ［英］J. D. 贝尔纳：《科学的社会功能》，陈体芳译，商务印书馆1995年版，第383页。
② 参见［英］J. D. 贝尔纳《科学的社会功能》，陈体芳译，商务印书馆1995年版，第510页。

形成了两种相互作用的权力场域。一方面，如果政治主体未能适度把握调控力度，作用力过强，造成权力的误用和滥用，科学系统出现异化或瓦解，呈现出科学政治化或行政化现象；另一方面，如果科学对政治的作用力过强，导致政治的异化，带来政治科学化的现象；再一方面，如果科学系统严重脱离政治，保守和孤立，缺乏与环境的交流互动，缺少政府和民众的支持，也会逐步走向衰亡。因此，解决好科学系统的"控制度"与控制方式，已经成为实现科学去政治化的首要问题。这一问题从其本质而言即如何实现科学系统的自组织问题。贝尔纳认为：

> 人们已经不再对科学进行全面压制，而是具体加以利用。……为此有必要组织起来，不过科学组织形式要想起作用，就不能而且也不可能是不加考虑地从企业或者政府机关硬搬过来的那种组织形式。把科学置于这种纪律和常规的束缚之下，科学就肯定会夭折。目前受到这种约束的很大一部分科学工作实际上已经死亡了。组织起来不一定就意味着受这种纪律和常规的束缚。[1]

对于社会建制化科学，社会政治对科学的控制不应是那种权力的强制，而是代表着公众对科学的规范和调节。它是靠调节外部控制参量进行的一种宏观意义上的调控。这正是自组织原理对科学复杂系统提出的基本要求。

我们把目光转移到科学与政治的边界上去，科学与政治虽然因属性功能不同而划界，贝尔纳提出的"行政科学家和科学行政人员"的概念更是耐人寻味。这说明了科学与政治依然是你中有我、我中有你的关系，更是说明了政治与科学的柔性划界。"界限"不能太硬，如果太硬，系统就会成为孤立系统；但也不能没有界限，因为没有界限意味着系统解体。我们在明确科学与政治的属性功能边界的基础上，构造柔性边界。这一柔性边界隔离或过滤输入与输出信息，从而在外部环境与系统之间起到缓冲作用强度的功效，使边界稳定，系统演化持续有序。这些特点与科学政治

---

[1] ［英］J. D. 贝尔纳：《科学的社会功能》，陈体芳译，商务印书馆1995年版，第435页。

学研究纲领所强调的，保持政治与科学的适度张力，实施宏观不谋而合。

综上所述，科学技术研究系统作为一个开放的复杂系统，在政治的有效调控下实现自组织演化才是去政治化的本质。认识和分析科学系统的自组织原理，并在实践中灵活运用，能够增强我们在科学的被组织与自组织之间的掌控能力，从而达到一个能动的新的自由境界。

三 构筑有机边界，实现去政治化

综合上文所述，实现科学活动的去政治化，即把握和实现科学系统的自组织演化。科学系统是多要素相互作用而组成的复杂开放系统，若要具备自组织演化的条件，关键是解决外部控制强度的调节问题。因此，首先应对科学与政治划界，其次构建科学与政治的有机边界，控制科学系统的开放度，调节外部控制参量的干预强度，确保科学与政治的良性互动。

（一）承认科学和政治的边界划分

社会建制化科学体系涉及政治系统、科学研究系统以及民众，形成了建制化科学的"三角结构体系"①。政治系统的目的和本质是代表民众利益，监督科研成果的使用，调节利益分配；科学系统的目的和本质是探索客观规律，不断追求真理，引领新的技术。然而，当科学明显地促进物质财富增长时，资本的触角伸到了科学研究领域，原属于统治阶级一部分的知识分子成为受资本支配的普通劳动者，致使科学主体与政治主体自然分离。就政治与科学的目的和本质上看，它们也是根本不同的两个主体。科学追求真理，总是试图探索客观规律；政治却操纵科学技术的使用，实现利益的分配。马克思·韦伯认为，科学的目的是通过理性支配人的行为，人能够运用理性，选择有效手段达到自身目的，控制外在世界。1919 年，马克思·韦伯为慕尼黑一批青年学子发表演说时表达了科学与政治明确划界的观点，强调科学主体与政治主体需适当分离。对于科学家和知识传授者，在其研究和知识传授中，马克思·韦伯认为：

---

① 韩来平：《贝尔纳社会建制化科学的三角结构体系和民主策略》，《科学技术与辩证法》2007 年第 3 期。

第五章 走出困境

他只能要求自己做到知识上的诚实，认识到，确定的事实、确定逻辑和数学关系或文化价值的内在结构是一回事，而对于文化价值问题、对于在文化共同体和政治社团中应该如何行动这些文化价值的个别内容问题做出回答，则是另外一回事。必须明白这是两个异质问题。①

可见，科学系统尽管属于社会系统的一个子系统，但科学系统与政治系统作为不同性质的主体，具有明显的划界。这里所说的"科学系统"与"政治系统"不是实然的，而是分析性的。因此，"我们不能从经验或感官上去确定它们的边界"②。科学系统作为类政治系统，其边界是科学共同体在长期科学活动过程中，以求实、创新、无私利的科学精神为主导，由具有约束力和自我规范的有关行为所构成的。在这里，主体的划界更加强调科学活动与政治活动本质上的不同和区分。科学活动与政治活动是社会的两大子系统，分别作为人类利益的代理者和创造者出现，它们有各自的主要活动空间和运行规律，相互取代会造成相互扭曲损害。即便在大科学时代，科学活动仍是社会中的一项创造性实践活动，离不开社会的支撑，但它还应与社会政治相区别，保持一定的空间。伯纳德·巴伯明确指出："科学不仅部分地依赖于支持它的社会而且也部分地独立于社会。"③ 科学总是在一定范围内保持相对独立性，并把科学活动中的自主性看成自己的一项基本权利；科学主体需要在相当自由的气氛中进行创造性的活动，天生具有对外界干预的排斥和抵触。科学系统作为人类利益的创造者，价值体现在三个方面：心理价值、知识价值和功利价值。政治主体也具有很强的价值主动性。它总是采取一切手段维护权威和自身合法性，发挥政治的调节功能。政治主体的价值观念主要内蕴于政治意识形态中，体现在政治制度、政策法规及各种具体政治活动过程中。

需要明确的是，承认划界并非表明科学家无须承担社会和政治责任。

---

① ［德］马克斯·韦伯：《学术与政治》，冯克利译，生活·读书·新知三联书店1998年版，第37页。

② 俞可平：《权力政治与公益政治》，社会科学文献出版社2005年版，第380页。

③ ［美］伯纳德·巴伯：《科学与社会秩序》，顾昕等译，生活·读书·新知三联书店1991年版，第4页。

我们反对的是学术混同政治,并不反对科学家参政议政。弗里德里希·冯·哈耶克对学者参与公共政策问题是理解的,认为如果自己没有受到特殊的环境阻止,他本人很可能也会禁不住诱惑,投入更多的精力参与到公共政策上去。但他特别强调,这并不意味着学术应该卷入具体政治分歧。① 在科学对社会的影响日益深远的今天,科学家如果只关注自己的研究领域,可视为一种对社会不负责任的表现。他们更加应该关注自己的研究活动对人类社会可能造成的影响。需要注意的是,承认划界并非表明政治不干预科学。科学技术活动的成果作为重要的社会资源,必须由政治代表民众利益进行调控。"利用科学改善人生这项工作也是根本属于政治的。"② 科学与政治的相对分离,旨在对其不同的性质、权力与责任进行区分和明确。它是一种对不同主体的认可。承认政治主体与科学研究主体的划界,才能进一步从制度安排上研究科学活动去政治化的问题。

(二) 保持主体间适当分离

首先,承认划界才能充分认识和防止科学建制官僚化。我们通过建制化科学的权力场域分析,得出外部政治权力对科学研究系统的作用过大必然会导致科学研究系统内部权力异化,使科学内部的科层官僚化,湮灭科研系统的科技创新能力。这是因为,外部作用过大直接破坏了科学系统内部权力获取的规范,影响着科研人员的资源获取、成果认可、权威形成,等等。进而,外部政治官僚直接造就了科学系统的"权威"。科层官僚化表现为"权威"的刚愎自用,内部缺乏民主,人人依附于系统内"权威"的基本特征。并形成资源分配与获取的空间分布图,即以"权威"为中心,距离中心越近密度越大越自由,距离中心越远密度越小,受到的束缚越大。政治主体对科学研究活动的直接干预,使政府既管经费,又管项目;既是出资人,又是"经营者",容易造成决策失误、资源分配不合理以及决策过程中的寻租现象等,从而滋生腐败。政治主体与科学主体的适当分离,使科学既能够组织起来,又能够使科学进步

---

① 参见 [英] 弗里德里希·冯·哈耶克《经济、科学与政治——哈耶克思想精粹》,冯克利译,江苏人民出版社 2000 年版,第 26—27 页。

② [英] J. D. 贝尔纳:《历史上的科学》,伍况甫译,科学出版社 1959 年版,第 720 页。

所绝对必需的独创性和自主性免遭破坏。

其次,承认科学与政治的划界,能认识和防止科学成为政治附属品的危险。因为这种危险主要来自政治对科学的强权,贝尔纳早就曾明察到这样一点,他认为:

> 政治对科学活动的强权,会促使科学家个人或者集体勾心斗角,为的是要从政治主体掌控的资源中分得一点残羹冷炙。这些钱一般并不会用于最急需的地方,而造成巨大的浪费。更糟糕的是,获得这种资源的机会促使科学界对资源掌控者普遍采取奴颜婢膝的态度。[1]

这样一来,科学主体就会处在成为政治官僚附属品的危险之中,科学的求实精神与工作效率因此遭到破坏。政治主体与科研活动的主体适当分离,有利于阻隔政府官员和科研人员的利益联系,消除腐败的温床;另外,科学主体与政治主体的适当分离能有效避免因扭曲的政绩观而导致科学研究的急功近利,有利于产生创新成果。扭曲的政绩观导致的急功近利会给科研人员造成很大压力,而往往科学研究的失范,学术水平的滑坡就从这里开始。

理论与现实,历史经验和教训都告诉我们,实现科学与政治的有机互动,避免科学政治化现象,必须使政治主体与科学主体适当分离,此外,进一步要求从制度安排上加以落实。

(三) 边界组织构筑有机边界

科学政治学研究范式为我们解决科学与政治关系难题提供了重要的"边界组织"工具。这一"工具"能够使科学主体与政治主体适度分离,避免了直接的"强相互作用"。科学政治学的理论疑难和实践困境,通常表现在政治对科学的干预强度过高,造成科学自组织系统的破坏,形成科学政治化现象,严重影响科学的求实和效率。充分利用"边界组织"则可以有效避免上述不良影响。比如,利用有资质的"第三方"进行的

---

[1] [英] J. D. 贝尔纳:《科学的社会功能》,陈体芳译,商务印书馆1995年版,第431页。

科技评审和科技资源的分配以及科技活动合规合法性审查等。"第三方"本质上应为科学与政治的"边界组织",既代理政治主体也代理科学主体,它的行为同时接受当事人和监察机构的监督。这些"边界组织"发挥着维护科学与政治的契约关系,确保科学求实与效益的功能。

实际上,在科研劳动生产资料所有权与科学家分离,形成政治与科学的不同主体之后,政治与科学之间就形成了一种委托与代理的契约关系。政治主体为民众的福利与安全而行使社会利益调节和资源分配的权力,政治与科学的物质经济关系,实质上代表着社会民众与科学的物质经济关系。政治与科学在人类社会系统中分别担任着不同的角色,具有不同的职能。当科学逐步成为重要的社会利益产品时,政治主体责无旁贷地代表民众委托科学家进行知识产品的生产。科学家成为这一政治意图的代理者。从科学家接受政治的资助开始,政治主体与科学主体之间便形成了委托与代理的契约关系。

在科学与社会发展的历史过程中,人们曾理想地认为政治与科学的关系是一种简单的线性关系。科学的求实性与民众福利的转化都会自然而然地生成。在政治主体提供的资金支持下,科学代理人必然会向社会产出求实性的知识产品,这些产品必然会流向社会需要的地方转化为民众福利。这种理想化的认识,反映了自培根以来,在理想主义科学观支配下,人们对科学与政治关系问题的看法。这种契约是政府与科学之间的无言协议,科学研究的求实与效率自动产生。然而19世纪80年代及以后,科学的求实与效率问题引起了社会的广泛关注,关于科学的求实与效率必然自动生成的观点遭到审查和拒绝。实际上,这种拒绝的缘由还是来自政治与科学的关系处理方面。从委托代理的现代制度经济学的观点来看,政治与科学契约双方都有使各自利益最大化的倾向。一方面,政治主体对利益最大化的期盼,融进了不断强化的政治干预,衍生了好多科学的悲剧故事;另一方面,科学代理方迫于种种压力和自身利益最大化的期盼,骤然增加科学作伪等不端行为,使政治与科学的理想线性关系遭到挑战和拒绝,科学活动中的求实与效益问题引起社会的普遍关注。

人们把目光再次聚焦到科学与政治的边界上,寻求建立一种新的边界,它能够起到过滤、缓冲政治与科学的作用,达到控制科学系统的开放度，调节控制强度的目的，以实现科学的自组织演化。科学与政治之间张力的大小，决定着政治与科学的边界互动是否和谐、稳定，直接影响着政治委托者和科学代理者对求实与效率的实现程度。政治与科学的张力适度，科学研究中求实与效益实现程度就高；张力过大或过小，就会造成政治与科学的边界互动不和谐、不稳定。所以，追求求实与效率的科学活动就是实践自组织科学活动的方式，是科学与政治的某种边界行为（Boundary work）。基于上述认识，我们的任务就是要在政治与科学的边界上，探索某些方法或步骤，确保科学代理人在开展公共资助的研究时实现求实与效益的要求。

"边界组织"骑跨科学与政治边界，以双重的委托和代理者的身份出现，是边界双方和其他科技利益攸关方共同交流、沟通的空间平台。通过这一平台有效消解科学与政治间的信息不对称，构筑科学与政治间的有机边界，抑制双方过强的作用力。由此，"边界组织"成为控制科学系统的开放度，调节控制张力，确保科学系统自组织演化，实现科学去政治化的有效选择和组织保障。利用"边界组织"，构筑科学与政治的有机边界，为我们走出政治调控科学的实践困境，确保科学的求实和效益提供了基本保障。同时，它势必会为我国科技体制的改革提供重要参考，为构建我国政治与科学的和谐关系，推动社会进步发挥重要的作用。

第三节　走出困境的科研监管

——有机边界活动的科研审计与监管

一　维护科学社会契约的需要

（一）契约关系的基本要求

社会建制化科学的"三角结构"体系[①]，反映着科学的社会契约关

[①] 建制化科学时代，科学研究体系离不开政治主体（掌握资源并进行运作与分配）、科学家群体、公众这样三种人。见韩来平《贝尔纳社会建制化科学的三角结构与民主策略》，《科学技术与辩证法》2007 年第 6 期。

系。政治主体代表民众利益，出于自然与社会知识、民众福利、健康和安全的考虑，支出一部分税收资金，投入科学研究事业中，同时，它还使得科学实现社会化和职业化，达到政治主体与科学主体相互分离的目的。如此背景下，科学家组织和个人共同成为科学的代理者，政治集团则以科学的委托人身份出现。在政治与科学之间：

> 委托与代理涉及一个具体的社会关系，那就是委托授权，这里委托代理双方就被包裹在了资源的交易当中。委托方掌握大量资源但没有能力和技术实现自身利益，所以需要寻求接受资源并愿意为委托方的未来利益而工作的代理人。通过委托授权的方式实现委托人的"自我延伸"。[①]

政治主体代表民众利益投资科学，寄希望从科学主体处换取可靠、清廉的知识公共产品，进而通过某种途径或方式转化为社会福利与安全。"依靠科学解决人类的问题，帮助我们找到了建设一个更美好的世界的各种途径。"[②] 科学主体接受政府资助，表明其接受了政治主体的规定要求，并作出科学求实与效率的承诺。同时，政治主体承诺保障科学的自主性。他们相信依靠科学共同体内部的自我规范，就能够调节科学朝着求实与效率的路径进发。换言之，科学的社会契约至少隐含两个前提。

第一个前提是，科学共同体实际上能够得以允许保留自身的决策机制，亦即科学的社会契约部分地建立在常常被称做自主的科学共同体或自我调节的科学共同体这一前提之上。第二个前提是，在这一制度安排下，科学共同体能够产出政治共同体所期待的技术方

[①] Dietmar Braunand and David H. Guston, "Principal-agent theory and research policy: an introduction", *Science and Public Policy*, Vol. 30, No. 5, October 2013, p. 303.

[②] [美] 大卫·古斯顿：《在政治与科学之间——确保科学研究的诚信与产出率》，龚旭译，科学出版社 2011 年版，第 111 页。

面以及其他方面的利益。①

上述科学与政治之间的契约关系构筑了边界，划定区分了相应的责任，形成一种互惠的关系。科学家获得政治资助，解决了自身的基本生活问题，充分享有着科学的自主性，在与社会相对隔离的环境中开展着相对"自由的研究"。与此同时，科学家被赋予自由的权力，应为社会或政治共同体产出求实的知识产品，并尽快转化为社会福利与安全。"我们社会的民主理想培育了科学，有助于赋予科学在这个世界上现有的自由位置。反过来，心甘情愿地帮助我们开展各项工作也是科学家的义务，这些工作旨在使我们的制度良好地运行。"② 科学组织或科学家个人承担社会的委托，发挥科学应有的功能，势必涉及两方面关键问题，即科学的求实和效率问题。长期以来，人们信奉科学与社会的契约是一种政府与科学间的无言协议，科学的求实与效率视为由"看不见的手"操纵，自动产生的结果，它是契约中自有、自存的功能。科学家和政治家过分的自信，无可置疑的信任，造成科学求实与效率问题的忽视，甚或于无视，尽管该问题在科学社会契约中是一项基本而重要的事项。但是在麻烦丛生的年代，时任美国科学院主席弗兰克·普雷斯依旧盲目乐观，声称："科学对这一契约的态度是忠诚的——美国人民由于对科学的支持，迟早能够期待拥有更美好的生活和更强大的国家。因此，我们将继续履行这个契约。"③

（二）维护契约关系的必要手段

在科学共同体内部，科学知识的生产和消费，拉图尔类比市场经济的发展过程，提出了"信誉循环"观点。

---

① ［美］大卫·古斯顿：《在政治与科学之间——确保科学研究的诚信与产出率》，龚旭译，科学出版社2011年版，第78页。
② ［美］大卫·古斯顿：《在政治与科学之间——确保科学研究的诚信与产出率》，龚旭译，科学出版社2011年版，第74页。
③ ［美］大卫·古斯顿：《在政治与科学之间——确保科学研究的诚信与产出率》，龚旭译，科学出版社2011年版，第59页。

在这个类经济模型中,把研究者的信誉比作资本投资的循环,揭示科学资本如何从一种形式转换为另一种形式的科学活动运行过程。这一循环过程是:同行和社会认可—项目资金—雇员和设备—数据—观点—论文(产品)—认可。[1]

在科学共同体内部,研究者的信誉资本扮演着核心角色。他们首先通过可信的知识产品积累信誉资本,然后有效地将自己的信誉资本再次转化为知识产品,供同行使用和评价,通过使用和评价进一步提升自身的信誉资本。在科学共同体内部微观经济的运行中,政府所起作用仅限于提供项目资金,其他则不容染指,一概排除。该系统因此被称为自我调节系统,它依靠同行评价调节着科学的诚信。"没有经过同行评议的项目申请,承认不能发展为项目;没有同行评议的期刊,数据不能发展为论文;没有成功的重复实验或扩展实验,论文不能发展为承认。"[2] 由此形成科学共同体内部的自我规范与管理。

人们信奉科学共同体的自我调节和运行能力,相信知识的"河流"会自然地奔向社会的"海洋",灌溉增进民众安全和福利的"沃土"。以此为条件形成的这一无言的社会契约,被人们供入"神庙",顶礼膜拜,备受尊崇。人们满足沉醉于科学求实与效率的自动生成时,挑战却悄然而至。1977 年,琼·古德菲尔德(Jun Goodfield)在《扮演上帝》一书中勾画了重组 DNA 技术所带来的风险问题;1978 年,美国艺术与科学院发表一组名为"科学研究的限度"的文章;进入 21 世纪,轰动世界的学术造假事件频出,美国"舍恩学术造假案"、日本"小宝方晴子学术造假案"和"藤村新一考古造假案"等。上述事件绝非偶然,它映射出科学界道德与诚信问题日益突出,一定程度上彰显科技管理体制中的诸多缺陷,对科学共同体神圣的自我行为规范发出挑衅。由此,人们对科学的诚信,包括研究项目的委托授权和财务的可靠性等一系列问题产生诸多

---

[1] Laurens K. Hessels, Harro van Lente and Ruud Smits, "In search of relevance: the changing contract between science and society", *Science and Public Policy*, Vol. 36, No. 5, June 2009, p. 392.

[2] [美] 大卫·古斯顿:《在政治与科学之间——确保科学研究的诚信与产出率》,龚旭译,科学出版社 2011 年版,第 81 页。

第五章 走出困境

疑问。

　　这里,运用制度经济学的理论分析科学的委托与代理关系,委托与代理双方"理性的行动者总是力求最大化地实现自身偏好"。在委托代理关系中,"双边的利益通过资源的交换来获得:委托方获得了自身力所不及的事情,代理方获得资金、社会认可等酬报。尽管这是互惠的,但行动的结果也许还是不能令人满意,因为代理人利用欺骗追寻自身利益的动机依然存在"[①]。与此同时,从传统的科学和政治契约关系的互惠边界也能看出,由政治一边穿过边界到达科学一边的东西是实在的,而"从科学一边穿过边界到达政治一边的东西是非实质性的"。也就是说,政治主体明确地公布资助的意图信息,确保科学主体无障碍地接收;科学主体自身高度的自主性、专业性、探索性,造成过程的复杂性和产出的非线性,使科学主体的有关信息穿过边界到达政治一方,呈现一定的模糊性。这实质上造成委托与代理双方信息的高度不对称。政治主体作为"管理者在面对科学时受到两种通病的折磨,即敬畏和外行"[②]。

　　由此,知识的联合生产蕴含着两种风险。一是道德风险,如哄骗（欺骗）、规避责任和义务等;二是交易成本逆向选择的风险,"因为代理方通常和委托方相比更具有信息方面的优势。当委托方寻求代理的时候,通常不具有足够的关于潜在代理人的能力信息。其结果可能不满足甚至有损于委托方原有的意图"[③]。不对称也意味着政治和民众加重对科学的求实与效率的疑虑。人们接下来追问:科学自身就可以免除正当程序的保护吗？如果它的诚信有问题,科学事业可否继续进行？"科学诚信是科学共同体消费的一种产品,同时也是政治共同体消费的产品,前者借此保护自我和提升自我,后者借此体现责任和维护权威。"[④] 为此,代表着

[①] Dietmar Braun and David H. Guston, "Principal-agent theory and research policy: an introduction", *Science and Public Policy*, Vol. 30, No. 5, October 2003, p. 303.

[②] ［美］大卫·古斯顿:《在政治与科学之间——确保科学研究的诚信与产出率》,龚旭译,科学出版社2011年版,第72页。

[③] Dietmar Braun and David H. Guston, "Principal-agent theory and research policy: an introduction", *Science and Public Policy*, Vol. 30, No. 5, October 2003, pp. 303 – 304.

[④] ［美］大卫·古斯顿:《在政治与科学之间——确保科学研究的诚信与产出率》,龚旭译,科学出版社2011年版,第180页。

政治主体的意志，始发于经费投入和支出的合理性，起着审查科学诚信的作用，维护契约关系的科研审计应运而生。

二 愿景与困境

科学的社会契约关系表明了政治主体对科学研究活动的良好愿景。现实中，实现科学社会契约对科学求实与效率的要求，确实"需要另外一个真实的个体，而不是什么无形之手去推动自我调节机制的运转"[1]。实际上，科研主体接受政府资金的同时，隐含地接受了政府的监管，"这与旅行者在公共道路上行走时就隐含地接受了当局的法律是同样的道理"[2]。在一定意义上，科研审计是对科学与政治的契约关系所要求的求实与效率进行审查的一项活动。需要说明的是，它是国内目前唯一的科研审查与确保机制。政治主体的美好愿景，即通过对科研项目经费的投入与支出的合理性审查，提示、警告或纠正科学求实与效率的偏差，推动科学自我调节机制的有效运转，达到确保科学求实与效率的目的。

我国现实的科研审计主要以项目主管部门委托专业会计师事务所开展。会计师事务所按照中国注册会计师一般的审计准则，依据有关部门的管理规定和科研项目预算细目，着重审查项目经费支出的合理性，甚至对综合绩效作出评估。在这一过程中，可以肯定的是，会计师事务所派出的审计人员和政府职能部门具备充分的协商和互动，以此确定审计的标准和参照。本质上，审计人员代表政府一方，他们的行为完全属于政治主体行为，由此决定了审计过程中审计标准的不可撼动性。机械僵硬的审计标准将与科学研究的探索性、过程的复杂性、结果的不可完全预见性形成强烈反差，凸现了现实操作中的悖论，导致科研审计陷入实践困境。

（一）发育与给养的悖论

科学研究的孕育期即科学问题的持续凝练过程。如同胎儿的孕育，

---

[1] David H. Guston, *Between Politics and Science*, London: Cambridge university press, 2000, p. 93.

[2] [美]大卫·古斯顿:《在政治与科学之间——确保科学研究的诚信与产出率》，龚旭译，科学出版社2011年版，第113页。

需要不断地吸收营养。营养丰裕保障健康成长，否则，先天营养不足影响后天的完全发育。科学问题的凝练大多源自坚持科学观察与实验，细致收集、整理和解读现有文献，科学家之间不断的交流、碰撞。这是科学研究至关重要的过程，科学问题的凝练程度决定了科学研究的高度，体现着科学研究的价值。科研课题的评审不仅只关注该方面，更进一步，为审查申请人完成项目的可能性，甚至还要求在此基础上有一些前期探索和积累，这势必会产生一部分经费开销。然而，在现实科研审计中，一般会把立项前相关费用在项目经费中的支出视为违规，对于面对生活压力的普通科研人员而言，这部分费用难以自筹。据此可知，科学研究最为关键、最为重要的孕育期不得不沦为给养的空白区。如此便导致科学研究的先天发育不良，甚至是无源之水、无本之木，更奢谈求实与效率。

（二）确定性与不确定性的悖论

科学研究的探索性决定了过程的不确定性。科学家面对自然与社会的未知事物，首先是大胆的科学猜测，然后实验验证和理论论证，验证和论证方案会随时调整。比如，丹麦物理学家奥斯特（Oersted）受康德（Kant）哲学的影响，从自然界各种力相互转化和统一的观点出发，大胆猜想电和磁之间存在某种关联。奥斯特发现电生磁现象后，英国物理学家、化学家法拉第（Faraday）逆向思考，证明磁可以生电。实际上，实验证明的过程并不总是一帆风顺，实验能否验证猜测，唯有不断地在探索中涉险、跋涉，聆听回答，寻找答案。奥斯特为证明电流的磁效应，将磁针放在导线前，导线通电后，磁针并未发生丝毫偏动。无论他加大电流至导线发热，还是不停改变磁针位置，都未能获得成功。"直到一次偶然的机会，他无意识地搬动电源开关的时候，发现在细长铂丝导线附近的一个小磁针轻微地晃动了一下。他又惊又喜接连进行了几次试验，终于发现之前没有成功的原因，不是因为磁针放得太远，就是和导线垂直。"[①] 奥斯特未曾料到，自己一个无意的举动竟换来如此大的成功，证实了自己之前的猜想。法拉第为证明磁能生电，走过了和奥斯特同样的

---

① 陈仁政主编：《科学机遇故事》，江苏科学技术出版社2008年版，第99—100页。

轨迹。他历经近十年艰辛，反复地探索，终于发现只有变化的磁场才会产生电流。科学史上，这样的例子不胜枚举。科学活动的历史表明，研究方案的具体实施是在不断接受反馈信息以调整方案或修订问题中进行的，既有"踏破铁鞋无觅处，得来全不费工夫"的偶然获得，也有问题的再次变异。总体而言，研究过程的不确定性是科学研究的本质特征。

科学研究过程的不确定性给现实的科研审计带来困惑和疑难。其中，代表政治主体的科研审计，严格依照项目预算和相关政府部门的管理规定开展。科学家却认为项目预算最多只能算是宏观参考，科研计划的具体执行每一步都充斥着偶然性和不确定性，严格死板地执行预算和规定，会严重影响科学的效率。上述情况实质上表现出科学主体和政治主体双方对相同问题的认知存在严重不对称，缺乏合理的互动交流。因此，在科研审计以及科学的实践中，构成确定性与非确定性的悖论。

（三）相关性与非相关性的悖论

研究主体的灵感和顿悟显示了科学研究的又一特性。科学探索过程中，研究主体苦苦思索而不得其果时，适当的放松和中断，经常会有意想不到的收获。历史上著名的贝尔实验室和卡文迪许实验室被世人称为世界诺贝尔奖的摇篮，获奖者却将其归功于实验室咖啡厅里的闲谈，一次次思想碰撞中的"电闪雷鸣"，指引着他们捕获自然的"奥秘"。的确，科学发现很多时候并非依赖逻辑推演，而经常依赖思维中断后的灵感爆发和顿悟。

> 法国海瑟（Hycel）公司的创始人，约翰·墨兰曾经花了几个月的时间设计自动血液分析仪而未果，最终他放弃计划，出去度假。但第二天在度假酒店醒来后，他脑海中清晰地浮现了梦寐以求的设计方案。①

灵感不止出现在实验室里，更多地会出现在咖啡桌旁科学家们的交

---

① ［美］罗杰·道森：《赢在问题解决力》，李同良译，广东人民出版社2013年版，第149页。

流中，甚或出现在旅途、田野漫步中。

由此可见，科学研究的相关与非相关活动是一个难解难分的事件。科学研究的实践中，看似不相干的活动经常起着突破性的关键作用。现实的科研审计，对这些看似不相关的事件，从加强经费监管对纳税人负责的角度出发理所当然地被禁止。这再次形成了科学研究活动的相关性与非相关性的悖论。

三 有机边界活动的科研审计

从经济学的视角来看，科学研究的委托与代理可以被视为一种交易，这种交易被交易成本的逆向选择及道德风险阻碍，造成"市场失灵"。因此，依靠科学自身的自我调节，确保科学的求实与效率不断遭到质疑和挑战。传统的科学与社会线性契约关系不再适用。只有"从制度设计入手，才能约束和规范行动者的选择，以便克服委托代理关系中逆向选择的风险和科研道德风险等合作生产的难题"[1]。因此，一些经济发达国家的研究诚信办公室（ORI）经过艰难的演变历程，最终形成一种由政府授权管理科学不端行为的常规组织。与此相似，我国一部分以审查科学诚信为目的科研审计活动也在进行着不断的探索和实践。科学知识作为一种公共产品，不仅供科学共同体消费使用，同时政治主体也是主要的消费者。"因为我们太依赖科学了……许多人期待着科学是确实可靠的，而且科学家是清廉的。"[2] 公众以及政治对科学的支持与依赖，强烈地呼唤着要确保科学的可靠和清廉。可知，我国进行的科研审计活动本身就是顺应民意的当然之事。

然而，如何消除科研审计实践中的悖论，走出困境，确实需要从理论和制度设计上进行更多探索。首先，我们必须深入"交换"[3] 得以发生

---

[1] Dietmar Braunand and David H. Guston, "Principal-agent theory and research policy: an introduction", *Science and Public Policy*, Vol. 30, No. 5, October 2003, p. 303.

[2] ［美］大卫·古斯顿：《在政治与科学之间——确保科学研究的诚信与产出率》，龚旭译，科学出版社2011年版，第111页。

[3] 在麦克尼尔的契约概念中，"交换"不再仅被视为市场上所进行的个别性交易，而是作为社会学意义上的"交换"。

的各种社会关系,重新认识科学的社会契约。"把契约同特定的社会割裂开来,就无法理解其功能。"① 在科学社会化的程度越来越高,科学对社会的影响日益严重的社会与历史语境下,科学的社会契约必然具有面向未来交易的性质,契约关系由线性向着非线性复杂关系方向演进。从社会学意义上来看,契约关系反映的是有关规划在将来的交换过程中所有当事人之间的各种关系。"科学社会契约关系处于一个所有科学的利益相关者参与其中的这样一个一般'社会情境'的宏观层面。"② 这里的所谓"交换"不同于市场上进行的个别交易,它是一种社会学意义上的"交换"。从科学与社会的契约关系来看,科学家接受政府资助意味着受政治委托,在最大限度地保障科学自由的基础上生产求实可靠的公共知识产品,公共知识产品一部分供科学家"消费",以此为基础进一步深入研究,取得新的成果;一部分供技术专家"消费",物化为技术产品,最终供民众消费;一部分由政府代表民众直接"消费",用于国计民生的社会发展工程。当然,仔细追究它的交易关系还可能有很多,但主要的关系不外乎上述三者。科学社会契约涵括多种关系,指向未来的长期合作。"新的契约将需要更具有开放性、社会分布性,更需要一个具有自身责任和审计系统的知识生产的自组织体系。……新的契约将是基于科学和社会的联合知识生产。因此,新的契约将涉及一个动态的过程,科学的权利将需要被一次又一次地确定其合法性。"③

科研审计活动实际上是在科技政策语境下的一项监管活动。它在政治的授权下审查科学社会契约的履行情况,进一步确认科学权力的合规合法性,达到科研监管的目的。既然如此,科研审计离不开契约关系中利益相关方的参与。实质上,"政策语境下的科学活动已经发生了一个转变,基于新的公共管理,由单一的委托代理契约授权转变为向行动者网

---

① [美]麦克尼尔:《新社会契约论》,雷喜宁等译,中国政法大学出版社1994年版,第2页。

② Laurens K. Hessels, Harro van Lente and Ruud Smits, "In search of relevance: the changing contract between science and society", *Science and Public Policy*, Vol. 36, No. 5, June 2009, p. 393.

③ Michael Gibbons, "Science's new social contract with society", *Nature*, Vol. 402. No. 2, December 1999, p. C84.

络授权,这一网络除了政府和研究者以外,也包括像诸如用户的第三方等等"①。也就意味着由单一委托代理转向合作生产。科学社会契约关系反映着所有利益相关者的关系,因此"科学社会契约为所有行动者建立了一个供他们争论、确立合法性等的空间,中介组织率先担当了契约执行过程中的科学与社会关联性的特别说明工作,以此推动信誉循环"②。科研审计组织应是这样的中介组织,即骑跨在科学与政治的边界上,为边界两侧不同边界对象和其他利益相关者提供一个信息碰撞共享的空间,构筑了连接两个不同世界的桥梁。"边界组织涉及供给和需求关系的本质维度和致力于知识的合作生产。"③ 可以说,它是相关多元共同参与,高度互动,通过沟通、协商、相互认可,最终使各方均获增益而非受到损害的组织。

这样看来,科研审计活动是政治与科学委托代理关系链条中的重要一环,科研审计小组受政府的委托,以科研经费开支的合理性为观察点代理行使对科学研究的诚信和效率的审查。同时,审计小组又受科学家的委托,作为科学家的代理人,向政府表明科学家所从事科研活动的诚信与效率情况。活动过程中,审计组织不仅深入政治主体同时也深入科学主体,它的角色既不同于政府也不同于科学家,对它的评价取决于契约关系中利益相关者正当合理的利益关系的维护。审计组织的结构配置有赖于委托代理关系中相关各方所具有的利益关系。组织结构上是相关领域科学家以及相关技术专家、会计师等调查人员和律师的结合体。科研审计过程中,这样的审计组织对于科学与政治都是重要的代理人,表现出科学家以及专业技术人员、政府、财务审计人员甚至包括律师在内的互动与合作。通过契约关系相关方的互动与合作,消除科学与政治双

---

① Laurens Klerkx, Cees Leeuwis, "Delegation of authority in research funding to networks: experiences with a multiple goal boundary organization", *Science and Public Policy*, Vol. 35, No. 3, April 2008, p. 184.

② Laurens K. Hessels, Harro van Lente and Ruud Smits, "In search of relevance: the changing contract between science and society", *Science and Public Policy*, Vol. 36, No. 5, June 2009, p. 393.

③ Laurens Klerkx and Cees Leeuwis, "Delegation of authority in research funding to networks: experiences with a multiple goal boundary organization", *Science and Public Policy*, Vol. 35, No. 3, April 2008, pp. 185–186.

方认知与信息的不对称，清晰地考察科学社会契约关系的履行情况，进而合理地评估科学的求实与效率，甚至做出警示或纠正。的确，科研审计是一项合作的事业，而审计组织正好处在合作的中心，既帮助科学共同体证明自身的求实与诚信情况，也帮助政治共同体确保研究的求实与诚信。建立多元参与的科研审计有机边界组织是现代科学社会契约关系的要求，是弥补科学与政治双方信息高度不对称的需要。唯有此，才能解决科研审计良好愿景与现实操作之间的悖论，摆脱科研审计的实践困境。

第四节　走出困境的 R&D 社会治理
——嵌入式有机边界的技术治理

科学和技术是我们未来的主宰，我们除了开始通过学习来指导其未来的发展方向外，别的什么也做不了。[①]

——萨洛蒙

对研究与发展项目（R&D）进行社会治理，根本目的在于让科技给人类带来福祉，不断改善人们的生活。贝尔纳断言，在社会系统中，利用科技改善民生，从根本上属于政治行为。从科技社会契约关系看，利用科技改善民生，有赖于包括政治主体在内的，科技利益攸关方的共同参与，来维护以改善民生为目的的科技社会契约关系。这就必然涉及科技主体、政治主体、公众等不同主体间的互动，而不同主体间的有机边界是实现良性互动的保障，有机边界的建构依赖于像"科研诚信与伦理审查委员会"等这样的"边界组织"。实际上，"科研诚信与伦理审查委员会"这样的边界组织，就是为科技利益攸关方提供了一个进行互动、交流、反思、学习，共同评估和审查科研伦理状况的空间。经过评估与审查，形成具有共识性的结论，可进一步上升到政策规制层面对R&D活动进行治理。我们把在这一空间开展的具有共识性的科技评估活动，以

[①] Jean-Jacques Salomon, *Science and Politics*, The Macmillan Press Ltd, 1973, p. XV.

实时的循环方式嵌入 R&D 过程，实现嵌入式有机边界的 R&D 治理活动。

一 嵌入式技术治理的原理

对于技术开发和研究系统自身，实现自组织演化远远不够。因为，技术已经深深根植于社会之中，并与"技术—社会"复杂系统，以及系统中的人或非人的异质要素相互纠缠，形成有机共生的、更大的复杂系统。价值因素成为决定"技术—社会"系统演化的一个"吸引子"。如此复杂的"技术—社会"系统，其演化形成的结构形态常常表现为突现性，技术以及所形成的社会关系呈现一种动态的不断演化的特征，因此使得"完美的预见成为虚幻"①。这就决定我们在关于技术以及社会影响的认识和把握上，应与一种动态演化的特征相适应，不能只停留在静态评估方式上。

面对不确定的技术未来，我们必须体现出一种社会计划和控制能力。就此，可以取代预测的并非不作为或不反应，而是基于同步的反思和调整，增加行动的连续性。特别是结合研究与发展事业，增强自身的反思能力，从而在潜在的利益相关者中鼓励更有效的沟通，更多产生与演变中的利益相关者相关的能力、偏好及价值观的知识。同时，以允许创新路径和结果的调整与改变，作为对持续不断地分析和交流对话的回应。"从这个角度看，成功地应对不可预测的关键是建立一种不断地具有自反性的决策过程，这种过程能够使系统的协同进化要素的属性和关系变得明显，同时建立明智的不断递增的具有可行性的回应。"② 在这里，社会科学虽然不能发挥精确的预测作用，但是它在技术控制方式的建构上，能确保不同的参与者从不同的视角进行考察并保证其话语自由，确立公众优先权。来自不同背景的知识、观念、方法相互碰撞，透析问题，反馈意见，不断修正决策，摸索前进。显而易见，技术的社会控制属于实践过程。在实践中对不断演化的技术进行持续的监控，也只有在实践中

---

① David H. Guston and Daniel Sarewitz, "Real-time technology assessment", *Technology in Society*, Vol. 24, No. 1, 2002, p. 109.

② David H. Guston and Daniel Sarewitz, "Real-time technology assessment", *Technology in Society*, Vol. 24, No. 1, 2002, p. 100.

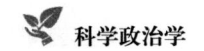

才能不断以"反思性社会学习"(reflective social learning)的方式提高能力,加强技术的社会控制。

如果上述技术控制的思想过于抽象的话,那我们不如从实践的角度加以探讨。实践的核心旨在将利益相关者等公众参与以及不断的政策调整,真正嵌入赓续演进的技术创新过程,使 R&D 成为天生具有自我反思能力的事业。为此,我们从组织和机制、项目选择与分析、早期预警与交流、评估和选择、反思和再循环等环节加以论述。然而,这依然不是一种条理清晰、前后相继的控制方案。这些活动环节经常相互纠缠,相互支持,并完全整合到创新过程中。整合意味着研究与发展必须被重新定义,即紧紧围绕科学家、技术专家、社会科学家和政策制定者以及一系列潜在的利益相关者,在不同层面相互作用的过程。这一过程的不同之处,呈现为显性的和有意识的合作生产。

二 实践解析

(一)机制和组织

建立有效机制,在 R&D 萌芽时期将公众参与嵌入研发过程。因此,可以考虑在科技计划主管部门建立科技伦理专家咨询委员会,以协助确立技术治理的目标和方向。委员会下设专业部和办公室,负责指导或直接操纵、引导技术的社会治理工作。组织专家委员会制定伦理标准和规范,与计划项目申报指南一起发布科技伦理审查指南等。建立和完善伦理审查机制,强化申报机构的伦理审查责任。计划管理部门在受理涉及科技伦理审查的科技项目申请、开展审评、批准立项、组织验收等工作时,应把申报单位的伦理审查报告作为必要的条件,同时负责对已批准的项目展开后续跟踪管理。实际上,科技伦理委员会对项目的伦理审查、评估,以及伦理规范和标准的讨论过程中,首要工作是明确技术社会治理的目标和方向。这本身只有对自然科学、技术与人文和社会科学知识进行整合,才能做到。科技研发过程人文价值的渗入,体现在社会公众对美好生活的期盼之中,体现在政治主体科技为民的目标导向中,体现在科技人员的人文情怀之中。因此,这种整合就在科技专家、政府部门、包括社科工作者在内的社会公众等科技利益攸关方的共同参与之中。这种技术治理模式的核心体现在科技专家、政府管理人员、社会公众（包括，社会科学工作者、法律人士等）之间的紧密合作。跨学科合作存在着一定的障碍和众多矛盾，在技术治理的实践过程中，这些矛盾可能由于各自不同的价值取向而进一步恶化。但是，出于最基本的道德共识和在此基础上营造共同的语境，以及为社会作出有益贡献的愿望，开展广泛合作还是可以被大家接受的。

（二）早期项目选择与分析

对于技术的社会治理项目，无论是自下而上的申请还是自上而下的操纵，项目评估分析都十分重要。除了按照专业伦理标准和规范进行分析审查外，由于科研活动的探索性和不确定性，还会经常遇到伦理标准和规范不能覆盖的情况。更重要的是，新兴科技不断涌现对传统生活进行强烈的重塑，我们不得不在现有伦理标准和规范之外作出回应。一般来讲，通过对某一新兴科技演进信息的搜集，或通过自然科学、研究与发展项目的申请人所提供的项目应用方向和前景等论证信息，以及通过与之相关的前端母体技术作为案例进行学习和分析，预期本技术项目可能的社会影响。以史为鉴，案例的学习和分析，可以帮助启发我们了解新技术的社会反应框架。比如，何人在过去对相关的技术创新作出回应？回应的内容和类型为何？以何种方式回应？等等。据此至少能够让我们勾画出治理项目所应关注的不同类型的变量。显然，这些知识能够被应用到技术治理所寻求的技术社会影响的反应模式和构架中去。

当然，我们不能简单地从历史性案例的回顾中作出绝对推断，每个案例都有其独特的背景和条件，有待进一步的调研分析，以便测绘和勾画出新技术的现状、可能的分叉和演进方向、潜在的社会影响等。更进一步的调研分析可以从相关文献的挖掘和文献计量入手，结合网络化的方法，深入相关的科学技术共同体中进行访谈，获取相关知识和信息。立足于区域的、国家的、国际的不同层面，追踪和描述当前的研发态势与可能的社会影响。比如，确定治理中的R&D活动的区域分布和实施者的类型（企业、学者、政府或非政府组织等）。弄明白哪些人员从事这样的 R&D 相关活动，以及具体哪些国家或本国的哪个企业或实验室在进行等。通常来说，与此发生作用的利益群体或主体会具有跨领域效应的利益分歧，因此，进一步地对相关企业进行追踪，能够逐步揭示协同合作在何处出现，还可能确认早期影响点，使得治理活动更具有针对性。此外，它还可以告知研究与发展的管理者、政策制定者和企业的其他利益相关者，企业中可能的影响点、新兴的机会，抑或是令人不安和敏感的技术发展趋势等重大发展问题。整体来看，从技术演进的角度理解"正在发生什么"的能力，对于设计积极有效的治理计划，是一种必要的前提。研究与发展现状同可能演进方向的测绘是开放和谨慎的，所得结果必须经过相关主题的研讨，接受进一步的审查，为早期的交流与预警奠定坚实基础。

（三）交流和早期预警

梳理现有文献可知，关于技术对社会影响的研究，大多集中在技术成功延伸至市场后的"技术后端"，被称为"事后诸葛"。然而对与"技术—社会"复杂系统有机共生的技术演进的治理，"前端"始发才更具意义，否则，必然会陷入"科林格里奇"困境。"近来关于转基因生物的争论，提供了关于需要一个必要组织方式的警示性共识：人们大多认为利益相关者缺少一种令人满意的表达意愿的过程与方式，以富有成效地处理问题直到为时已晚。"[1] 而我们的目的在于 R&D 活动过程的早期自我反思能力的实时创建。甚至从相关 R&D 项目的胚芽期开始，就可对其未来社会影响有所预测。早期的交流与预警使得我们能够更好地理解和应对技术治理，避免抵触、敌对或冲突。研究者、决策者、社会学家、媒体和公众之间的交流深刻地决定着创新的复杂社会关系。因此，早期交流与预警为提升科学、技术和社会发展交流的质量，给出了更加实际的应对策略。

接下来，我们把目光聚焦于如何刺激和调动参与者交流、沟通。试想一下，R&D 活动的胚胎期，重大的利益未能显现更谈不上分配时，利益相关者能否具体地确定？如何确定？对此，太过理论化的说理难以诱

---

[1] David H. Guston, Daniel Sarewitz, "Real-time technology assessment", *Technology in Society*, Vol. 24, No. 1, 2002, p. 103.

导非专业群体积极参与。克服此障碍的办法是选择可能引发诸多社会问题的试点项目。① 比如，类似于目前关于转基因生物的论辩中的转基因食品问题等。由此，被激发的利益相关者群体就已潜在地存在了。除此之外，以一项核心理论为中心的 R&D 活动的边界经常会迅速扩展，造成有组织的社会利益相关者缺席的情况。在这种情况下，采取有效的购买（营销）方式十分必要，就像血液捐献、医疗技术或药物的临床试验、心理测试等其他参与过程一样。为了激发、跟踪公众的回应和各方交流情况，除选择适合激发公众关注的项目外，还需开发基于情境实例的协商、审议、交流的平台，如论坛、听证会、共识会议等。

在经过分析与选择确定试点治理项目的基础上，早期交流与预警活动的重点是做好 R&D 活动社会交流与回应的跟踪、评估。首先，对面向公众传播技术创新信息的主要媒体内容进行分析；其次，对创新发展与应用的公众关切和热望的社会判断调查研究，以确认公众对于媒体所描述的相关内容的反应，进一步追踪公众对于创新发展态度的变化。从而使我们更加了解从技术的历史趋向到早期演进过程中公众态度的变化。尤其要从风险判断的维度，更加重视公众对技术不良后果在早期阶段的反应和态度，确认哪些群体和阶层已经察觉到与这项 R&D 活动的利害关系，以便把他们和他们的认识引入参与 R&D 社会治理的设计中。同时，经过对具体问题的聚焦，利用政策工具也有可能终止或改变技术的方向，致使在进一步的技术评估和选择活动中，不断提高对公众优先权的认同感。

（四）技术评估与选择

科技政策是技术治理的重要手段，它与技术和"技术—社会"系统一样具有有机共生关系。作为技术治理的主要调控参量，技术政策应同技术创新赓续演进的过程相适应。科学技术政策的研究和制定需要建立一种过程，该过程能够帮助社会对技术发展的方向和潜在的持续变化的创新应用以及带来的重大影响，做出实际的选择。这一过程就是演进过

---

① 由能够引发大家关注的试点项目开始，目的是在实践中不断提高治理能力，这里包括公众认识和参与的能力。

程中的技术评估与选择。

技术评估与选择过程更为关键的是需要一种整合能力,此外,还包括必要的公众参与能力、预见和判断能力。就技术的治理过程而言,这些能力并非与生俱来,它在治理的实践过程中不断地通过自反学习才得以提高。技术的评估与选择依赖于丰富而有见地的社会回应,而丰富的、高质量的社会回应来自科技专家到一般公众等不同的社会行动者,对赓续演化的技术可能带来的社会影响所进行的认识,并有意识地做出回应。为此,技术评估与选择重点应该做好两项工作。

首先,结合前面早期的项目选择与分析过程所使用的文献分析、技术可能演进方向的绘制与预测、专家访谈与启示等方法,在交流与早期预警的基础上,进一步评估 R&D 活动可能的结果和社会影响。这一步评估,需将最初的研究搁置在道德、法律、环境、社会以及其他的影响中进行。依据文献分析、实验室访谈调查、相似案例分析、交流与早期预警研究过程中所形成的知识和公众态度,构建探讨 R&D 活动影响的初步方案。

其次,利用交流与预警过程中开发的协商交流平台,创建基于情境实例的审议协商过程。在这一过程中,首要的是在技术治理总的价值取向的指导下,通过媒体资源、交流预警、参与讨论等反思性学习,以及参加关于具体研究和可能应用的真实学习,建立公众知识的基础和价值尺度的底线,在此基础上,促进研究者和公众之间的互动,在互动中通过自反学习,不断丰富公众知识,确立价值尺度。为此,可采用多种方法——公民小组讨论和听证会、共识会议、方案审议研讨等,以公众参与的方式进一步确认 R&D 活动潜在的影响,通过规范、限制或禁止的方式选择技术演进路径,提高技术的正面社会效应,降低其负面影响。

(五)反思和再循环

在赓续演进的 R&D 活动过程中,我们应该对评估与选择活动的社会作用与效果开展评估,不断提高自我反思能力,提升技术治理的质量。技术治理的推动者可以通过各种方式,包括后续访谈、基于网络的调查、日志记录等,密切追踪研究者和外行公众相互作用的影响。跟踪技术评估与选择的这些努力所获得的任何外部结果,如决策的调整、相关思想和决策程序的变化，以及对专家和其他公众所获得反思性知识的影响，并做出反应。比如，完成技术评估与选择后，非专业人士的参与者可进行项目研究和潜在应用的真实学习，进一步对参与和选择做出反思，提高学习和参与能力。实际上，反思和再循环的过程，也是一种宏观层面下的技术社会治理过程的反思性学习。在此获得的知识及时反馈到下一循环的治理活动中。需要注意的是，无论自上而下或自下而上确立的技术治理项目都可能是阶段性的，其中包括了上述项目分析（结合文献与案例分析、访谈调研、测绘技术资源与演进方向图等）、交流与早期预警、技术评估与选择、反思再循环过程的多次循环。作为技术的社会治理活动陷入这样的无限循环中。以上论述似乎带有更多程式化色彩。实际上，治理活动的实践是一个上述各环节、各方面相互交叉不断循环的过程。由此构成"技术在治理中演进，而后又在演进中治理"，"在实践中学习，又在学习中实践"的 R&D 活动伦理治理的局面。

三　再透视

也许有人会将这种自反式技术社会治理的实践当成一服药到病除的灵丹妙药。其实不然，在有机共生的"科技—社会"复杂系统中，对赓续演进的技术进行治理，根本上不存在一种机械因果论的直线治理方案，其本质是一种能力，它被"设计为一种在整个社会中得以扩展具有广泛基础的能力，以便通过采取各种行动对新兴科技进行治理"[①]，它促使科学家、工程师、政策制定者以及其他公众不断反思自身在新技术中扮演的角色。这种能力可具体表现为预见能力、参与能力、整合能力，它们并非与生俱来，而是来源于实践，通过实践得以不断提升，并决定着实践结果的质量。在技术治理的实践中，这三种能力并非孤立，而是相互支持，密切联系。

（一）预见能力

预见能力对于技术的社会治理不可或缺，所有的治理都需要某种面

[①] David H. Guston, "Understanding 'anticipatory governance'", *Social Studies of Science*, published online 15, November 2013, P2.

向未来的安排。所谓面向未来,绝不是对未来的一种预设,而是在多样化的前景中全体成员共同去探索选择想要的愿景。

预见能力不等于预测能力。它以预测为基础,但具有更加广泛的内涵。它的视野不仅仅在技术本身,还在于更加宽广的社会其他要素,如经济与社会的需求、资源与环境的影响,等等。它把技术的发展置于一个更广阔的社会系统中进行多维分析,"假定技术的发展可以形成可选择的未来,技术预见因而是一个比技术预测更加富于动态且具有挑战性的过程"[①]。的确,在如此宽阔的视野下,面对技术具有的复杂而紧密的社会关系和演进的多种可能,"预见"必定是异质社会主体共同参与探索新知的活动过程。具体实施过程中,科学家、工程师、利益相关者和其他社会公众相互交流与协作,共同探索发展方向,制定发展战略,形成对未来技术的信任与承诺。可见,预见能力需要强大的参与能力来支持它的实现,并体现在技术的赓续演进和积极的社会影响之中。

(二) 参与能力

参与能力指在社会公众之间,以及公众与科学家或技术专家、政策制定者之间,进行实质性思想交换的能力。所谓"公众"并不是指单一的外行群体,而是具有多样性、异质性,存在于社会具体语境之中,并且随着时间、地点的不同而表现出差异特质的各个群体或个体。他们所具有的参与能力不仅是预见能力的基础,还在技术社会治理的规范和战略选择上发挥着至关重要的作用。

公众参与能力除了上文阐释的依赖于技术社会治理实践中的自反式学习而不断提高之外,还有赖于对自身参与的必然性和必要性的认识。首先,公众参与是由建制化科学与技术的"三角结构"体系所决定的。作为科学政治学基础的"三角结构"理论阐明了建制化科学技术体系中政治、科学技术、公众之间的关系。公众缴纳税金,委托政府为其提供生活福利与安全保障,政治主体代表公众意愿委托科学技术专家去实现自我能力的延伸。政府和科学技术专家作为公众的直接或间接代理人理

---

① 万劲波:《技术预见:科学技术战略规划和科技政策的制定》,《中国软科学》2002 年第 5 期。

应为公众提供安全保障和生活福利，同时，公众自然被赋予了知情、监督和规范代理人行为的权力。因此，公众参与和选择也就成了应然之事。其次，公众参与是"本土性"知识对专业知识的重要补充。技术与人或非人的异质要素所构成的复杂社会系统有机共生，无论是在具体层面还是在微观层面，我们想要全面细致而精确地把握技术演进的影响要素如同"痴人说梦"。公众所具有的地方性"本土化"知识要素对技术的演进有时至关重要。在技术的社会治理过程中，公众的地方性"本土化"知识必然是对专业知识的有益补充。在所有关于现代社会构成的叙述中，科学技术是社会现实的织锦必不可少的彩线。一般公众所关心的问题是科技如何构成人的现实生活，其答案反过来必然影响技术的目标和方向。的确，有见识的社会学家已经认识到了这一点。他们在面向公众做社会调查时，往往把受访者当成知晓内情的特殊人群，加以认真对待。英国著名的社会学家和科学政策分析师布莱恩·温，在一系列的公众理解科学的研究中有力地进行了证明，1986年的英国西北部坎布里亚羊事件就是一个典型案例。[①]

（三）整合能力

在公众参与的技术治理过程中，多元异质的社会公众，由于来自不同的利益群体，加之个人的文化背景差异，造成其知识结构层次有别；个人习惯偏好迥异，评判水平各有高低；信息占有量优劣，决定感知能力各异。可知，他们对技术创新的需求和社会影响的认识有着不同的看法和观点，必然存在着不同程度的矛盾与冲突。在技术社会治理的过程中，真实有效的公众参与有赖于我们对不同利益相关者和其他社会成员有效的协调整合，以共同探索未来新知为目标，在未来的选择上达成共识。

整合能力是一种融合各种力量各种资源的能力，目的是让参与其中的不同主体进行实质性的交流，从而建设长期的自反性。整合是开放的

---

① 1986年英国西北部坎布里亚山区的切尔诺贝利辐射事故危机后，布莱恩·温对辐射专家和牧羊农民之间的截然不同认识进行了研究，得出如下结论，即二者关于辐射由泥土到草，由草到羊，由羊到餐桌，这一过程的知识和认识存在差异。辐射专家因为缺少那些重新适应新环境的农民所具有的地方性知识，出现判断失误。

动态融合过程，并非各种力量的简单叠加。对于"技术—社会"复杂系统中多元异质资源的整合，应尤其注重各主体的异质性和自由度，而非驻足既有的轨迹，它永远处于不断变化发展的动态性的资源整合过程中。整合异质多元具有较大自由度的资源，我们需从目标整合出发，由此开展多元主体的整合。

多元主体的不同目标由各自不同的价值取向决定，因此，目标整合就是不同价值取向的碰撞、修正和重新汇聚的过程。目标整合是技术评估与选择的基础，为多元主体的整合提供凝聚力。古斯顿在领导技术评估中心的工作时曾深有体会，假如中心的每一个人都基于自己的数据和各自的价值取向来工作，中心的工作就只能是一盘散沙，没有方向和凝聚力。目标整合是多元主体整合的基础，主要指的是一种思想与行动的逻辑关系。由于多元主体是多元价值取向的载体，因此实践中的多元主体的整合不可能与目标的整合相分离。目标的整合旨在实现利益相关者不同主体的有效整合。

通常来说，目标整合可以划分为两个层面的目标。一是宏观层面的目标，它具有较强的价值普适性，对具体技术创新活动起到方向性的指导作用，即为了民众的福利与安全。一切科学技术活动的目标都应该整合到人的自由解放与全面发展的终极目标上来，以实现"人就是现世创造的最终目的"的初衷。二是微观层面的目标，即每一项具体的科学技术活动根据其自身的发展阶段而确立的不同目标。这种目标的确立应以宏观第一目标为指导，充分考虑不同利益主体的需求。通过碰撞与交流、协商与谈判、反思学习与校正，达成共识，共同探索关于未来技术的新知识，最终对未来的技术和影响作出集体选择。在整合过程中，不是追求个别群体的利益最大化，而是在确保公众安全的前提下，追求社会利益资源最大化地公众共享。

综上所述，这种整合能力实际上是一种建立机制、问题激发、搭建平台、促进交流、反思学习、规范选择的能力，是一种融合社会科学与自然科学的能力，更是一种在实践中学习、实践中提高的能力。

第六章 科学政治学的中国实践经验与启示

科学政治学中国实践是我国现代化事业建设进程中,构建中国化科学政治学语境,进行国家目标导向的科技实践活动。它彰显了政治权力、科学技术与人民利益的有机联系,提供了独具特色的调控经验与启示,是对科学政治学语境的进一步巩固和扩张。

第一节 坚持科技为民的国家目标导向

中国共产党为人民服务的宗旨,决定了其领导下的科技事业,必然具备为人民提供安全、健康与幸福生活保障的重要功能。坚持以人的自由解放和全面发展为目标,将其作为科技活动的调节原则,是中国特色现代化建设进程的内在逻辑和必然要求。我国开启以国家目标为导向的科学技术活动,是科技综合化发展趋势的必然要求,是社会主义制度下科技活动的应有之意,更是马克思主义科技价值观的生动实践。

一 我国国家科技目标导向的本质

早在中华人民共和国成立前夕召开的中国政治协商第一届全体会议,就对国家目标导向的科技活动达成共识。会议形成了《中国人民政治协商会议共同纲领》并明确指出,努力发展自然科学,以服务于工业、农业和国防事业。[①] 1950年8月18—24日,中华人民共和国成立后的第一次全国自然科学工作者代表大会在北京召开。会后《人民日报》发表题

---

① 见中国政治协商第一届全体会议《中国人民政治协商会议共同纲领》第43条。

为《有组织有计划地开展人民科学工作》的社论，强调：

> 在人民政府和人民科学工作者经常密切联系的情况下，科学工作者便可以针对国家和人民的需要，在政府的帮助下，有组织、有计划地分工合作，进行各方面的研究工作，把全部智慧和精力都用在伟大的人民建设事业上。①

这次大会进一步树立了科技为民的价值观，强化了国家科技目标导向。

实施国家目标导向的科技事业，国家科技力量是关键。为此，整合科技力量，加快科学技术活动的社会建制化建设成为当务之急。1949年整合包括中央研究院和北平研究院等全国科研力量成立中国科学院，组建了近20个研究所（包括社会科学）。20世纪50年代末，整合规模继续扩大，研究所增至100多家，为国家科技事业的发展奠定了坚实基础。中国科学院建立伊始，确立了为社会建设服务、为人民服务的目标导向。此外，为推动国家科技事业持续发展，1952年进行了全国范围内的高等院校大调整，主要目的是调整专业设置以适应国家建设需要。

与此同时，新中国迅速完成新民主主义革命向社会主义革命的转变，实现生产资料私有制的社会主义改造，全面建立社会主义制度，国民经济得到初步恢复，为生产力发展创造更加有利的条件，为新中国现代化建设的道路进行了奠基。以此为基础，我国首先得以在经济和国防领域建立起从中央到地方的科研机构，形成从中央到地方，包括国防系统、中科院系统、高校系统、行业系统和地方系统"五路大军"的科技活动建制化体系。其中，国防科技系统在整个国家科技体系的布局中占据重要位置，这是由于帝国主义对刚刚站立起来的新中国采取封锁、威胁与扼杀所形成的恶劣国际历史环境所决定的，毕竟一个国家和民族的存亡，直接关乎人民的生命安全和生活幸福。为完善国家科技事业的体制化建设，进一步强化科技活动的国家目标导向，1956年3月14日国务院成立

---

① 人民日报社论：《有组织有计划地开展人民科学工作》（1950.8.27），载胡维佳《中国科技政策资料选辑（1949—1995）》（上），山东教育出版社2006年版，第39页。

专门的科学规划委员会，1956年5月成立国家技术委员会。1958年，两个委员会重组为国家科学技术委员会，全面统筹领导全国的科技事业。

中华人民共和国成立以来的国家"五年"发展计划（规划）和专门的科技发展规划的执行过程，是一场艰难的实践探索，充斥着惨痛的教训，但也是不断自我革命、总结经验、理论和实践升华的过程。这一过程充分表明我国科技活动能够有力地支撑国家和民族由站起来、富起来到强起来的伟大目标。

中国共产党和政府时刻把人民的利益和国家安全放到首位，在任何危机和困难面前，都能担当起庇护人民安全、保障人民健康和福祉的重任。正如习近平总书记强调，"我们党没有自己特殊的利益，党在任何时候都把群众利益放在第一位。这是我们党作为马克思主义政党区别于其他政党的显著标志"[①]。这一"标志"实实在在地镌刻在新中国现代化建设的历史进程中。

新中国现代化建设的道路上，我党带领全国人民深刻分析、准确把握不同发展阶段的主要矛盾，确立适应性抱负目标，积极调整发展战略、发展方式，制定发展规划，扎实推进新中国现代化建设事业。中华人民共和国成立初期，迅速完成了社会主义制度的基本建设，党的八大及时准确地揭示了我国社会发展的主要矛盾为"人民对于建立先进的工业国的要求同落后的农业国的现实之间的矛盾"，确立保障农业生产的同时加快工业体系建设的目标。粉碎"四人帮"，结束"十年动乱"后，党的十一届三中全会拨乱反正，重新恢复解放思想、实事求是的马克思主义思想路线，确立了以经济建设为中心的工作目标。党的十一届六中全会进一步准确揭示我国社会发展的主要矛盾为"人民日益增长的物质文化需要同落后的社会生产之间的矛盾"，确立了发展科学技术，大力发展社会生产力，逐步改善人民的物质文化生活的工作目标。此后，历次党代会都紧抓这一阶段的社会主要矛盾，不断重申、强调，准确概括中国特色社会主义建设事业发展的阶段性特征。经过党和人民多年的不懈努力，坚持改革开放，走过了从技术的引进、消化吸收再创新，到不断自主创

---

① 转引自王立胜、刘刚《论坚持系统观念的科学性》，《马克思主义与现实》2021年第1期。

新的奋斗之路。改革开放和创新发展，解决了人民温饱问题，社会总体奔向小康。对此，党的十六大准确概括，我国"总体上实现了由温饱到小康的历史性跨越"，"进入全面建设小康社会"的发展阶段。特别是党的十八大以来，以习近平同志为核心的党中央把人民对美好生活的向往作为奋斗目标，着重强调创新是引领发展的第一动力，是建设现代化经济体系的战略支撑，带领全国人民，决胜全面建成小康社会，把中国特色社会主义事业引向现代化强国建设的新征程。社会发展表现出新的时代特征，人民从求温饱到求环保，从求生存到求生态，从先富带后富到共建共享，经济发展从求增速转向求质量。

党的十九大审时度势，作出当前我国社会的主要矛盾已经发生变化的重要论断，新时代中国特色社会主义发展的主要矛盾为"人民日益增长的美好生活需要与发展不平衡不充分之间的矛盾。"对此，党的十九届五中全会进一步明确，要"坚持创新在我国现代化建设全局中的核心地位，把科技自立自强作为国家发展的战略支撑，面向世界科技前沿、面向经济主战场、面向国家重大需求、面向人民生命健康"。为现代化强国建设提供有力支撑。

新一轮科技革命如火如荼的今天，党和政府对科学技术的经济、政治等社会功能具有更加深刻而清醒的认识，为持续改善民生和维护国家安全，把科技事业置于社会发展的核心位置，树立以人民为中心的社会发展理念，充分体现执政党和政府对科学政治学理论与方法的准确把握，对社会建制化科技体系和"三角结构"关系的深刻认识，更是对政府、科技、民众"三角结构"契约关系的履行和承诺。契约关系的履行，在于中国政府时刻把人民利益放在首位，利用民众的税收资金，有效组织科学技术专家攻关各种技术与工程，生产技术产品，用于保障人民安全、健康与幸福生活的需要，实现"自我功能的延伸"。

我国国家目标导向的科技事业，在解决社会不同发展阶段的主要矛盾过程中发挥着不可或缺的支撑作用，不断推动我国现代化建设进程，表现出自身的社会历史性特征。从新中国现代化建设历史发展的纵深来看，国家始终把科技置于社会发展的重要位置，发挥其巨大的推动作用。无论是科技面向国防建设、经济建设的追赶，还是面向全面小康、面向富强、民主、文明、和谐、美丽的社会主义现代化强国建设目标。中国科技事业的目标导向始终围绕不同历史发展时期的主要矛盾进行变化，但服务于人民的价值目标一贯以之。它是中国国家科技目标导向的特征和本质。

二 国家目标导向的社会历史性特征

新中国现代化建设事业进程中的科技目标导向具有显著的社会历史性特征。党和政府采用社会系统分析的方法，针对不同发展时期，对科技与社会进行全面的系统分析，审时度势，准确把握社会发展的主要矛盾，确立科技发展的目标导向。它表明中国共产党带领下的我国科技事业，始终把民生福祉放到首位，坚持科技为民的价值观，并以实事求是的工作作风加以践行，使得在不同社会发展阶段，国家科技目标导向具有了鲜明的历史特征。

首先，科技建制化发展支撑国防和社会经济的恢复与建设。中华人民共和国成立后，中国共产党领导全国人民进行了资产阶级工商业的社会主义改造，完成由新民主主义革命向社会主义革命的转变，为中国社会主义制度的确立奠定坚实基础。面对一穷二白的经济基础和帝国主义的威胁、封杀，此时的科技国家目标可概括如下，即整合科技力量，加速科技活动的建制化；建立基本工业体系，恢复和发展经济；发展国防装备，保障国家安全。1956年，配合经济与社会的发展，制定了第一个12年的科技发展远景规划——《1956—1967年科技发展远景规划纲要》。在党的坚强领导下，通过科技人员的艰苦奋斗和全国各族人民的共同努力，12年规划提前完成。紧接着制定了"十年科技规划"——《1963—1972年科学技术发展规划纲要》。

上述科技目标的确立是对当时社会历史状况的准确把握，如果不能迅速建设和恢复基本工业体系，整合科技力量，加强国防建设，新中国就有可能被帝国主义扼杀在摇篮中。在物质资源和科技资源极其匮乏的条件下，第一个"12年科技规划"不仅仅是一张宏观层面的蓝图，而且是一个体现重点项目、中心任务和学科布局的集中力量，突出重点的具体实施方案。两个科技规划的实施，让我国科技事业取得了突破性进展。

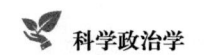

曹效业先生等人曾概括取得重要进展的 12 个具有关键意义的领域：

> 原子能的和平利用；无线电电子学中的新技术；喷气技术；生产过程自动化和精密仪器；石油及其他特别缺乏的资源的勘探，矿物原料基地的探寻和确定；结合我国资源情况建立合金系统并寻求新的冶金过程；综合利用燃料，发展重有机合成；新型动力机械和大型机械；黄河、长江综合开发的重大科学技术问题；农业的化学化、机械化、电气化的重大科学问题；危害我国人民健康最大的几种主要疾病的防治和消灭；自然科学中若干重要的基本理论问题，都取得了重要的进展。[1]

其中代表性的大科学工程包括，人工牛胰岛素的成功合成、大庆油田的成功勘探和开发、大规模的杂交水稻协作攻关、袁隆平成功开创的我国籼型杂交稻、"两弹一星"核工程和航天技术的突破。上述科学技术成就彰显我国科技活动社会建制化建设以及在支撑经济体系和国防安全建设方面取得的长足进展。它让刚刚诞生的新中国更加稳固地屹立在世界东方。特别是"两弹一星"工程的成功，挺直了新中国的脊梁，赢得了国际话语权。

令人遗憾的是，第二个"十年规划"执行期间，国家开始了轰轰烈烈的"文化大革命"运动。这场运动使思想和意识形态领域的斗争不断扩大化，知识分子大部分被当作资产阶级的白专分子和反动权威，遭到无情的批判和迫害。"十年规划项目"除国防科研项目和少量其他项目幸免于难外，大部分搁浅。"文化大革命"的十年浩劫使国家经济、文化、教育和科技遭受重创，思想文化几近枯竭，生活资料极度匮乏，生活水平极度低下。

粉碎"四人帮"，结束了"文化大革命"的十年浩劫后。党中央及时把全国工作重点由阶级斗争转移到经济建设上来，明确提出未来我国要

---

[1] 曹效业、熊卫民、王扬宗：《关于中国现代科技发展历史的反思》，《科学文化评论》2014 年第 1 期。

解决的主要社会矛盾，即人民日益增长的物质文化需求与落后的社会生产力之间的矛盾。1978年国家制定了《1978—1985年全国科学技术发展规划纲要》，确定了8个发展领域和108个重点研究项目，为我国追赶世界科技前沿奠定基础。

紧随其后，我国又研究制定并执行了《1986—2000年全国科学技术发展规划纲要》《中华人民共和国科学技术发展十年规划和"八五"计划纲要（1991—2000）》《全国科技发展"九五"计划和到2010年远景目标纲要》等。这些国家科技计划和中长期规划除了特别关注国家重点科技领域的布局和科技力量的培养提高外，都突出呈现了"科学技术工作必须面向经济建设"的国家科技目标。这些计划和规划的实施，使我国科学技术从学习和引进，到引进、消化吸收再创新，进行了科学技术的国际跟踪和追赶，极大地支撑了我国经济的恢复和建设。经过二十多年坚持不懈的实践探索，我国自身经济体量不断扩大，成功融入世界经济的价值链条中，2000年时已成为世界第六大经济体，实现了社会财富的稳定增长，物质生活资料极大丰富，人民生活水平显著提高，由解决温饱快速迈向小康社会。此外，高新技术快速发展，如核能、航空、光伏、计算机网络等；能源、交通、通信等基础设施条件也得到有效改善和提高。这些都为社会经济的进一步发展奠定了坚实基础。但是，这一时期我国科技发展主要以跟踪国际前沿科学，追赶国际先进技术为主，缺乏"自主知识产权"的技术。我国产业发展所涉及的关键技术，对外具有很强的依赖性。技术推动经济增长的效率与效益受到很大限制，产业长期在低中端徘徊。经济粗放、资源危机、环境污染等问题给人民幸福生活带来新的挑战。

科技必须支撑经济发展方式的转变，引领中国社会的未来发展。摆在中国党和政府面前的现实问题是，我们需要自主知识产权的全新技术，支撑产业技术和产业结构的快速升级。党中央、国务院审时度势，从抓转变发展观念入手，促生产方式的转变；从抓自主创新入手，支撑经济的高质量发展；从抓宏观调控入手，促市场机制发挥作用。由此，确立了全面小康，走向富强的国家目标。《国民经济和社会发展第十个五年计划科技教育发展专项规划》首次提出建设国家创新体系和提高自主创新能力，实现技术跨越式发展的目标。紧随其后编制完成的《国家中长期科学和技术发展规划纲要（2006—2020年）》进一步明确"自主创新，重点跨越，支撑发展，引领未来"的科技目标导向。这一目标导向具体落实到在此期间的三个科技"五年规划"当中。国家创新体系建设和创新驱动发展战略的具体实施，我国经济得以不断提档增速、提质增效，科技创新成为我国经济转型发展的重要支撑力量，到2019年我国成为世界第二大经济体。工业方面，出现了一大批诸如沈阳机床厂那样的企业，通过自主创新成功转型升级的企业，高技术制造业呈现持续向好的发展态势。2019年规模以上工业企业研发机构数是2004年的5.4倍，创新主体进一步向企业转移；2019年新产品研发项目达到2004年8.8倍；新产品销售收入是2004年的9.2倍。[①] 农业方面，工业科技和农业科技综合在农业生产中发挥作用，不断催生现代农业生产模式，使农业生产持续提质增效，为打赢脱贫攻坚战夯实基础，决胜小康取得全面胜利。科技创新驱动我国社会发展进入新的历史时代。

进入新时代，科技肩负起支撑现代化强国的建设目标。我国社会进入全面小康之际，中国共产党完成为自己设定的适应性抱负目标后，以人民对美好生活的期盼为目标导向，深刻分析主要社会矛盾的变化，抓住当下社会发展不平衡不充分这一突出问题，确立全面建设社会主义现代化强国的目标，作出"两步走"战略安排。党的十九届五中全会发布《中共中央关于制定国民经济和社会发展第十四个五年规划和二〇三五年远景目标的建议》特别强调，必须坚持创新在我国现代化建设全局中的核心地位，把科技自立自强作为国家发展的战略支撑。这既是总结中国以往现代化建设道路的历史经验所得出的科学结论，又是顺应世界科技革命新形势的必然选择，更是中国特色社会主义新时代重大历史使命的要求。世界范围内新一轮科技革命和产业变革迭代交错，重塑着全球经济，与我国转变发展方式、调整产业结构的要求形成了历史性的交汇。谁能把握科技革命与产业革命的先机，谁就能改变在世界经济分工中地位；谁能在研发领域获得更多先发优势，谁就能把握好国家的前途和

---

① 数据来自2020年经济统计年鉴。

命运。

　　站在新的历史起点，环顾世界科技形势，我国经济经历了持续的高速发展，科技投入和科技实力持续增强。不可否认的是，我们还不能摆脱产业关键技术受制于人的困扰，跟踪追赶的发展模式终不能实现真正的超越。实际中，具体解决由"数量型"向"质量型"的经济转换，需要进一步破解产业结构、城乡结构、地区结构等结构性问题。"在工业化、城市化、信息化、智能化、绿色化、国际化深入发展的背景下，科技创新在改善结构性问题方面的作用更加突出。"[1] 解决发展不平衡、不充分、不可持续等问题，大力提升人民生活福祉，根本上需要科技提供有力的支撑和引领作用。因此，党中央要求在向第二个百年目标奋进的过程中，需要进一步"深入实施科教兴国战略、人才强国战略、创新驱动发展战略，完善国家创新体系，加快建设科技强国"。科技强国建设在建设现代化强国的进程中必然会发挥重要的基础性和先导性作用。历史告诉未来，我国国家目标导向的科技事业，有力支撑了中国现代化建设进程，必将有力地驱动我们不断向现代化强国的目标迈进。

三　目标导向的价值认同与多元协同

　　科技为民的国家目标导向必然带来广大人民群众对科学技术价值的广泛认同。以国防安全导向的"两弹一星"为例，经常有人感叹，在中华人民共和国成立初期经济条件极其艰苦的年代，人们如何创造出令世人惊叹的成功奇迹。实际上，它的成功，除"两弹一星"工程的政治意义而得到政府重点保障外，还源于全国上下对科技工程目标的价值认同，从而倾力支持，热情参与，大力协同。中华人民共和国成立初期党和政府为科技活动确立的国家目标，明确导向农业生产、工业体系建设、国防建设，解决人民群众急需的吃、穿、用和安全问题。以此相关的科技项目都得到了全国人民的积极响应，全国人民倾力支援国家重点科技工程，呈现多元协同的局面。

　　国家目标的价值认同首先表现在人民群众的热情参与中，比如在原

---

[1] 周文标：《建设现代化强国的先导力量》，《学习时报》2018年11月7日第6版。

子弹工程建设初期,为了寻找到原子弹研制的核心材料——铀元素,除了组织和布局专业的勘探队伍外,人民群众积极学习原子能科普知识,结合地方经验知识,热切投入铀矿的寻找工作中。据资料记载,湖南南部的农民通过科普学会甄别和寻找铀矿石,甚至发展到能把铀矿石提纯成粗制的黄饼,然后卖给核工业部。在国内某种程度上呈现了"大家办铀矿""全民办原子能"的局面。① 当然,不排除受到"大跃进"急躁情绪的影响,但另一方面也确实反映出人民群众积极热情的参与。在那个物资匮乏的年代,全国人民节衣缩食,汇总四面八方的力量,千方百计地支援"两弹一星"攻关。中国人民解放军部队,海军运来了一些海产品,其他部队运来了猪、牛、羊肉和大豆、食用油、水果等。时任外交部长陈毅同志向大家发出千方百计保障科技人员生活的号召,各路支援的生活物资陆续运抵试验基地。面对各地各单位支援的生活物资,基地的行政人员和部队战士主动放弃分享,以党中央的名义迅速分配给基地的每位科学家和技术人员,重点保障科研人员的生活。

在目标价值认同的基础上,多元协同首先表现为政治主体与科技主体的协同。"两弹一星"建设期间,政治主体为了人民和国家利益,审时度势作出"两弹一星"的战略部署和决策;海外游子积极响应,心怀报国之志,千方百计突破反动势力的阻挠学成回国;国内专家听从国家调遣,在科研人力资源短缺的情况下,甚至转行从事国家目标导向的研究。在相当短的时间内,政治主体初步完成了"两弹一星"研制急需的人力资源配置。之后的研制过程中,政治主体的调控系统与科技专家研制系统"两线协同",相互尊重,相互信任,畅所欲言。特别是中共中央《科学十四条》的出台,更加强化了在国家目标导向下的政治主体与科技主体的异质与协同。同时,一批战略型的科技专家,被党中央和国务院安排到政治决策与重要行政领导岗位上,为政治主体与科技主体的协同发挥了重要作用。政治主体与科技主体的协同,为国家目标导向的科技工程的实施提供了根本保障。

---

① 参见王德禄、孟祥林、刘戟锋《中国大科学的运行机制、开放、认同与整合》,《自然辩证法通讯》1991年第6期。

"两弹一星"科技工程属于巨大系统工程,科技工程系统内部的协同成为科技工程成功实施的必要条件。在这一大系统中,从国家研究机构层面看,主要表现在核工业系统、航天工业系统、中国科学院科研团队之间的相互密切配合,协同攻关;科技工程系统内部的协同还表现在理论研究与应用研究的协同。当代科技工程更加表现为科学、技术与工程的一体化特征,基础理论研究与应用研究协同的必要性和重要性迸发、凸显。以"两弹一星"工程为例,从基本原理到应用基础理论模型,再到实际应用模型,最后到实际应用,环环相扣。明确理论部分的具体研究任务与时间节点的同时,保持灵活性、机动性和自主性,有力支撑了"两弹一星"实际应用模型的研制,成为科技工程取得成功的基本保障。特别是被钱三强概括为"预为谋"的基础理论部分的预研,基础理论与应用由此产生高度的协同。以我国氢弹研制为例,从第一颗原子弹试验成功到第一颗氢弹试验成功仅用了 2 年零 8 个月,创造了世界奇迹。实际上,在这一历史奇迹的创造过程中,有关氢弹基础理论研究并不是在原子弹成功爆炸的 1964 年之后才开始的,早在 1960 年年底我们对原子弹的成功爆炸有些许把握时,即组织黄祖洽、于敏等人成立了氢弹反应原理研究小组,开始氢弹的基础理论研究。之后,研究小组通过 4 年多的不懈攻关,氢弹的理论方案趋于成熟。此时正是国家决定由原子弹转向氢弹攻关的节点,凸显了基础理论研究与应用研究的高度协同,确保了国家目标的如期实现。

　　另外,科技系统内部与外部的协同为科技工程的成功实施提供了重要保障。主要表现在国家研究机构、高等院校、地方研究机构、工业各个部门等的协同。例如,仅以"两弹一星"为主的国防科技工程所需新型材料的研制为例,针对当时我国工业基础状况,它的协同攻关涉及冶金部、化工部、建材部、石油部、信息产业部、一机部、轻工部、纺织部及科学院等部门的相关科技人员。截止到 1965 年,与国防科技工程密切相关的新型的金属材料、无机非金属材料、化工材料等共计 1.28 万余项试制成功,品种可满足当时国防科技工程需要的 90% 以上。再就是,在导弹研制的早期,"据统计,全国直接和间接参加的单位有 1400 多个,涉及航空、电子、兵器、冶金、建材、轻工等诸多领域,其中主要承制厂就有60多个"①。可以说，科技为民的价值目标得到社会广泛认同。在此基础上的国家科技工程呈现出社会多元参与、高度协同，合写科技大文章的局面。

第二节 中国化科学政治学语境的确立与调控经验

中国化科学政治学的确立是以科技为民的价值观念为统领，坚持科技国家目标导向，把握科技、政治与人民"三角结构"契约关系，注重社会系统分析、科技与政治有机边界的营造而构成的政治调控科技的基本语境。

1961年中共中央下发的《关于自然科学研究机构当前工作的十四条意见》，成为中国化科学政治学语境确立的重要标志（以下简称《科学十四条》）。它与1905年8月27日《人民日报》发表的《有组织有计划地开展人民科学工作》的社论、1956年1月14日周恩来同志所作的《关于知识分子问题的报告》和我国第一个科技发展远景规划《1956—1967年科技发展远景规划纲要》等共同构建了中国化的科学政治学的基本语境，为实施国家目标导向的科技调控奠定了重要语境基础。此后，中国科技事业经过曲折的探索和实践，不断强化"科技的社会历史性、宏观可调控性、公众参与民主调控"的科学政治学研究纲领，取得"两线协同调控"模式的经验与启示，将最终在新型举国科技体制的建设中，形成对中国化科学政治学语境的完善、巩固和创造性贡献。

一 以科技为民的价值观为统领

坚持科技为民的价值观念，在中国化科学政治学语境的确立以及实践过程中占据统领地位，这是中国现代化建设事业的本质要求。为此，在"坚持科技为民的国家目标导向"一节中对此进行了重点阐释，本节不再单独赘述。同时，作为统领性的价值观念，必定会在接下来的中国

---

① 黄庆桥主编：《科技成就中国》，上海交通大学出版社2020年版，第29页。

化科学政治学语境之"三角结构"核心理论的叙述中得以呈现。

二 "三角结构"核心理论的深刻把握

中华人民共和国成立后的十年左右时间里，中国共产党和政府积极投身现代化建设事业，坚持科技为民的价值原则，不断深化科技与政治关系的探索，形成了科技与政治关系的系统性认识，较为集中地体现在中共中央下发的《科学十四条》中。《科学十四条》的出台缘于时任国务院副总理、中央科学小组组长聂荣臻主导，针对新中国建设实践中知识分子政策问题进行的大量调查研究工作。自1960年年底开始，聂荣臻同志带领相关人员深入实际，采取非形式化的"神仙会"模式，开展大范围的调研工作。通过调研获取了真实的一手信息，了解了知识分子的真实状况，深刻认识到科技活动的复杂性、探索性、不确定性以及自主性，从而对科技活动的调控和管理方式有了科学的认识。进而就如何把握知识分子政策，处理好政治与科学的关系，充分调动和发挥科技人员在社会建设中的积极性等问题，聂荣臻同志主持起草了《科学十四条》以及给党中央的《关于当前自然科学工作中若干政策问题的请示报告》。之后，经中央政治局讨论，毛泽东同志批示，于1961年7月19日以中共中央的名义正式印发。两份文件以及中央领导人的批示和意见，充分彰显了党和政府对科技与政治关系的系统性认识，反映了对建制化科技体系政治主体、科技主体与民众之间的"三角结构"契约关系的深刻把握。

建制化的科研活动，实质上执行了一种无言的契约。研究机构或科学家个人自接受政府科研资金的资助那一刻起，就意味着承诺为国家和社会提供能够改善民生，推动社会进步的科研成果。因此，建制化的科技活动及其成果的社会应用被视为社会公共事务，政府代表国家对其行使社会管理与服务职能，确保为人民提供安全、健康与生活福祉，承担起对纳税人负责的责任。实际上，《科学十四条》是通过对"三角结构"中相关不同主体职责和功能的具体规定来反映这种契约关系的。首先，《科学十四条》规定了科技主体的根本任务，即"不断提供新的科学研究成果，并且在工作中培养出科学研究人才，为社会主义建设服务"①。从而明确了国家建制化科研活动的职能定位和目标导向。更进一步，为确保科研主体能够担当相应职能，《科学十四条》对科研主体的科研工作时间作出了每周不少于五天且其他活动不得挤占的具体规定。同时，对科研任务计划的检查以及科研人员的考核晋升等作出特别的说明，指出：

> 科学工作者的研究级别的提升和行政、党务工作干部的提升有所不同，应该主要看他们的业务水平和研究工作表现。对其中优秀的，应当不受资历、学历、年龄的限制。②

表现了党和政府利用科学技术为民谋福的一种契约精神和工作魄力。与此同时，科技主体的职责定位得到广大科技工作者的积极响应。特别是在《科学十四条》颁布和周恩来同志于1962年3月在广州发表《论知识分子问题》的讲话之后，广大科技工作者的积极性和使命感被充分调动，积极忘我地投身于各项科技攻关活动，取得了工业、农业、国防等各项科技成就，为人民生活的不断改善和国防安全提供了重要保障。

同样，这种"三角结构"的契约关系还同时呈现在政治主体的职能定位上，即保障与服务科研主体产出科研产品，用于人民福祉，凸显政府对纳税人和社会的承诺。根据《科学十四条》有关内容，政治主体的功能和职责可以概括为，抓大政方针，组织协调和服务保障。《科学十四条》强调，党和政府对科技工作的重点应放到抓战略和政策的制定、组织协调、落实上，具体到研究机构的党政职能就是：

> 贯彻执行党的方针政策和上级指示，研究和决定所内各方面工作中的重大问题……在工作方法上要善于抓大事情，善于发挥科学工作者和行政业务组织的作用，防止事无巨细包办代替、独断专行

---

① 国家科学技术委员会党组、中国科学院党组：《关于自然科学研究机构当前工作的十四条意见（一九六一年六月）》，《党的文献》1996年第1期。

② 聂荣臻：《关于当前自然科学工作中若干政策问题的请示报告（一九六一年六月二十日）》，《党的文献》1996年第1期。

等毛病。①

从国家层面的政府职能看,诸如国家科技发展战略和规划以及各种具体的科技政策的制定与组织实施都在此列。周恩来同志针对我国第一个 12 年科技发展规划的制定工作明确提出,战略发展规划应由国务院委托国家计划委员会负责,并协调各有关部门来进行。② 然而,没有组织协调,再好的战略规划都是梦幻。周恩来同志曾针对这个规划的落实,专门对政府部门强调了科技力量的组织协调工作,提出为实现该远景规划和眼前的两年计划需要马上调集第一批科学力量,并且尽一切可能,争取在当年的六月底以前实现派遣和调动的意见。③ 这一安排意见充分彰显了政治主体履行职能上的责任担当和魄力。以"两弹一星"工程为例,在实际组织协调工作中,党和政府除组织、协调和调集一批科学家外,还负责协调涉及航空、电子、兵器、冶金、建材、轻工等诸多领域和部门参与,尽最大努力创造了科技攻关的生态环境。政治主体的组织协调,为实施国家目标导向的科技活动提供了组织保障。与此同时,《科研十四条》还强调:

> 各研究机构的党组织和行政领导,必须贯彻"一手抓工作,一手抓生活"的方针,认真关心群众生活,办好公共食堂,办好集体宿舍,办好儿童保育工作,注意劳逸结合。④

其目的是,确保科研人员精力充沛,无后顾之忧地投入科学研究工作中。

上述对科技与政治主体职能的确定,实质上因各自职能和任务的不

---

① 聂荣臻:《关于当前自然科学工作中若干政策问题的请示报告(一九六一年六月二十日)》,《党的文献》1996 年第 1 期。
② 参见周恩来《关于知识分子问题的报告》,《中华人民共和国国务院公报》1956 年 8 期(2.18.),第 184 页。
③ 参见周恩来《关于知识分子问题的报告》,《中华人民共和国国务院公报》1956 年 8 期(2.18.),第 185 页。
④ 国家科学技术委员会党组、中国科学院党组:《关于自然科学研究机构当前工作的十四条意见(一九六一年六月)》,《党的文献》1996 年第 1 期。

同在二者之间进行了划界。《科研十四条》进一步强调,"要正确划分政治问题、思想问题、学术问题、具体工作问题之间的界线"①,避免政治问题与科技问题的相互取代和相互扭曲。换言之,既要防止科技活动被政治化和行政化,也要小心政治被科技化。需要强调的是,这种划界是由各自不同的职能和特性使然,并非关系的割裂。恰恰相反,它们在保障并持续改善人民生活和国家安全的目标导向下,必然形成交集并不断地互动着。正如贝尔纳所概括的,"利用科学改善民生这项工作,从根本上将是属于政治的"②,这种交集与互动反映了"科技—政治—民众"契约关系的维护,同时,它还反映了党和政府对建制化科技与社会体系的深刻认识与把握,亦是对科学政治学核心理论进行的中国化阐释。

三 科学与政治有机关系的追求

把握科学政治学解题方法与工具,追求科学与政治的有机关系。中国化科学政治学语境的确立并非一种理论幻象,它建基于科技活动的历史与社会系统分析基础上。坚持马克思主义实践哲学观点,打破科技神秘论,把它视为人类生存发展的实践内容,影响社会发展的重要生产力,与社会其他要素相互作用构成现代社会系统的关键要素。因此,为实现科学技术的良好社会调控,《科学十四条》从政治、经济、教育、装备、图书资料、交流等各个方面作出要求,明确政治对科技的调控为宏观调控,即以调查研究为工作基础,以抓战略和政策及落实为主。同时,针对科研机构对科研活动的调控与管理问题,提出要求:

> 研究工作问题的处理,要贯彻领导、专家、群众三结合的原则。在研究工作中,同在其他工作中一样,一定要有广泛的群众民主,一定要走群众路线。单纯依靠少数专家,忽视集中群众意见是错误的。但是,有些同志把群众路线误解为研究工作的一切问题都可以

---

① 聂荣臻:《关于当前自然科学工作中若干政策问题的请示报告(一九六一年六月二十日)》,《党的文献》1996 年第 1 期。
② [英] J. D. 贝尔纳:《历史上的科学》,伍况甫译,科学出版社 1959 年版,第 720 页。

采取简单的少数服从多数的办法来决定，从而取消业务领导组织和学术领导人的责任和职权，这也是不对的。[①]

这一"要求"承认科学与政治和行政具有不同边界，更重要的是充分显示了"公众参与民主调控"的思想。然而，公众与其他科技利益相关者的多元参与需要开辟参与交流的空间，空间平台介于不同参与主体之间，被称为"边界组织"。

实现良好的科技宏观调控，有赖于"边界组织"工具的使用。首先，"边界组织"开辟一个科技利益攸关方多元参与，维护契约关系的合作空间，通过相互学习、对话和交流产生调控知识，即政策知识。以国家目标为导向的科技政策作为科技系统外部控制参量，起着把科技资源过滤并汇集到国家目标计划上来的重要作用。其次，"边界组织"构造科技与政治之间的有机边界，实现科技与政治的良性互动，确保政治对科技实施良好的宏观调控。然而，"边界组织"实现上述功能，最本质的在于消解科技利益攸关方之间的信息不对称，实现真正的对话交流。这在科技与政治主体之间关系的处理上尤为重要。国家目标导向的科研往往会给以政府为主的投资方造成心理优势，即政治主体的强力干预是情理之中的必然之事。但由于科技发展的专业化、自主性以及探索性所带来的过程复杂性和产出非线性，使科技与政治主体之间形成高度的信息不对称现象。这种现象往往使政治主体面对调控对象表现出"敬畏"和"外行"两种病痛。"敬畏"让人不敢作为，"外行"让人不知如何作为。心存"敬畏"，尽管本人属于"外行"，如果能本着一颗为民服务的心，愿意虚心学习，认真调查研究，合理把握管理与调控方式，就可以出色担当政治主体的职能。正如《科学十四条》强调：

> 研究机构的领导干部必须努力学习毛泽东思想，学习党的方针政策，保持谦虚谨慎的态度，深入到业务工作中去，向专家学习，

[①] 聂荣臻：《关于当前自然科学工作中若干政策问题的请示报告（一九六一年六月二十日）》，《党的文献》1996年第1期。

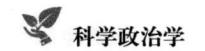

认真调查研究，认真总结经验，以便逐步掌握科学工作的规律，成为领导科学工作的内行，而不要安于外行。①

中华人民共和国成立初期，聂荣臻元帅出色的科技与知识分子管理工作可称典范，他虚心学习，认真调研，主持起草的《科学十四条》经中共中央研究讨论正式颁布，至今都是我国科技事业的基本遵循。

"边界组织"实然化意味着落实到科技管理体制之中，非实然化指的是临时采用配置行政科学家、共识会议、平等对话式的广泛调查研究等方式。比如，被邓小平同志称为科研宪法的《科学十四条》的出台，就采用被称为"神仙会"的平等对话式的广泛调查研究。这一政策对我国科技发展产生极其重要的影响，被载入新中国的发展史册。《科学十四条》还专门从体制化建设上对科学院所的"边界组织"——"所务委员会"建设提出要求，指出：

> 所务委员会可以由研究所、室的行政负责人，所一级党组织的负责人，有代表性的科学家和青年研究技术人员等组成。所务委员会要定期召开会议。研究所内的重大行政、业务问题，应该经过所务委员会的讨论，作出相应的决议，交给各有关机构执行。②

很明显，在我国科技政治调控的实践中，采用了实然化和非实然化"边界组织"互补的方式追求科学与政治关系的有机性，表现出"边界组织"实然化和体制化不断加强的趋势。这表明党和政府从建立科技与政治的有机边界，实现良性互动的愿景出发，对"边界组织"功能的认识不断深化。直至今天，与此类似，中科院的学部委员会和各个大学、研究机构的学术委员会，以及最近的国家科技伦理委员会等作为"边界组织"在我国科技发展和社会治理中发挥着重要作用。

---

① 聂荣臻：《关于当前自然科学工作中若干政策问题的请示报告（一九六一年六月二十日）》，《党的文献》1996 年第 1 期。
② 国家科学技术委员会党组、中国科学院党组：《关于自然科学研究机构当前工作的十四条意见（一九六一年六月）》，《党的文献》1996 年第 1 期。

上述表明，自中华人民共和国成立至《科学十四条》颁布，中国化的科学政治学语境基本形成，表现为党和政府坚持以人民为中心理念，以科技为民的价值观为统领，深刻把握科技、政治与人民的建制化"三角结构"契约关系；注重历史与社会系统分析的方法，对"三角结构"契约关系进行准确把握，并对相关主体作出客观具体的规定，与此同时，利用"边界组织"构造科技与政治的有机边界，以便对科技实施良好的政治调控。这一基本语境的形成，强化了"科学技术的社会历史性、宏观可调控性、公众参与民主调控"的科学政治学研究纲领，为国家目标导向的科技实践活动提供了基本遵循。

四 "两线协同调控"的特色与启示

我国国家目标导向的科技调控，是中国化科学政治学语境下的具体实践活动。自新中国第十个科技"五年规划"开始，一改之前科技发展"五年计划"的语词用法。一字之差，其语义发生了深刻的变化。这一变化标志着党和政府对我国科技社会系统的深刻分析和对科技社会环境的准确认识，它是对科技社会运行规律的进一步把握，也是对科技活动的社会历史性特征的充分尊重。中华人民共和国成立在一穷二白、百废待兴的经济基础之上，物质资源匮乏，生产力低下。如此环境下，科技与经济的发展应更多地依靠强有力的组织和干预力量进行必需的资源配置，集中有限资源和优势，进行重点突破。从第一到第九个"国民经济与社会发展五年计划"我们能够看出，计划中的项目更加具体和明确，建设项目投资对政府的依赖性更强，政府的干预和调控的力量更大，保持了一定的计划经济色彩。在这一特殊的历史发展阶段，在政治与科技互动关系的探索中，既取得宝贵的经验，也吸取了惨痛的教训。

"两弹一星"工程是这一阶段国家目标导向的典型科技案例，充分显示了中国共产党领导下"集中力量办大事"的社会制度优势。在如此经济极度困难，科技资源极度匮乏的情况下，没有党和政府集中统一领导，强有力的组织协调，就不可能快速完成工程所需的资源配置；如果没有以《科学十四条》为标志的中国化科学政治学语境的确立，就没有科学与政治关系的思想和认识基础，也就不存在"两弹一星"工程独具特色而恰当的组织与调控方式。最终,"两弹一星"工程不是延误就是失败。

"两线协同调控"模式,为在资源匮乏或十分紧急的情况下,实施国家目标导向的"大科学"工程,提供了具有中国特色的经验与启示。当时正值我国第一个"十二年科技发展规划"执行和"两弹"工程的关键期,《科学十四条》为建制化科技体系的运行提供了基本原则和规范,成为处理科学与政治关系的基本遵循。被邓小平同志称为科研工作宪法的《科学十四条》的颁布,如及时雨滋润了科技工作者的心田,带来了我国科技发展的一个春天。即便是在苏联单方面撕毁援助合同和连续三年的自然灾害,物质条件极度困难的情况下,1961年7月,党中央毅然作出"两弹"继续进行自主研制的决定。这不能不说是在科学家科技报国热情的鼓舞下作出的决定,更是在帝国主义及其他反动势力围剿和恐吓的危急情况下,党中央作出的英明决策。但在时间紧迫和资源匮乏的情况下,政治主体对工程的组织调控方式就显得非常重要。

以《科学十四条》为基础,基于党和政府对科学与政治关系的认识和把握,在"两弹一星"工程的实施中,采取了行政和业务"两线协同调控"模式。一条线是代表党和政府的行政指挥调控线,另一条线是以技术专家为主的专业技术组织指挥调控线,包括健全的总设计师系统及责任制。"两线协同调控"模式可具体描述为:

> 技术指挥系统负责技术协调,行政指挥系统负责计划协调,这两种协调相互交叉又相互渗透。计划协调以技术协调为基础,而技术协调又通过计划协调来实现。行政指挥系统要采取各项强有力的措施 保证技术指挥系统实现技术决策,技术指挥系统要把技术决策建立在现实的基础上以避免给行政指挥系统造成不必要的困难。①

上述对"两线协同调控"模式的描述表明,党和政府一方的行政指挥调控线,一直是以宏观战略、计划协调、资源配置和服务保障为特征,成

---

① 中华人民共和国国史学会两弹一星历史研究分会:《"两弹一星"工程的成功经验与启示》,《当代中国史研究》2013年第5期。

为与技术指挥调控相辅相成,并保障其顺利运行的前提条件;技术指挥调控线,以资源保障条件为基础进行总体技术系统规划和设计、技术子系统目标分解与协调,确保技术子系统之间的有机联系,表现为目标导向下的"自组织"特征,成为实现国家目标的有力支撑。首先,承认科学技术与政治的不同职能所形成的边界,二者不能相互取代;其次,在国家目标导向下,通过科技与政治之间的有机边界,实现不同功能的互补和协同。对于科技与政治之间边界的有机化,按照科学政治学理论,应采用"边界组织"来实现,即落实到科技管理体制化的建设中,使之常态化,确保科技系统在国家目标导向下的"自组织"演进。此时,我们对"边界组织"的体制化建设并没有充分的认识,但却抓住了构筑科学与政治有机边界这一本质。当时,党和政府凭借对科技人员的充分信任和对知识以及知识分子的尊重,重用了一批科技帅才,像钱三强、钱学森、张劲夫、赵九章等科学家,让他们担任重要行政领导职务。这些出色的"行政科学家和科学行政人员"[①]担起了既代理政治主体又代理科技主体的双重代理的角色,构筑了科技与政治的有机边界,确保了"两线协同调控"模式的成功运行。

随着改革开放的不断深入,在中国特色社会主义市场经济环境下,以"两线协同调控"模式为基础,发展为国家目标引导下的"宏观调控"模式。这种模式对于政府而言既不是粗暴干预行政命令,也不是市场经济粗放阶段的袖手旁观。它不是对政治调控力量的削弱,而是更加要求中央政府具备国际化视野,善于进行调查研究,强调制定战略和政策以及执行能力。同时,在资源配置上由单一依靠政府转向更多依赖市场来进行,但在紧急和特殊情况下,还应以政府为主进行协调和资源配置。总而言之,政府负责准确进行战略目标和调控政策的制定,并在必要的情况下迅速完成与目标相适应的创新生态的营造或修复。科技一方采用系统工程的方法,建立以总师为核心的总体规划设计部,对国家目标进行任务和责任分解,引入市场机制,采用契约连接的方式进行。

---

① "行政科学家和科学行政人员"被贝尔纳称为有能力的科学与政治之间的联络官。参见[英] J. D. 贝尔纳《科学的社会功能》,陈体芳译,商务印书馆1995年版,第362页。

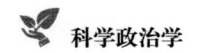

第三节　新型举国科技体制的科学政治学诠释

我国新型举国科技体制，既是科技与社会发展的历史结果，也是科技与社会发展的现实要求，更是中国化科学政治学理论与实践的升华。它是在新中国现代化建设事业进入新的历史时期，面对世界百年之未有大变局所进行的战略性科技实践的学理探索和制度安排。新中国现代化建设事业的历史一再证明，发挥我国制度优势，集中力量办大事是实施战略科技工程的重要法宝。在中国特色社会主义市场经济条件下，进一步发挥制度优势就要"推动有效市场和有为政府更好结合"。换言之，不但要充分发挥市场在资源配置中的作用，更要发挥好政府战略指导、统筹协调的作用。习近平总书记强调：

> 要健全社会主义市场经济条件下新型举国体制，充分发挥国家作为重大科技创新组织者的作用，支持周期长、风险大、难度高、前景好的战略性科学计划和科学工程，抓系统布局、系统组织、跨界集成，把政府、市场、社会等各方面力量拧成一股绳，形成未来的整体优势。①

可见，新型举国科技体制要在发挥传统科技举国体制的优势基础上，立足社会主义市场经济，更加注重对科技发展的复杂性、探索性的认识，尊重科技与政治的运行规律，注重科学政治学理论的运用，探索国家目标导向的"科技创新复杂系统"的治理机制。

一　服务现代化强国建设的科技目标导向

新型举国科技体制具有它的时代特征，是中国特色社会主义建设进

---

① 习近平：《在中国科学院第二十次院士大会、中国工程院第十五次院士大会、中国科协第十次全国代表大会上的讲话》，人民出版社2021年版，第13页。

入新时代对我国科技体制提出的新要求。党和政府站在新的历史起点，在即将踏入新的历史征程之际，首先进行了新的自适应目标的搜寻和确立，彰显了对新中国现代化建设事业的不断追求，以及为人民利益不断奋斗的精神。中国特色社会主义建设事业进入新时代，社会基本矛盾由人民日益增长的物质文化需求与落后的社会生产之间的矛盾，转化为人民日益增长的美好生活需要与不平衡不充分的发展之间的矛盾。抓住新时代社会发展的主要矛盾，党的十八大以来中国共产党牢记使命，发扬建党精神，带领全国人民奋力脱贫攻坚，完成了第一个百年奋斗目标；在全面建成小康社会的同时，未雨绸缪瞄准第二个百年目标，实施经济与社会发展的供给侧结构改革，把创新驱动发展提升到战略高度来认识，努力实现创新发展、高质量发展和安全发展。为如期实现第二个百年奋斗目标，我党制定了两步走战略，到2035年基本实现现代化，到2050年左右把我国建设成为富强、民主、文明、和谐、美丽的社会主义现代化强国。

进入21世纪，环顾国际形势，新的科学技术革命风起云涌，促使传统工业文明向现代信息文明转型。人工智能、人机接口、基因工程等新兴科技，不断重塑着人类生活，人类的活动空间也因此持续拓展，由海洋和大陆时代向太空时代前行。的确，现代社会政治经济的发展高度依赖科学技术的进步。自第二次世界大战结束后，发达国家就开始限制向其他国家出口尖端技术，以维护自身的国际竞争优势。尽管世界经济一体化席卷全球，但对于战略性尖端技术的出口限制从未松懈。如此，在新兴市场国家不断崛起的今天，逆经济技术全球化的技术封锁和限制会不断强化。

面对世界经济格局的深刻变化，习近平总书记秉持人类命运共同体的理念，提出各国应坚持开放融通，包容互惠；坚持创新引领，加快新旧动能转换，"共同建设一个更加美好的世界"的倡议。[①] 并进一步强调，人类面临的所有全球性问题，任何一国想单打独斗都无法解决。"无论是

---

① 习近平：《共建创新包容的开放型世界经济——在首届中国国际进口博览会开幕式上的主旨演讲》，人民出版社2018年版，第3页。

应对眼下的危机,还是共创美好的未来,人类都需要同舟共济、团结合作。"① 我国"一带一路"倡议和技术输出与供给的一个个鲜活事例,一再诠释着中国人民发展和利用高新技术不断推动着人类命运共同体建设的初衷。面对国内经济状况,习近平总书记强调,"过去40年中国经济发展是在开放条件下取得的,未来中国经济高质量发展也必须在更加开放条件下进行"②。今天,"我国经济社会发展和民生改善比过去任何时候都更加需要科学技术解决方案,都更加需要增强创新这个第一动力"③。

聚焦中国发展,特别是改革开放后,在中国特色社会主义市场经济大环境下,我国经济得到快速发展。科教兴国战略和创新驱动发展战略的实施,国家科技创新体系建设不断得到加强,科技创新能力不断提高,企业技术创新能力得到彰显。特别是党的十八大以来,在基础研究领域,如量子信息、干细胞、脑科学等前沿方向上取得一批重大原创成果。"嫦娥五号"外天采样,"天问一号"火星探测,"慧眼号"捕捉宇宙最强磁场,新一代"人造太阳"首次放电,"雪龙2号"首航南极,量子计算和超导量子计算原型机问世,基础科学装置创造了新的奇迹。在深海、深空、深地、深蓝等领域积极抢占科技制高点,墨子"传信"、高铁奔驰、北斗组网、超算"发威"、大飞机首飞,等等,使我国科技事业的发展实现了历史性跨越,一些前沿领域从跟跑、并跑进入领跑阶段。2020年全球创新指数报告显示,中国作为唯一一个中等收入国家进入世界前14名。

但是,我们必须清醒地认识到原始性自主创新的短板十分明显,底层技术与工艺能力凸显不足,工业技术瓶颈仍然突出。"据相关数据显示,我国机器人和高端自动控制系统、高档数控机床、高档数控系统国产化率不足20%,据工信部的调研结果,全国30多家大型企业130多种关键基础材料,有32%的关键材料仍为空白,52%依赖进口。"④ 我国一贯

---

① 习近平:《让多边主义的火炬照亮人类前行之路——在世界经济论坛"达沃斯议程"对话会上的特别致辞》,人民出版社2021年版,第12页。
② 习近平:《开放共创繁荣 创新引领未来——在博鳌亚洲论坛2018年年会开幕式上的主旨演讲》,人民出版社2018年版,第10—11页。
③ 习近平:《在科学家座谈会上的讲话》,人民出版社2020年版,第4页。
④ 刘红权:《突破"卡脖子"技术难题 打造科技创新生态是关键》,《通信信息报》2020年9月23日第1版。

奉行多边主义和人类命运共同体的理念,坚持经济全球化原则,在努力赶超世界科学技术水平,为世界经济和人类文明进步作出积极贡献的同时,实行经济开放政策并积极融入全球市场。由此,构成我国科技发展的现状,一方面是科学技术的不断突破,另一方面是对一些关键技术的国际依赖。

中国共产党和政府,面对世界百年之未有大变局,把握中华民族伟大复兴的全局,既要看到挑战又看到新的发展机遇,在变中寻机遇,抓机遇求发展,精心谋划作出战略部署。我国"十四五"发展规划和2035年远景目标纲要指出,要进一步明确创新在我国现代化建设全局中的核心地位,加快完善国家创新体系建设,强化国家战略科技力量,建设科技强国,以科技自立自强作为国家发展和推动人类命运共同体建设的战略支撑。科技自立自强是解决中国经济发展"卡脖子"瓶颈现象的必然举措,也是西方资本主义国家构建经济技术壁垒的倒逼,更是中国建设科技强国的历史机遇。中国党和政府总结中国特色社会主义建设的成功经验,为现代化科技强国的建设明确了战略方向,即进一步健全社会主义市场经济条件下新型举国科技体制,发挥制度优势,突破技术封锁,保障产业链、供应链安全,保障国家发展利益,有力支撑富强、民主、文明、和谐、美丽的社会主义现代化强国建设,进一步担当大国的国际责任。

二 政府与市场协同打造创新生态凸显制度优势

新型举国科技体制建设是在世界迈向科技经济时代,科技资源跃居社会经济结构主导地位,中国特色社会主义建设进入新时代的大背景下,对我国国家科技战略提出的新要求。它是解决我国科技从大到强,推动经济高质量发展,建设现代化科技强国有关全局性问题的制度安排。比如,解决推动经济高质量发展的关键核心技术,"卡脖子"技术和颠覆性技术等,因此,需要发挥中国特色社会主义集中力量办大事的制度优势,举全国之力,协同攻关,确保国家目标的实现。

谈到集中力量办大事的举国体制,我们很容易想到主要是集中统一领导、统一号令、统一指挥、统一调度、统一安排等,一竿子插到底的统一集中管理模式。这在处理内部事务相对简单的一般重大的社会事件时卓有成效。然而，社会事件内部诸多要素之间往往是非线性的复杂联系，我们不可能做到对复杂系统内部管理的机械统一，只可能做到对复杂系统的合目的的宏观调控。对于科技创新系统的管理，由于系统自身的复杂性、探索性和不确定性，更不可能做到对它机械统一式的管理。新型举国科技体制集中力量办大事的优势体现在何处？体制如何运行？确实是值得我们认真研究和给予回答的关键问题。否则，必将对国家科技目标的实现产生负面影响。

新型举国科技体制集中力量办大事的优势，从科技创新活动的外部看，应重点体现在政府与市场协同互补，以快速适时地进行科技资源配置与优化，打造或修复创新生态上；从科技创新系统自身来看，它的优势在于依托国家战略科技力量，在适宜的创新生态和外部控制参量的调控下，形成合目的的自组织科技创新系统，确保创新性和目标性。

新兴举国科技体制与传统体制的最大区别在于社会主义市场经济条件下，充分发挥市场机制在科技资源配置与优化中的作用，但绝非弱化政府的作用与功能，把重大全局性科技创新问题简单推向市场。中国特色社会主义市场经济不同于完全自由化和资本化的市场经济，它对政府的宏观调控功能与行政能力提出新的更高要求。比如，在科技与产业发展中，要求政府具有根据新时代的新要求把握国家科技与产业发展目标的战略思维；具有善于调查研究并拥有科技与产业知识，能够及时形成战略前瞻性和现实操作性的产业政策与手段的能力；具备主导科技创新生态的营造或修复能力。所以，新型举国科技体制在科技资源的配置上，应是市场与政府互补，打造面向国家目标的创新生态，主要表现在两个方面。

一是政府目标导向的宏观调控，市场微观激活和优化。以社会与市场平稳运行为背景，在合目的性的国家宏观调控下，市场对技术创新进一步起着聚焦和凝练方向的作用，从技术产品的需求、市场价格到资本投向等，均能破除资源垄断壁垒，激活各种相关资源，形成科技资源有序的市场化集聚和流动，并通过供求关系的变化和市场竞争来最大限度地提升资源配置效率，同时获得科技资源配置的最优化。而此时，政府在制定科技与产业政策，确立科技创新国家目标，规范与监管市场秩序，保障社会与市场有序平稳运行等方面则成为发挥市场优势进行科技资源配置的前提条件。

二是政府担当必要的生态修复重任，确保研发与市场形成完整的闭合生态链条。熊彼特认为，从社会经济运行的视角来看，科技创新是一个从研发到市场，从市场再到研发的过程性的创新。我们可以详细描述为，"基础理论研究—实验室的应用基础研究和新产品研发—新产品的生产与管理—市场销售与用户认可—基础研究或实验室研发"这样一个开放闭环的动态稳定过程。我们把这一动态技术创新过程视为科技创新的一个重要生态链，可见市场亦是科技创新生态链中的重要组成要素，且是不可或缺的重要一环。然而，在涉及我国全局性战略性科技创新问题时，由于原始性创新和产品培育的探索性和过程性，致使自主研发的新产品在初始阶段的市场价格和技术性能均不占优势。在市场"无形之手"的操控下，初始阶段的新产品便会遭遇不是企业拒绝生产就是产品生产难以维系的困局，新技术新产品的市场检验与反馈因此中断，因而导致创新生态链中企业与市场环节的断裂，创新生态遭受严重破坏，创新过程难以进行。实际上，越是原始性的技术创新，它的市场试错和完善的过程就会越长，也就更加容易导致技术创新生态链的断裂。此时，政府必须担负起创新生态修复的功能与重任。比如，上述原始性创新生成的技术产品，政府可以采取对产品进行适当的市场补贴和政府采购等措施，使生产企业与市场之间的断裂得以修复，保障科技创新的完整生态链条。另外，在社会出现重大危机的情况下，市场的资源配置功能以及生态链功能也会随之部分失灵，此时必须转换为政府为主导的科技资源配置，有限度地发挥市场调节功能来修复或营造科技创新生态。

在中国特色社会主义建设进入新时代，为了实现建设现代化强国的目标，在坚持开放合作的同时，我们把科技自立自强作为国家发展的战略支撑，科技创新进入以原始性创新和自主创新为主的阶段。在这一阶段，基础研究成为我国科技创新生态链中最基础的源发性环节。基础研究能力的不足，导致具有战略意义的原始性创新匮乏，从而使我国产业在关键技术上具有很强的国外依赖性，甚至遭遇"卡脖子"问题。从国家整体上讲，为了修复基础研究作为创新生态链源端的不足，政府加大了基础研究投入的力度。一方面应特别注意支持自由化的"小科学"基础研究的探索，因为自由化的"小科学"研究更具有原始创新性，而它又是"大科学"研究不可缺少的基础。自由化的"小科学"研究立项还要注意加大同一选题不同路径与研究方案的重复立项，以求在竞争中趋优。另一方面，根据产业发展中关键核心技术的"卡脖子"问题和未来产业高质量发展的问题，制定战略性基础研究规划，以政府为主导进行重点支持。对于具有市场前瞻性的基础理论研究，政府可以吸收相关企业设立联合基金，协同支持，企业优先使用技术成果。实际上，"两弹一星"成功经验中的"预为谋"，就是预先加强了从最基础的理论原理和理论模型的探索和谋划，才使得如此重大的科技工程顺利推进。

三 合目的调控与"自组织"研发系统

新型举国科技体制集中力量办大事的优势，从科技创新自身来看，应重点体现在依托国家科技战略力量，在适宜的创新生态下，开展合目的性的高效的"自组织"科技创新活动。一方面是因为科技研发的探索性和复杂性，特别是新兴科技表现出的多学科综合与多技术手段的集成，使科技研发系统成为一个典型的复杂系统。另一方面，需要发挥举国体制优势加以攻关的科技研发项目，一定是需要多个行为主体的协同，以解决涉及国家科技战略全局性的问题。可见，新型举国体制下实施的科技研发活动一定是一个复杂巨系统。

实际上，从熊彼特的过程化科技创新观点来看，科技创新是对包括科学、技术等生产要素的重新组合，基础研发、产品研发与产品形成、生产技术和工艺、市场等共同构成科技创新活动主要生态链条。当然，在这一链条中离不开各个环节的资源配置与组织管理，维持着创新生态的平衡。然而，随着科学技术的综合化和集成化的发展，以及生产的精细化和专业化分工，使这一创新链条的每一环节都不再是孤立的。比如，在产品生产这一横断面上，又会形成产品生产的对外合作，即"产业链"；同样，在研发这一环节上依靠国家战略科技力量与创新体系的运行，实质上亦是研发主导方与包括企业研发力量在内的创新体系中各个不同主体构成的合作或协作关系。可见，科技创新活动是一个各环节纵横交错进行复杂联系和系统演化的过程。

新型举国体制下的科技创新系统是远离平衡态、内部随时会发生涨落、充满活力的系统。它具有开放性、非线性的本质特性。由于科技创新系统的活动必须利用现有的科学技术基础，必须具备基本的物质资源条件和制度、政策作为保障，因此，它一定是一个不断与外界进行物质、能量和信息交换的开放系统。以系统的开放性为基础，系统内各要素间的非线性相互作用和联系，必然使复杂系统表现出"自组织"演进的特性。科技创新系统内部各不同创新主体的竞争与协同，各创新主体面对待解问题与实验观察的逻辑思维与形象思维、直觉思维与发散思维等，都表现出非线性作用关系。在系统与外界环境不断地进行能量和信息的交流的情况下，由于这种非线性的相互作用，使科技创新系统远离平衡态，充满活力地运行，为科技创新系统"自组织"演化创立了条件。科技创新中知识创新和技术创新的成果，都涌现于系统内部，由系统内部的"涨落"导致，是内在发生的系统"自组织"演化的结果。

"自组织"并非"贪吃蛇式"的自我游戏，它是复杂系统自身的本质属性，是系统最优的演进方式。普利高津的耗散结构理论认为，保持系统适度开放，并不断与外界进行物质和能量的交换，特别是耗散或吸收外部能量，是使复杂系统从无序向有序"自组织"演化的前提条件。在满足基本条件下，由于系统内部各要素的相互作用，系统便会从原来的无序状态逐步自发地向有序状态发展。然而，系统从无序向有序的演化，存在多个可能的稳定有序状态。多个可能的稳定状态是系统所有吸引子为我们提供的可供选择的空间。最终，系统状态的选择通过系统外部环境的调整来实现。即在系统外部控制参量的作用下，突现新的空间结构和系统功能。上述理论为我们实现对系统的合目的控制提供了根本依据。对于复杂系统的合目的控制，主要在于实施宏观的间接调控，通过政策或具体管理措施有意识地操控系统外部控制参量，以使系统朝着预期目标"自组织"演进，充分保障系统内部以及各子系统的自由与活力。

对于内部要素简单联系的工作系统，我们通常可以采取完全"他组织"的方式进行管理，以实现工作系统的整体预期功能；对于要素间（不同行为主体间）非线性相互联系的科技创新复杂系统，依靠完全的

"他组织",即"一竿子插到底"的组织方式不可能实现我们希望的系统功能,只会导致科技创新系统的坍塌,更谈不上系统功能或目标的实现。同时,还需纠正对科技创新复杂系统"自组织"概念望文生义式的简单理解。实质上,科技创新复杂系统的"自组织"并不完全排斥"他组织",甚至把"他组织"视为自身"自组织"的前提条件。概言之,就是要把握在何种层面上必须"他组织"和在何种层面上要"自组织"的辩证法问题。

新型举国体制下的科技创新系统,必须是以国家目标为导向的创新系统。为了实现国家战略科技目标,此时的科技创新系统也就必然是合目的的"他组织"下的"自组织"系统。对科技创新系统的"他组织",是引导系统朝向国家目标演化,实现预期功能的政治调控手段;而合目的调控下的科技创新系统的"自组织"是利用复杂系统自身特性来实现国家目标的必要策略。针对某一具体科技创新工程,它应是渗透国家目标导向,由政府和市场协同进行构建、运行和调控的科技研发系统,因此这一系统首先是"他组织"系统。而由于科技研发系统所具有的复杂性系统特征,则要求通过政府和市场协同进行的"他组织",为科技研发系统实现合目的性的"自组织"演化营造良好生态,并确立运行机制。只有如此,才能确保组织与效率的统一,做到宏观上目标干预有效,微观上保持自由与活力。

对科技创新复杂系统的合目的调控,在新型举国科技体制的探索与实践中具有重要的方法论意义,是新型举国科技体制成功运行的关键。未来,科技创新系统的合目的调控还应在具体体制和机制的建设上加大研究和落实的力度,以最大限度地消除宏观调控与微观自主性之间的摩擦,提高科技创新系统的合目的调控以及"自组织"效率。

四 边界组织建制化和异质主体边界的有机化

宏观合目的调控与微观自主性之间的摩擦主要源于调控与被调控主体的异质性关系,两者之间存在着的信息不对称现象。科学政治学理论认为,利用"边界组织"构造二者之间的有机边界,既能保持两个不同主体的异质性,又能有效消除两者之间的信息不对称。因此,合理建构

"边界组织"就成为最大限度地消除宏观调控与微观自主性之间的摩擦,提高科技创新系统的合目的调控以及"自组织"效率的必然选择。"边界组织"具有双重代理功能,恰如"两弹一星"工程决策和调控中的钱三强、钱学森等这样的"行政科学家和科学行政人员"的作用,缓冲着异质主体之间的作用力,使边界有机稳定,成为宏观合目的调控与微观自主性研发的适配器,起着能量和信息的转换作用。成功的信息和能量转换使宏观调控能够及时根据系统的状况调整具体的目标计划及方案,同时能够使系统内部微观各要素(各主体)根据自身状况与目标差距进行自我调整,实现自下而上的合目的的适应性改变。

新型举国体制下的科技创新系统是一个复杂系统,具体科技创新项目的实施就是一个系统工程,更加强调人为的工程组织、设计与调控。系统"总设计部"对系统的设计与构建过程,也就是营造具体项目创新生态的过程。系统"总设计部"一般设置在具有相当的技术优势和牵引能力以及集成能力的项目发起和主导单位,发挥着连接国家意志和市场机制的桥梁作用。它根据整个工程需求进行系统的谋篇布局和顶层设计,并以顶层设计和控制参量的设置,进行不同功能主体的选配和引导不同层次各类主体的竞争与协同。也就是在总体的工程目标下,配置关联任务主体实施系统目标分解,同时设定相关控制条件和运行规则,建立反馈机制,搭建各种供不同主体开展良性交互的共享平台,以便使科技创新系统在合目的调控下,实现自身的自组织调整。

根据系统论和系统工程的方法,科技创新工程关联任务主体的选择和配置应遵循如此原则,首先选择与工程目标具有相关性,表现不同能力和功能的异质多元的参与主体;其次是使肩负不同功能任务的多元异质主体间具有良性的交互行为;最后是使各个异质多元功能主体能够间接而敏锐地感知环境信息,包括各相关功能主体和整个系统控制参量的信息,并根据自身状况进行自适应调整。因此,整个系统形成了在横向有多元不同功能主体参与,在纵向呈现多层次之间的协同局面。无论是横向多元的不同功能主体之间,还是纵向不同层次的目标协同,都需要不同主体和不同层次之间的信息交流平台。为确保不同主体之间的良性互动,避免主体功能异化,这些信息交流平台一定是以不同主体间边界组织的形式出现。科技创新工程系统中的"总设计部"是介于政治主体与科技创新主体之间的边界组织，发挥着代表国家意志和代理科技主体权利的双重代理功能，使国家宏观目标调控与微观"自组织"调整之间实现平滑过渡。

新型举国科技体制下的科技工程项目是一个目的明确的系统集成项目，主导方贯彻国家意志，依托国家战略科技资源，充分利用市场机制，营造创新生态，以便相关多元功能主体开展合作研发活动。相关多元主体的合作研发是进一步提高效率、降低成本、分解风险、摆脱封锁、快速抢占国际市场所必需的一种创新方式。从项目主导方来看，它虽然具有创新优势，但要打造一个适于多元主体合作的创新生态系统，其自身毕竟不可能完全具备创新生态链条的所有创新因子，势必要吸收外部创新源作为不同功能主体加入创新合作。这种合作创新形成的主体间协同，使资源得到互补和充分利用，分摊了创新成本和风险，迅速深化和拓展了研发活动及成果。多元主体间的合作通常是以不同主体间的荣誉、利益等双赢为前提，以创新能力或生产技术能力为基本条件，形成一种优势互补、资源共享的伙伴关系。实质上，这种合作的伙伴关系一般是以明确的合作目标、完成时限、其他创新资源的投入和利益分享等作出约定的一种"合作契约"关系。合作契约关系的形成和维护以不同功能主体间能够进行充分而有效的信息交流和共享为前提。然而，合作的不同主体间，有关各自技术创新信息往往既具有相关性又兼具异质性，甚至会具有一定的私密性。据此，不同主体间的合作就成为信息不对称情况下的一场博弈，极易导致道德风险。"边界组织"所形成的"委托—代理"机制能够有效消解这一困境和风险。

以中国运载火箭技术的提升发展为例，呈现给我们的是对"小核心、大外围"复杂系统的掌控能力。特别是利用"边界组织"构建协调、共商、共享机制上的经验，值得借鉴。比如，在主干研制系统内部建立了核心组会商、协调机制，在与外部创新源，如船舶、专业院、用户等相关的各大系统间建立了"两总联席"议事的民主参与模式。为实现运载火箭技术提升工程的目标调控与各子系统的"自组织"调整的高度协调统一提供了组织保障。

因此，总设计部或主导方理应成为推动系统不同层次、不同主体间交互信息、交流学习、协商议事的推动者，更是边界组织体制化的建设者，进而保障国家目标调控与微观主体合目的"自组织"调整协调统一，在动态调整中稳定地完成系统集成。

概而言之，我国新型举国科技体制的建设是科学政治学中国实践的进一步深化，是以习近平新时代中国特色社会主义理论为指导，贯彻以人民为中心的发展理念，解决重大战略科学技术问题的实践活动模式。这一新型举国体制，凸显了在社会主义市场经济条件下，快速进行资源配置，迅速完成创新生态的营造和修复，彰显中国共产党领导的中国特色社会主义制度，集中力量办大事的优势。与此同时，它表明中国共产党和政府尊重、研究和把握科技特性以及运行规律，深刻认识科技的社会历史性、宏观可调控性以及多元参与民主调控的科学政治学研究纲领，创造出构造有机边界，实现宏观目标调控与微观"自组织"调整相统一的合目的调控模式。为科学政治学语境的巩固与展开，贡献了中国智慧，发出了中国声音。

参考文献

经典著作

《共产党宣言》，中央编译出版社 2005 年版。
《马克思恩格斯全集》第 1 卷，人民出版社 1995 年版。
《马克思恩格斯全集》第 3 卷，人民出版社 2002 年版。
《马克思恩格斯全集》第 22 卷，人民出版社 1995 年版。
《马克思恩格斯全集》第 31 卷，人民出版社 1998 年版。
《马克思恩格斯全集》第 32 卷，人民出版社 1998 年版。
《马克思恩格斯全集》第 44 卷，人民出版社 2001 年版。
《马克思恩格斯文集》第 1—10 卷，人民出版社 2009 年版。
《马克思恩格斯选集》第 1 卷，人民出版社 2012 年版。
《马克思恩格斯选集》第 3 卷，人民出版社 2012 年版。

习近平讲话

习近平：《共建创新包容的开放型世界经济——在首届中国国际进口博览会开幕式上的主旨演讲》，《中华人民共和国国务院公报》2018 年第 33 期。

习近平：《开放共创繁荣 创新引领未来——在博鳌亚洲论坛 2018 年年会开幕式上的主旨演讲》，《人民日报》2018 年 4 月 11 日第 003 版。

习近平：《科学家座谈会上的讲话》，《人民日报》2020 年 9 月 12 日第 002 版。

习近平：《让多边主义的火炬照亮人类前行之路——在世界经济论坛"达沃斯议程"对话会上的特别致辞》，《中华人民共和国国务院公报》

2021年第4期。

习近平：《在中国科学院第二十次院士大会、中国工程院第十五次院士大会、中国科协第十次全国代表大会上的讲话》，《人民日报》2021年5月29日第2版。

中文著作

曹志平：《马克思科学哲学论纲》，社会科学文献出版社2007年版。

陈昌曙：《自然辩证法概论新编》，东北大学出版社1995年版。

陈昌曙：《技术哲学引论》，科学出版社1999年版。

陈仁政主编：《科学悲剧故事》，北京出版社2002年版。

陈仁政主编：《科学机遇故事》，江苏科学技术出版社2008年版。

陈振明：《法兰克福学派与科学技术哲学》，中国人民大学出版社1992年版。

冯军：《科学与政治研究》，辽宁人民出版社1997年版。

方在庆：《科技发展与发展背景》，湖北教育出版社1999年版。

甘绍平：《应用伦理学前沿问题研究》，江西人民出版社2002年版。

郭贵春：《走向21世纪的科学哲学》，山西科学技术出版社2000年版。

郭世贞：《自然·方法·科学》，内蒙古人民出版社1988年版。

黄庆桥主编：《科技成就中国》，上海交通大学出版社2020年版。

蒋国华：《科学学的起源》，河北教育出版社2001年版。

李文潮、刘则渊：《德国技术哲学研究》，辽宁人民出版社2003年版。

梁启超：《梁启超游记：欧游心影录 新大陆游记》，东方出版社2012年版。

卢风：《启蒙之后》，湖南大学出版社2003年版。

毛荐其：《技术创新进化原理过程与模型》，经济管理出版社2006年版。

马来平：《理解科学：多维视野中的自然科学》，山东大学出版社2003年版。

钱时惕：《科技进步与世界经济发展》，河北大学出版社2004年版。

乔瑞金：《马克思思想研究的新话语》，书海出版社2005年版。

乔瑞金：《非线性科学思维的后现代诊解》，山西科学技术出版社2003

年版。

任定成：《科学人文高级读本》，北京大学出版社 2004 年版。

舒炜光：《信息时代的曙光》，辽宁人民出版社 1985 年版。

孙正聿：《哲学修养十五讲》，北京大学出版社 2004 年版。

王健：《现代技术伦理规约》，东北大学出版社 2007 年版。

王浦劬：《政治学基础》，北京大学出版社 2006 年第 2 版。

王兴成等：《科学学五十年》，辽宁人民出版社 1987 年版。

吴必康：《权利与知识：英美科技政策史》，福建人民出版社 1998 年版。

吴彤：《生长的旋律 自组织演化的科学》，山东教育出版社 1996 年版。

吴彤：《自组织方法论研究》，清华大学出版社 2001 年版。

汪玉凯：《社会变革与科学进步》，陕西人民出版社 1989 年版。

万俊人：《现代性的伦理话语》，黑龙江人民出版社 2001 年版。

解恩泽：《科学的蒙难》，科学出版社 1998 年版。

徐纪敏：《科学的边缘》，学林出版社 1987 年版。

徐向东：《自由主义、社会契约与政治辩护》，北京大学出版社 2005 年版。

徐新：《西方文化史续编》，北京大学出版社 2003 年版。

夏禹龙等：《科学学基础》，科学出版社 1983 年版。

夏先良：《知识论》，对外经济贸易大学出版社 2000 年版。

俞可平：《权力政治与公益政治》，社会科学文献出版社 2005 年版。

赵红州：《科学能力学引论》，科学出版社 1984 年版。

赵红州、蒋国华：《在科学交叉处探索科学——从科学学到科学计量学》，红旗出版社 2002 年版。

［英］尼古拉斯·布宁、余纪元编著：《西方哲学英汉对照辞典》，人民出版社 2001 年版。

学位论文

步蓬勃：《走向幸福：人与自然的双重解放》，博士学位论文，东北师范大学，2014。

胡春艳：《科学技术政治学的"研究纲领"》，博士学位论文，厦门大学，

2006年。

肖娜:《论贝尔纳学派的科学学》,硕士学位论文,湘潭大学,2001年。

徐治立:《论科技政治空间的张力》,博士学位论文,中国人民大学,2005年。

张媛媛:《科技的人本意蕴——马克思人与科技关系思想研究》,博士学位论文,吉林大学,2011年。

中文译著

[德] 彼得·科斯洛夫斯基:《后现代文化》,毛怡红译,中央编译出版社1999年版。

[德] H.哈肯:《信息与自组织》,郭治安等译,四川教育出版社1988年版。

[德] 哈贝马斯:《作为"意识形态"的技术与科学》,李黎、郭官义译,学林出版社2002年版。

[德] 康德:《法的形而上学原理》,沈叔平译,商务印书馆1991年版。

[德] 马克斯·韦伯:《学术与政治》,冯克利译,生活·读书·新知三联书店1998年版。

[德] 诺贝特·埃利亚斯:《论文明、权力与知识》,刘佳林译,南京大学出版社2005年版。

[德] 威廉·李卜克内西:《回忆马克思恩格斯》,胡尧之等译,人民出版社1957年版。

[德] 尤尔根·哈贝马斯:《包容他者》,曹卫东译,上海人民出版社2018年版。

[法] 埃德加·莫兰:《复杂思想:自觉的科学》,陈一壮译,北京大学出版社2001年版。

[法] 昂利·彭加勒:《科学与方法》,李醒民译,辽宁教育出版社2001年版。

[法] 卢梭:《社会契约论》,何兆武译,商务印书馆2003年版。

[法] 皮埃尔·布尔迪厄:《科学之科学与反观性》,陈圣生等译,广西师范大学出版社2006年版。

［法］让·拉特利尔：《科学和技术对文化的挑战》，吕乃基等译，商务印书馆1997年版。

［古希腊］亚里士多德：《形而上学》，吴寿彭译，商务印书馆1959年版。

［美］阿尔伯特·爱因斯坦：《爱因斯坦文集》第1卷，许良英等编译，商务印书馆1976年版。

［美］阿尔伯特·爱因斯坦：《爱因斯坦文集》第3卷，许良英等译，商务印书馆1979年版。

［美］阿尔伯特·爱因斯坦：《爱因斯坦晚年文集》，方在庆等译，北京大学出版社2009年版。

［美］阿尔温·托夫勒：《预测与前提》，粟旺、胜德、徐复译，国际文化出版公司1984年版。

［美］阿尔温·托夫勒：《权力的转移》，刘江等译，中共中央党校出版社1991年版。

［美］艾丽斯·卡拉普赖斯编：《新爱因斯坦语录》（上），范岱年译，上海科技教育出版社2008年版。

［美］安德鲁·芬伯格：《技术批判理论》，韩连庆等译，北京大学出版社2005年版。

［美］伯纳德·巴伯：《科学与社会秩序》，顾昕等译，生活·读书·新知三联书店1991年版。

［美］布鲁斯·罗宾斯编著：《知识分子：美学、政治与学术》，王文斌等译，江苏人民出版社2001年版。

［美］大卫·古斯顿：《在政治与科学之间——确保科学研究的诚信与产出率》，龚旭译，科学出版社2011年版。

［美］黛安娜·克兰：《无形学院——知识在科学共同体的扩散》，刘珺珺等译，华夏出版社1988年版。

［美］戴维·波普诺：《社会学》，刘云德等译，辽宁人民出版社1988年版。

［美］戴维·斯沃茨：《文化与权力——布尔迪厄的社会学》，陶东风译，上海译文出版社2006年版。

［美］戴维·伊斯顿：《政治体系——政治学状况研究》，马清槐译，商务

印书馆 1993 年版。

[美] 冯·贝塔朗菲：《一般系统论——基础、发展和应用》，林康义、魏宏森等译，清华大学出版社 1987 年版。

[美] 赫伯特·马尔库塞：《单向度的人》，张峰、吕世平译，重庆出版社 1988 年版。

[美] 刘易斯·科塞：《理念人》，郭方等译，中央编译出版社 1970 年版。

[美] 罗伯特·金·默顿：《十七世纪英格兰的科学、技术与社会》，范岱年等译，商务印书馆 2000 年版。

[美] 罗伯特·K. 默顿：《科学社会学散记》，鲁旭东译，商务印书馆 2004 年版。

[美] 罗伯特·C. 尤林：《理解文化——从人类学和社会理论视角》，何国强译，北京大学出版社 2005 年版。

[美] 罗杰·道森：《赢在问题解决力》，李同良译，广东人民出版社 2013 年版。

[美] M. 克莱因：《西方文化中的数学》，张祖贵译，复旦大学出版社 2004 年版。

[美] 马克·里拉：《当知识分子遇到政治》，邓晓菁等译，新星出版社 2005 年版。

[美] 麦克尼尔：《新社会契约论》，雷喜宁等译，中国政法大学出版社 1994 年版。

[美] 内森、诺登编：《巨人箴言录：爱因斯坦论和平》（下），李醒民译，湖南出版社 1992 年版。

[美] 乔治·萨顿：《科学史和新人文主义》，陈恒六等译，华夏出版社 1989 年版。

[美] 托马斯·库恩：《科学革命的结构》，金吾伦等译，北京大学出版社 2003 年版。

[美] 托马斯·库恩：《必要的张力》，范岱年等译，北京大学出版社 2004 年版。

[美] 亚伯拉罕·马斯洛：《动机与人格》，许金声等译，华夏出版社 1987 年版。

［美］亚伯拉罕·派斯：《爱因斯坦传》，方在庆、李勇等译，商务印书馆 2004 年版。

［美］约瑟夫·阿伽西：《科学与文化》，邬晓燕译，中国人民大学出版社 2006 年版。

［美］约瑟夫·本·戴维：《科学家在社会中的角色》，赵佳苓译，四川人民出版社 1988 年版。

［美］约瑟夫·劳斯：《知识与权力——走向科学的政治哲学》，盛晓明等译，北京大学出版社 2004 年版。

［苏］科尼亚捷夫、柯里左夫编：《苏联科学院简史》，中国科学院对外联络局译，科学技术出版社 1959 年版。

［英］贝弗里奇：《发现的种子——科学发现的艺术续编》，金吾伦、李亚东译，科学出版社 1987 年版。

［英］弗里德里希·冯·哈耶克：《经济、科学与政治——哈耶克思想精粹》，冯克利译，江苏人民出版社 2000 年版。

［英］J. D. 贝尔纳：《科学与社会》，刘若水译，生活·读书·新知三联书店 1956 年版。

［英］J. D. 贝尔纳：《历史上的科学》，伍况甫译，科学出版社 1959 年版。

［英］J. D. 贝尔纳：《科学的社会功能》，陈体芳译，商务印书馆 1982 年版。

［英］卡尔·波普尔：《历史主义贫困论》，何林、赵平译，中国社会科学出版社 1998 年版。

［英］卡尔·波普尔：《走向进化的知识论》，李本正、范景中译，中国美术学院出版社 2001 年版。

［英］拉尔夫·D. 斯泰西：《组织中的复杂性与创造性》，宋学锋、曹庆仁译，四川人民出版社 2000 年版。

［英］拉卡托斯：《科学研究纲领方法论》，兰征译，上海译文出版社 1986 年版。

［英］理查德·S. 韦斯特福尔：《近代科学的建构：机械论与力学》，彭万华译，复旦大学出版社 2000 年版。

［英］M. 戈德史密斯、A. L. 马凯:《科学的科学:技术时代的社会》,赵红州、蒋国华译,科学出版社 1985 年版。

［英］迈克尔·博兰尼:《自由的逻辑》,冯银江、李雪茹译,吉林人民出版社 2002 年版。

［英］迈克尔·马尔凯:《科学与知识社会学》,林聚任等译,东方出版社 2001 年版。

［英］米勒、波格丹诺编,邓正来主编:《布莱克维尔政治学百科全书》,中国问题研究所等译,中国政法大学出版社 1992 年版。

［英］斯蒂芬·F. 梅森:《自然科学史》,周煦良等译,上海译文出版社 1980 年版。

［英］约翰·齐曼:《元科学导论》,刘珺珺等译,湖南人民出版社 1988 年版。

中文期刊报纸

邦格:《科学技术的价值判断与道德判断》,吴晓江译,《哲学译丛》1993 年第 3 期。

曹效业、熊卫民、王扬宗:《关于中国现代科技发展历史的反思》,《科学文化评论》2014 年第 1 期。

陈恒六:《从科学家对待原子弹的态度看知识分子的社会责任》,《政治学研究》1987 年第 6 期。

陈振明:《走向一种科学技术政治学理论》,《自然辩证法通讯》1997 年第 2 期。

成素梅、郭贵春:《语境实在论》,《科学技术与辩证法》2004 年第 3 期。

邓丽兰:《20 世纪中美两国"专家政治"的缘起与演变》,《史学月刊》2002 年第 7 期。

段伟文:《整体论研究:哲学与科学的反思》,《中国人民大学学报》2007 年第 5 期。

E. P. Wigner:《科学家与社会》,侯新杰、王荣译,《世界科学》1993 年第 4 期。

范晓丽:《历史纬度:马尔库对马克思辩证法的理解》,《齐鲁学刊》2005

年第 5 期。

郭贵春：《科学理性与科学民主的统一》，《自然辩证法通讯》1990 年第 2 期。

国家科学技术委员会党组、中国科学院党组：《关于自然科学研究机构当前工作的十四意见（一九六一年六月）》，《党的文献》1996 年第 1 期。

韩来平：《贝尔纳社会建制化科学的三角结构体系和民主策略》，《科学技术与辩证法》2007 年第 3 期。

韩来平、邢润川：《科学价值论转向过程中的几个疑难——兼评"科学→价值"的科学进步模式》，《自然辩证法通讯》2004 年第 6 期。

韩来平、邢润川：《贝尔纳和他的科学政治学》，《自然辩证法通讯》2007 年第 6 期。

韩来平：《贝尔纳科学自由与民主策略》，《自然辩证法研究》2009 年第 7 期。

韩来平、贾玖钰：《科学去政治化问题研究》，《自然辩证法通讯》2014 年第 1 期。

韩来平、李榕、张萌：《科研审计与监管：科学与政治的有机边界活动》，《科研管理》2017 年第 11 期。

韩来平、杨丽丽、王烨：《走向有机边界的常态化科研活动治理模式》，《科学管理研究》2018 年第 2 期。

韩来平、王烨：《科学政治学何以可能》，《自然辩证法通讯》2021 年第 8 期。

韩美兰：《论科学价值的基本蕴含》，《科学技术与辩证法》2004 年第 3 期。

何洁等：《对我国新一轮科技体制改革共性问题的思考》，《中国科技论坛》2004 年第 3 期。

胡东原：《论贝尔纳的科技伦理思想》，《南京学报》1994 年第 3 期。

胡娟：《科学与政治建构》，《科学管理研究》2003 年第 6 期。

胡启恒：《科学的责任与道德：一个值得重视的问题》，《科学学研究》2000 年第 2 期。

胡维佳：《中国历次科技规划研究综述》，《自然科学史研究》2003 年（增刊）。

江涛：《科学的意识形态功能》，《马克思主义研究》1998 年第 1 期。

郎佩娟：《公共政策制定中的政治权利与科学分析》，《中国人民大学学报》2002 年第 2 期。

李才华、童鹰：《从古代文化到近代早期科学之间的峡谷现象》，《科学技术与辩证法》2003 年第 4 期。

李建珊：《需要—利益—目标—科学价值观念形成的三部曲》，《天津师大学报》（社会科学版）1996 年第 1 期。

李曙华：《当代科学的规范转换—从还原论到生成整体论》，《哲学研究》2006 年第 11 期。

李侠、邢润川：《论科技政策制定主体与模型选择问题》，《自然辩证法研究》2001 年第 11 期。

李侠、邢润川：《浅谈科技政策制定过程中的寻租现象》，《科学学研究》2002 年第 6 期。

李醒民：《科学是一种文化形态和文化力量》，《民主与科学》2005 年第 3 期。

李醒民：《科学和技术异同论》，《自然辩证法通讯》2007 年第 1 期。

李醒民：《科学探索的动机或动力》，《自然辩证法通讯》2008 年第 1 期。

李正风：《科学与政治的结合：必然性与复杂性》，《科学学研究》2000 年第 2 期。

刘大椿、段伟文：《科技时代伦理问题的新向度》，《新视野》2001 年第 1 期。

刘国华：《严济慈科学观述论》，《科学学研究》1997 年第 4 期。

刘鹤玲：《世界科学活动中心形成的经济—政治—文化前提》，《自然辩证法研究》1998 年第 2 期。

刘红权：《突破"卡脖子"技术难题 打造科技创新生态是关键》，《通信信息报》2020 年 9 月 23 日第 001 版。

刘宏业等：《关于系统论科学观的探讨》，《科学管理研究》2002 年第 1 期。

刘郦：《科学：一种新的政治学分析》，《自然辩证法通讯》2003年第2期。

刘喜梅：《技术创新与市场营销的关系》，《经济论坛》2002年第5期。

马佰莲：《西方近代科学体制化的理论透析》，《文史哲》2002年第2期。

马德刚、柴立和：《科学历史观对科学研究的指导意义》，《天津大学学报》（哲学社会科学版）2004年第5期。

马来平：《西欧社会建构论：理解科学社会性的新视角》，《文史哲》2002年第2期。

M. J. 汤普森：《马克思主义伦理学的哲学基础》，齐艳红等译，《马克思主义与现实》2018年第2期。

聂荣臻：《关于当前自然科学工作中若干政策问题的请示报告（一九六一年六月二十日）》，《党的文献》1996年第1期。

彭纪南、颜洪：《进化的科学与科学的进化》，《系统辩证学学报》1996年第1期。

乔龙德：《经济与科技一体化的必由之路》，《经济世界》2003第5期。

秦书生、陈凡：《技术系统自组织演化分析》，《科学学与科学技术管理》2003年第1期。

仇华飞：《关于冷战问题研究的几点思考》，《史学月刊》2003年第1期。

人民日报社论：《有组织有计划地开展人民科学工作》（1950.8.27），载胡维佳《中国科技政策资料选辑（1949－1995）》（上），山东教育出版社2006年版。

尚东涛：《技术：人的发展空间》，《社会科学辑刊》2005年第5期。

宋杭军、施禧新：《关于科学进化的自组织控制问题》，《华东经济管理》1996年第1期。

宋惠昌：《科学技术——最高意义上的革命力量》，《新视野》2002年第3期。

宋启林：《论科学伦理的多重维度》，《自然辩证法研究》2003年第10期。

石希元：《李森科其人》，《自然辩证法通讯》1979年第1期。

孙广华：《从系统观看科学价值评价》，《系统辩证学学报》2000年第2期。

孙伟平：《科学的价值新论》，《湖南师范大学社会科学学报》1995年第

3 期。

孙伟平等：《略论科学的价值》，《哲学研究》1996 年第 3 期。

孙伟平：《关于科学的社会价值的几个问题》，《首都师范大学学报》（哲学社会科学版）1999 年第 1 期。

谭文华：《自组织视域的科技创新体系建设》，《科学管理研究》2004 年第 4 期。

涂德钧：《贝尔纳的科学社会学思想》，《科学技术与辩证法》1997 年第 5 期。

万劲波：《技术预见：科学技术战略规划和科技政策的制定》，《中国软科学》2002 年第 5 期。

王恩华：《学术自由与科学伦理》，《科学学与科学技术管理》2003 年第 7 期。

王德禄、孟祥林、刘戟锋：《中国大科学的运行机制、开放、认同与整合》，《自然辩证法通讯》1991 年 6 期。

王健：《现代技术伦理规约的困境及其消解》，《华中科技大学学报》（社会科学版）2006 年第 4 期。

王立胜、刘刚：《论坚持系统观念的科学性》，《马克思主义与现实》2021 年第 1 期。

卫建林：《科学技术是一种革命的力量》，《马克思主义研究》1999 年第 6 期。

乌尔里希·贝克：《从工业社会到风险社会》，王武龙编译，《马克思主义与现实》2003 年第 3 期。

邬晓燕：《转基因作物商业化及其风险助理：基于行动者网络理论视角》，《科学技术哲学研究》2012 年第 4 期。

吴彤：《论科学：一个自组织演化系统》，《系统辩证学学报》1995 年第 78 期。

吴永忠：《生态问题与后常规科学思想》，《自然辩证法研究》1992 年第 4 期。

肖娜：《贝尔纳科学学浅析》，《科技管理研究》2005 年第 3 期。

肖娜：《试论贝尔纳的科学观》，《广东社会科学》2005 年第 3 期。

肖显静：《从机械论到整体论：科学发展和环境保护的必然要求》，《中国人民大学学报》2007 年第 3 期。

邢怀滨、陈凡：《技术评估：从预警到建构的模式演变》，《自然辩证法通讯》2002 年第 1 期。

邢怀滨：《建构性技术评估及其对我国技术政策的启示》，《科学学研究》2003 年第 5 期。

徐大生、盛晓明：《科学的政治哲学与科学论的新进展》，《科学技术与辩证法》2002 年第 1 期。

徐辉：《试论我国科技行政管理的完善》，《厦门大学学报》（哲学社会科学版）1998 年第 4 期。

徐建新：《学术自由是科学生存和发展的基础》，《社会科学论坛》2003 年第 7 期。

许良英：《为科学正名——对所谓"唯科学主义"辨析》，《自然辩证法通讯》1992 年第 4 期。

杨长桂：《技术评估简论》，《华中理工大学学报》（哲学社会科学版）1994 年第 1 期。

杨辉、尚智丛：《科技决策中的公共知识生产》，《自然辩证法研究》2014 年第 9 期。

杨金志、王蔚、刘丹：《科研造假的体制警示》，《瞭望新闻周刊》2006 年第 15 期。

查有梁、查星：《科学学的奠基人——贝尔纳》，《科学学研究》1996 年第 2 期。

张华夏：《科学本身不是价值中立的吗？》，《自然辩证法研究》1995 年第 7 期。

张劼：《贝尔纳科学主义的科学教育观》，《科学学与科学技术管理》2004 年第 1 期。

张能为：《奎因在科学观上的突破与重建》，《安徽大学学报》（哲学社会科学版）2002 年第 2 期。

张锡金：《知识分子的角色：学术与政治之间》，《学术界》2001 年第 5 期。

赵显明：《试析"李约瑟之谜"产生的原因》，《山西师大学报》（社会科学版）1998年第1期。

钟秉林：《现代大学学术权力与行政权力的关系及其协调》，《中国高等教育》2005第19期。

中华人民共和国国史学会两弹一星历史研究分会：《"两弹一星"工程的成功经验与启示》，《当代中国史研究》2013年第5期。

周恩来：《关于知识分子问题的报告》，《中华人民共和国国务院公报》1956年8期。

周丽昀：《绝对的科学观可能吗？》，《科学学与科学技术管理》2005年第3期。

周文标：《建设现代化强国的先导力量》，《学习时报》2018年11月7日第6版。

邹承鲁、王志珍：《科学技术不可合二为一》，《科技日报》2003年8月5日。

外文著作

Andrew Brown, *J. D. Bernal: The sage of science*, Oxford University Press, 2005.

B. Ltaour, *Science in Action: How to Follow Scientists and Engineers Through Society*, Harvard University, 1987.

Brenda Swann and Francis Aprahamian, *J. D. Bernal: a life in science and politics*, Verso, 1999.

Bruce Bimber, David H. Guston, *Politics by the Same Means: Government and Science in the United States*, in Hand book of Science and Technology Studies, Sage Publications, 1995.

C. A. Ronan, *Science: Its History and Development Among the World's Culture*, New York: The Hamlyn Publishing Group Limited, 1982.

Collingridge, David, *the Social Control of Technology*, UK: Open University Press, 1980.

C. R. Weld, *A History of the Royal Society*, Cambrige University press, 1848.

Cutter Susan L, *Living with Risk: the Geography of Technological Hazards*,

London: Edward1 Arnold, 1993.

David Dickson, *The new politics of science*, New York: Pantheon Books, 1984.

David F Horrobin, *Science is God*, Medical and Technical Publishing Co. Ltd, 1969.

David H. Guston, *Between Politics and Science: Assuring the Integrity and Productivity of Research*, Cambridge University Press, 2000.

H. Mohr, *Lectures on Structure and Significance of Science*, Springe Berlin Heidelberg, 1977.

Hugh Lacey, *Is Science Value Free?* London: Routledge, 1999.

J. D. Bernal, *The Freedom of Necessity*, London: Routledge and Kegan Paul Ltd, 1949.

Jean-Jacques Salomon, *Science and Politics*, London: The Macmillan Press Ltd, 1973.

J. L. Penick, *The Politics of American Science*, MIT Press, 1972.

Latour Bruno, *Technology Is Society Made Durable, A sociology of Monsters: Essays on Power Technology and Dominaton*, London: Routledge, 1990.

Maurice Goldsmith, *Sage: A Life of J. D. Bernal*, Hutchinson, 1980.

Paul Charles Light, *Monitoring Government—Inspectors General and Search for Accountablity*, The Brookings Institution, 1993.

Roy Innes, J. D. Bernal, *Science and Our Future*, Lawrence Wishart, 1954.

Tom Wilkie, *British Science and Politics science*, Basil Blackwell Ltd, 2001.

外文期刊

Alam Irwin, "Constructing the Scientific Citizen: Science and Democracy in the Biosciences", *Public Understanding of Science*, Vol. 10, No. 1, January 2001.

Ana Delgado, Heidrun Am, "Experiments in interdisciplinarity: Responsible research and innovation and the public good", *Plos Biology*, Vol. 16, No. 3, March 2018.

参考文献

Ann Synge, J. D. Bernal, F. R. S., "Family, School and University", *Notes and Records of the Royal Society of London*, Vol. 46, No. 2, July 1992.

Barbara Ribeiro, L. Bengtsson, P. Benneworth, etc, "Introducing the dilemma of societal alignment for inclusive and responsible research and innovation", *Journal of Responsible Innovation*, Vol. 5, No. 3, August 2018.

Barry Wellman, "Network analysis: some basic principles", *Sociological Theory*, Vol. 1, 1983.

Bernd Carsten Stahl, "Responsible research and innovation: The role of privacy in an emerging framework", *Science and Public Policy*, Vol. 40, No. 6, September 2013.

Brina Wynne, "Misunderstood Misunderstanding: Social Identities and Public Uptake of Science", *Public Understanding of Science*, Vol. 1, No. 3, July 1992.

C. H. Waddington, "Science and Government", *Political Quarterly*, Vol. 13, No. 1, January 1942.

David Dicskon, "Technology and social reality", *Dialectical Anthropology*, Vol. 1, No. 1, November 1975.

David Dicskon, "The party is over for French Science", *Science*, Vol. 220, No. 4600, May 1983.

David Dicskon, "Technology and Power", *Technology analysis and strategic Management*, Vol. 3, No. 1, 1991.

David Dicskon, "Survey finds that restructuring has improved UK university research", *Nature*, Vol. 360, No. 6404, December 1992.

David Dicskon, "Hot-line will answer scientific queries", *Nature*, Vol. 368, No. 6468, March 1994.

David Dicskon, "UK sends double message in science spending plans", *Nature*, Vol. 368, No. 6474, April 1994.

David Dicskon, "UK urged to open up science advisory panels", *Nature*, Vol. 371, No. 6494, September 1994.

David Dicskon, "Consortium plans 'public' map of genome", *Nature*,

Vol. 371, No. 6489, October 1994.

David Dicskon, "Major claims policy chages will strengthen UK Science", *Nature*, Vol. 376, No. 6537, July 1995.

David Dicskon, "…as minister seeks to rally researchers", *Nature*, Vol. 378, No. 6553, November 1995.

David Dicskon, "Strategy seeks to make the most of Scottish Science", *Nature*, Vol. 383, No. 65-96, September 1996.

David Dicskon, "Science faces new treatment in British courts", *Nature*, Vol. 364, No. 6434, July 2000.

David Dickson, "Science and its Public: The Need for a 'Third Way'", *Social Studies of Science*, Vol. 30, No. 6, December 2000.

David H. Guston, "New technology role of states", *Forum for Applied Research and Public Policy*, Vol. 11, No. 3, 1996.

David H. Guston, "Helping states tackle technical issues", *Issues in Science and Technology*, Vol. 12, No. 4, Summer 1996.

David H. Guston, "Science, Technology, and Environmental Policy: Satisfying New Demands on State Governments", *Policy Studies Journal*, Vol. 25, No. 3, September 1997.

David H. Guston, "Stabilizing the boundary between US politics and science: the role of the Office of Technology Transfer as a boundary organization", *Social studies of science*, Vol. 29, No. 1, February 1999.

David H. Guston, "Retiring the social contract for science", *Issues in Science and Technology*, Vol. 16, No. 4, Summer 2000.

David H. Guston, "Boundary Organization in Environmental Policy and Science: An Introduction", *Science Technology and Human Values*, Vol. 26, No. 4, October 2001.

David H. Guston, Daniel Sarewitz, "Real-time technology assessment", *Technology in Society*, Vol. 24, No. 1, December 2002.

David H. Guston, "Responsible Knowledge—based innovation", *Society*, Vol. 43, No. 4, May 2006.

David H. Guston, "Science democracy and the right to research", *Science and Engineering Ethics*, Vol. 15, No. 3, May 2009.

David H. Guston, "Introduction to the special issue: Nanotechnology and Political Science", *Review of Policy Research*, Vol. 30, No. 5, September 2013.

David H. Guston, "Understanding 'anticipatory governance'", *Social studies of science*, Vol. 44, No. 2, November 2013.

David H. Guston, "Responsible innovation: a going concern", *Journal of Responsible Innovation*, Vol. 1, No. 3, June 2014.

David H. Guston, "Giving content to responsible innovation", *Journal of Responsible Innovation*, Vol. 1, No. 3, October 2014.

Dietmar Braun and David H. Guston, "Principal-agent theory and research policy: An introduction", *Science and Public Policy*, Vol. 30, No. 5, October 2003.

Evelien Otte, Ronald Rousseau, "Social network analysis: a powerful strategy, also for the information science", *Journal of Information Science*, Vol. 28, No. 6, December 2002.

Hans Radder, "Second Thoughts on the Politics of STS: A Response to Replies by Singleton and Wynne", *Social studies of science*, Vol. 28, No. 2, April 1998.

J. D. Bernal, "Dialectical Materialism and Modern Science", *Science and Society*, Vol. 2, No. 1, Winter 1937.

J. D. Bernal, "A Permanent International Scientific Commission", *Nature*, Vol. 156, No. 3967, November 1945.

J. D. Bernal, "The British Association of Scientific Workers", Physikalische Blätter, Vol. 3, No. 9, 1947.

J. D. Bernal, "The missing factor in Scince", *Nature*, Vol. 160, No. 4070, November 1947.

J. D. Bernal, "Science industry and society in the nineteenth century", *Centaurus*, Vol. 3, No. 1, September 1953.

J. D. Bernal, "Has History a Meaning?" *The British Journal for the Philosophy of Science*, Vol. 6, No. 22, August 1955.

J. D. Bernal, "Science and Technology in China", *Higer Education Quarterly*, Vol. 11, No1, November 1956.

J. D. Bernal, "Science in Hungary", *Nature*, Vol. 179, No. 4567, May 1957.

J. D. Bernal, "Science and values", *Nature*, Vol. 180, No. 4577, July 1957.

J. D. Bernal, "Comments on the paper of Hallett and Mason", *Proceedings of the Royal Society, A: Mathematical, Physical and Engineering Sciences*, Vol. 247, No. 1251, October 1958.

J. D. Bernal, "Views of a Geologist on the Origin of Life", *Nature*, Vol. 196, No. 4857, December 1962.

J. D. Bernal, "The energy of science", *Nature*, Vol. 203, No. 4946, August 1964.

J. D. Bernal, "The scientific estate", *Nature*, Vol. 209, No. 5019, January 1966.

J. D. Bernal, "Public policy and science", *Political Quarterly*, Vol. 38, No. 1, January 1967.

J. D. Bernal, "Book and Film Reviews: The Integration of Science and Society: The Social Function of Science", *The Physics Teacher*, Vol. 7, No. 7, 1969.

J. D. Bernal, "Appendix A: Lessons of the War for Science", *Proceedings of the Royal Society, A: Mathematical, Physical and Engineering Sciences*, Vol. 342, No. 1631, April 1975.

Jean-Jacques Salomon, "Science and culture", *Les Etudes Philosophiques*, Vol. 19, No. 4, 1964.

Jean-Jacques Salomon, "Science Policy and Its Myth", *Diogenes*, Vol. 18, No. 1, June 1970.

Jean-Jacques Salomon, "In Memoriam", *Social Studies of Science*, Vol. 6, No. 2, May 1976.

Jean-Jacques Salomon, "Crisis of science, crisis of society", *Science and Pub-*

lic Policy, Vol. 4, No. 5, October 1977.

Jean-Jacques Salomon, "A Science Policy to Cope with the Inevitable?" *Science Technology Society*, Vol. 1, No. 1, March 1996.

Jean-Jacques Salomon, "Science Technology and Society on the Eve of the New Century, Bulletin of Science", *Technology and Society*, Vol. 18, No. 6, December 1998.

Jean-Jacques Salomon, "Recent trends in science and technology policy", *Science Technology Society*, Vol. 5, No. 2, March 2000.

Jean-Jacques Salomon, "Science Technology and Democracy", *Minerva*, Vol. 38, No. 1, March 2000.

Jean-Jacques Salomon, "Society talks back", *Nature*, Vol. 412, No. 6847, August 2001.

Jean-Jacques Salomon, "Science policies in a new setting", *International Social Science Journal*, Vol. 53, No. 2, June 2008.

Jean-Jacques Salomon, "The importance of technology management for economic development in Africa", *International Journal of Technology Management*, Vol. 5, No. 5, August 2014.

John Durant, "Participatory technology assessment and the democratic model of the public understanding of science", *Science and Public Policy*, Vol. 26, No. 5, October 1999.

Kirtley and F. Mather, "The Common Ground of Science and Politics", *Science*, Vol. 117, No. 303, February 1953.

Kurt P. Tauber, "Science and Politics: A Commentary", *World Politics*, Vol. 4, No. 3, July 2011.

Laurens K Hessels, Harro van Lente and Ruud Smits, "In search of relevance: the changing contract between science and society", *Science and Public Policy*, Vol. 36, No. 5, June 2009.

Laurens Klerkx, Cees Leeuwis, "Delegation of authority in research funding to networks: experiences with a multiple goal boundary organization", *Science and Public Policy*, Vol. 35, No. 3, April 2008.

Mark B. Brown and David H. Guston, "Science Democracy and the Right to Research", *Science and Engineering Ethics*, Vol. 15, No. 3, May 2009.

Michael Gibbons, "Science's new social contract with society", *Nature*, Vol. 402, No. 2, December 1999.

Paul M. Gross, "R & D and the Relations of Science and Government", *Science*, Vol. 142, No. 3593, November 1963.

Robert M. Young, "The Relevance of Bernal's Questions", *Radical Science Journal*, No. 10, 1980.

Rowe Gene, Lynn J Frewer, "Public participation methods: A framework for evaluation", *Science Technology and Human Value*, Vol. 25, No. 1, January 2000.

S. Chatterjee, "Excellence Scientist as revolutionary", *Frontline Publishing*, Vol. 18, No. 10, 2001.

S. Encel, "Science and Government Policy", *Australian Journal of Public Administration*, Vol. 25, No, 2, June 1965.

Wolfgang Liebert, Jan C. Schmidt, "Collingridge's dilemma and technoscience: An attempt to provide a clarification from the perspective of the philosophy of science", *Poiesis Prax*, No. 7, 2010.

后 记

由于长期从事自然辩证法教学和研究工作，再加上从事科研管理工作，使我和学者们之间有了一份更加深厚的情感。他们的纯粹和良知，学术问题驱动下的工作激情，书房中一壶茶一根烟式的思想生活以及实验室的坚守，最终凝结成闪烁着思想智慧的各种学术成果，让我感叹不已。他们在探寻规律的同时，实际上却过着无规律的生活。在科学问题的激发和挑战下，会让他们充满激情地去探索；在灵感的诱导下，会让他们废寝忘食、不知疲倦地工作。科研人在某种程度上的确是一个特殊群体，其特殊性在于所从事科研活动的探索性和专业性与这一群体之外的社会形成高度的信息不对称现象，让人不好琢磨。爱屋及乌，由于对科研人员的敬佩，也进一步激发了我对自然辩证法和科学技术哲学的兴趣。从此，我的自然辩证法研究和教学工作与从事的科研管理工作得以有机结合。工作中有幸与科学家进行交流和请教，更好地提升了我对科学技术的认知；管理中遇到的问题与案例都能够成为我自然辩证法研究与教学的具体素材。与此同时，自然辩证法的研究亦能够让我从科学研究本身和社会政治两个视角相结合去看待科学技术活动，从而避免科研管理工作中的盲动。

1996年，我省开始了四所相关师范类院校的合并。院校合并后，我校自然辩证法研究与教学迎来了重大转机。时任河北师范大学副校长李有成教授高瞻远瞩，在他的亲自推动下，整合了全校相关力量，搭建了"科学技术与社会发展研究所"这一学术平台，并经国务院学位办批准，成为科技哲学硕士学位授权学科。从此，我校自然辩证法和科学技术哲学成为我省地方高校唯一一个具有硕士学位的授权学科，其研究与教学上了一个新台阶。2002年蒋春澜教授调任我校副校长，这也是一位具有科学理性又具人文情怀的学者。他对科学技术与社会发展研究所的建设给予了积极的支持。并鞭策我深入学习和研究自然辩证法和科学技术哲学知识，鼓励并支持我攻读博士学位。2003年已经破格取得教授资格的我考取山西大学科学技术哲学研究中心攻读博士学位。博士学位论文的研究内容选取的是"贝尔纳科学政治学思想研究"。

贝尔纳深受马克思主义的影响，他把科学技术视为重要的社会生产资料，主张要解决社会化大生产与生产资料私人占有之间的矛盾，就要加强社会对科学技术的调控。在导师和导师组的精心指导下，我综合科技哲学、科技社会学、政治学、科学学，站在了新的高度对贝尔纳科学政治学思想进行了建构，开辟了贝尔纳研究的新视角。

博士毕业后，以贝尔纳科学政治学思想研究为基础，继续追踪了贝尔纳之后的科学与政治关系研究的状况，并与贝尔纳的思想进行比较。如果把贝尔纳科学政治学研究范式与纲领的呈现视为其语境的初步形成，那么萨罗蒙、迪克逊、古思顿等科学与政治关系的思想内容，应被视为科学政治学的语境巩固和扩张。所以在此拙著中，斗胆提出了科学政治学的研究范式与纲领，并对理论与实践中的困境进行了分析，对如何走出困境进行了探索。特别是以新中国现代化建设的进程为历史蓝本，总结提炼了中国科学政治学的实践经验与智慧，最终对我国新型举国科技体制建设进行了科学政治学诠释。中国化实践的历史不得不让我感慨：中华人民共和国成立仅十年左右的时间，我国就形成了以《科学十四条》为重要标志的中国化科学政治学语境，表明党和政府对政治如何调控科学的认识提升到了新的高度。聂荣臻同志主持制定的《科学十四条》，在政治调控科学的实践中发挥了不可替代的作用，被邓小平同志称为我国科学研究的"宪法"。遥想当年，聂荣臻同志主持"神仙会"，从北到南历时两年多，最终形成了这部彪炳史册的科研"宪法"。每每想到此，眼前便会浮现一位谦虚谨慎、实事求是、尊重科学、尊重科学家的革命老帅的光辉形象。这一形象便是一面镜子，会让我们下意识地去检点自己：我们都是博士了，自认为不是科学的外行，那么在管理上是不是就有了

后 记

独断专横的资本呢？事实上，由于分科教育使然，大多博士、专家和教授既是一个方向的内行，更是其他学科的外行，所以一旦走上领导岗位依然需要的是"聂帅作风"。

在科技与政治的互动日益强烈和频繁的时代，没有科学政治学是荒诞的。面对百年未有之大变局，科学与政治关系的新变化，科学政治学也面临着应对新变化，回答新问题，不断发展和完善自身的重任。希望本书的出版能够起到抛砖引玉的作用，把科学政治学研究进一步向前推进。

在拙作即将付梓之际，我情不自禁地回忆起山西大学的博士学习生活。科学政治学研究在那座具有深厚历史文化积淀，又充满现代书苑学术气息的学府里得以萌生。特别感谢恩师邢润川教授的严格要求和细心指导，特别感谢导师组的郭贵春教授、高策教授、成素梅教授、尹杰教授、魏屹东教授、乔瑞金教授针对我遇到的各种学术问题的不吝赐教。特别怀念博士学习期间，学生自发组织的"三人行"学术论坛，带给我诸多学术问题的思考和灵感。还要特别感谢李小博、赵冬、李侠三位师兄，对科学政治学的建构给予的建议和帮助。特别是当时正在英国剑桥大学李约瑟研究中心进行高访的李小博老师，专门在国外搜集购买了大量相关资料，包括刚刚出版的有关贝尔纳的最新传记，为我深入研究贝尔纳科学政治学思想提供了有力支持。

在此特别感谢我国科学学先驱者之一的蒋国华教授，他在得知我从事科学政治学研究后，专门把贝尔纳研究的有关资料转送于我，给予我莫大的鼓励和帮助。

感谢河北医科大学社科部李书岭老师的部分文献整理工作，感谢我的研究生贾玖钰、郑文华、王烨、杨丽丽等人的文献检索和整理工作。

感谢中国社会科学出版社郝玉明编辑对书稿内容提出了富有价值的建议，为本书的出版做了大量耐心细致的工作。

感谢河北师范大学马克思主义学院对本书出版所给予的鼓励和支持。感谢李雪辰副教授对本书出版所给予的建议和帮助。

还要感谢我的妻子，对家务的承担，让我全身心投入工作并容忍了我不太规律的生活。

以本书的出版作为对社会、对曾经支持帮助过我的前辈、领导、同事、同学以及家人们的一点回馈，聊以慰藉。

韩来平
2022 年 8 月 28 日于河北师范大学教师公寓